この本で作る「マスターマインド」ゲーム

● プログラムを修正して、ゲームを進化させよう

この本で学ぶこと

● Eclipseを使いこなして、スピーディにプログラムを作ります

作成したプロジェクトをビルド 第4章

プロジェクトをビルドすると、コンソールに結果が表示

第4章

ビルドしたプログラムを実行しましょう 第4章

「!!!Hello World!!!」が無事実行されました！

● プログラミングの基礎を、図解で学びます

半角のダブルクォーテーションで囲む

"文字列"

文字列は半角の「" "」で囲んで、区別しましょう

乱数を使って、プログラムに「問題」を出させましょう

乱数から得た値 3

	0	1	2	3	4	5
問題の種	'R'	'G'	'B'	'Y'	'M'	'C'

問題に使う文字 'Y'

作って
身につく
C言語
入門

久保秋 真 著

ソシム

●商標等について

・ Apple、iCloud、iPad、iPhone、Mac、Macintosh、macOSは、米国およびその他の国々
　で登録されたApple Inc.の商標です。
・ その他、本書に記載されている社名、製品名、ブランド名、システム名などは、一般に
　商標または登録商標でそれぞれ帰属者の所有物です。
・ 本文中では©、®、™、は表示していません。

●諸注意

・ 本書はソシム株式会社が出版したもので、本書に関する権利、責任はソシム株式会社が
　保有します。
・ 本書に記載されている情報は、2018年4月現在のものであり、URLなどの各種の情報や
　内容は、ご利用時には変更されている可能性があります。
・ 本書の内容は参照用としてのみ使用されるべきものであり、予告なしに変更されること
　があります。また、ソシム株式会社がその内容を保証するものではありません。
・ 本書に記載されている内容の運用によっていかなる損害が生じても、ソシム株式会社お
　よび著者は責任を負いかねますので、あらかじめご了承ください。
・ 本書のいかなる部分についても、ソシム株式会社との書面による事前の同意なしに、電
　気、機械、複写、録音その他のいかなる形式や手段によっても、複製、および検索シス
　テムへの保存や転送は禁止されています。

この本をおすすめします

　著者の久保秋さんから「プログラミングをC言語で学ぶ本を書いているんだ」と聞かされたとき、期待すると同時にいくつかの疑問が浮かんだことを覚えています。プログラミングの入門書というと、読者が興味を持ちやすいように話題の言語でアプリケーションやゲームを組ませることが多い印象を持っていたのですが、「あえてC言語でいくのか、一体どういう内容になるんだろう」と。

　C言語はすべてのプログラムの土台となる重要な技術の一つです。プログラマになるのであれば必ず学んでおくべき、と私も考えていますが、より高機能で使いやすいプログラミング言語が多数登場した昨今では、もはやアプリケーションやゲームの開発に使われるメインの言語ではなくなってしまいました。そんな状況の中で、これからプログラミングをはじめる人たちに対してC言語にどう取り組ませるのだろうか。そう思いながら初校を拝見したのですが、読み進めていくうちに疑問は次々と解けていきました。

　この本は、C言語でコマンドラインベースのゲームを少しずつ組み上げながら、プログラミングのやり方を学んでいく本です。作るゲームは「マスターマインド」です。マスターマインドは私もプログラミングを学びはじめたころに作りました。人間による入力、プログラムからの出力、配列や乱数の使い方、フローの制御、ファイルの読み書きなど、プログラミングの基礎を一通り学ぶことができるよいお題です。

　この本の進め方は、最初に作りたいものを決め、それにはどのような機能が必要かを洗い出して作業リストにまとめ、リストを一つずつ実装していく演習スタイルをとっています。「プログラミングを学ぶことがゲームを作るという目的を達成するための手段」と位置付けられており、非常に納得感があります。小さな課題をクリアにしていくなかで少しずつプログラミングを学ぶことができ、達成感や成功体験も得やすいでしょう。そしてなにより、この流れは我々プログラマが普段行っている開発のやり方とまったく同じなのです。

　新しいアプリケーションや機能を作るとき、我々はまずそれを要求仕様としてまとめます。必要となる機能や検証すべき課題を列挙していき、作業リストを作ります。その作業リストに優先順位をつけ、一つずつ組んでは実行するを繰り返し、作り上げていきます。こうすることで、プログラマはいまやるべき作業に集中することができ、開発チームのメンバーも進行状況を確認しやすくなります。

　これまでに作ったことがないタイプの機能を実装することや、使ったことのないライブラリを使う必要も出てきます。そういうときは、Webやリファレンスで詳細を十分に調べて、小さいテストプログラムを作りながら挙動を確認し、自分のものとして

この本をおすすめします

身につけていきます。頭で考えたロジックを一気にプログラムに落とし込んで、その
ままエラーもバグもなく動くことは稀です。たまに一発で問題なく動くと不安になる
くらいです。コンパイラの吐くエラーと戦い、予想と違う動きに悩み、試行錯誤を繰
り返しながら完成させていきます。

　この本で出てくる演習を一通りこなすことで、プログラミング言語はもちろんのこ
と、このような一般的な開発の流れを学習できます。筆者のプログラミングの講師経
験を生かし、発生する可能性のあるコンパイルエラーもあらかじめ想定してあるの
で、エラーメッセージの読み方や対処の仕方まで学ぶことができます。普通の入門書
では言及を避けたり「おまじない」と言ってごまかしている部分も、すべてていねい
に誠実に説明されています。この本を終えるころには、新しいチャレンジや失敗、間
違いを恐れず、それに立ち向かう力が身につくでしょう。

　さて、ここまでの文章の中に、C言語特有の話が出てきていないことにお気づきで
しょうか。実はこの本において、プログラミング言語がなんであるかはあまり関係が
ないのです。そこであえて機能が限られていてプリミティブであるC言語を使い、コ
ンピュータにより近い視点に立って開発することで、プログラミングの底力が鍛えら
れるわけです。そしてそれが、すべての土台となっているプログラミング言語なんで
すから、とてもお得ですね。

　もちろん、本格的なアプリケーションを作るには、まだまだ覚えないといけないこ
とがたくさんあります。しかし、この本でプログラミングの考え方や取り組み方を身
につけてさえいれば大丈夫です。今回作ったマスターマインドのプログラムがゲーム
の相手をしてくれたように、今後コンピュータがあなたの友達になってくれることで
しょう。よいプログラミングライフを。

　　　　　　　　　　2018年5月　株式会社メルカリ ソフトウェアエンジニア

　　　　　　　　　　　　　　　　　　　　　　　　大庭　慎一郎

はじめに

> *キラキラ輝くものはすべて黄金と信じる貴婦人。*
> *彼女は天国への階段を買おうとしている。*
>
> — *Jimmy Page、Robert Plant／Led Zeppelin*

この本は、C言語の文法を解説した入門書……ではありません。プログラミングの経験があまりない人や、プログラムを書くにはどうすればよいのかわからないと感じている人が、C言語を使ってプログラムを作る過程を演習する本です。

1　この本を読んで欲しい人

　みなさんがこの本を使って目指すのは、作りたいと思ったことをC言語のプログラムとして作成し、動かせるようになることです。C言語の文法を知るというよりは「プログラムに直すとき、C言語だと何をどう書くのか」を考えられるようになるという方が近いでしょうか。

　主に対象とするのは、次のような人です。

- まだプログラミング（コンピュータ上で動作するプログラムを作ること）の経験がほとんどない人
- プログラミングの勉強を少しはやってみたものの、あまりできるようになったと思えていない人
- 学校でプログラミングを勉強しているのだけれど「このままじゃヤバイ……」と感じている人
- 文法の説明から始める学び方が苦手な人
  など……

　このようなみなさんは、きっと新しいことば、新しい書き方、使ったことがないツールなどがたくさん出てきて困っているでしょう。中には、大学の講義でC言語の文法については説明されたものの、いざ自分でプログラムを書こうとするとどうしたらよいのかわからない、といった人もいるでしょう。

　あるいは、すでに他のプログラミング言語でプログラムを作ることに慣れていて、「あのプログラミング言語だとこう書くやつは、C言語だとどう書くのか」といったことが知りたい人もいるでしょう。そのような人は、ぜひ他の本も調べてみてください。この本よりももっとふさわしい本が見つかるかもしれません（それでも、この本が役に立つことを期待しています）。

はじめに

2 C言語は古くても古くならない技術

C言語を学ぶことは、みなさんにとってどんな意味があるのでしょうか。

世の中にはプログラミング言語はたくさんあります。中には、Ruby、Python、JavaScriptなどのように、21世紀になってから人気が出てきたものもあります（これらの言語も、できたのはもっと昔です）。一方、C言語は、これらに比べるとずっと古くから使われている言語です。C言語に関する最初の書籍『プログラミング言語C』は、C言語を開発したカーニハン（Brian W. Kernighan）とリッチー（Dennis M. Ritchie）によって1978年に出版されました。彼らは、この本を出版する以前からUnixというオペレーティングシステムの開発にC言語を使っていました。だとすると、C言語は40年以上使われていることになります。

一般に、古い技術よりも新しい技術の方が、いろいろなところが改良されています。そのため、新しい技術は、古い技術よりもわかりやすく、手間が少なくて済み、使いやすいものです。C言語も継続的に改良されていますが、先に挙げた言語に比べるとかなりの古参であることは確かです。それなのに、どうしてC言語を学んだ方がよいのでしょうか。

このことを考えるために、「どのプログラミング言語が一番稼げるか？」という記事に、Googleの開発マネージャーの方が書いていた次のような回答を紹介します（紹介にあたって簡便にまとめています。正確な文章は原典を参照してください）。[1]

C/C++を勉強しなさい。

Cで書かれた代表的な物を列挙すると：

- Java仮想マシンはANSI C
- Linux（少々アセンブラだがほとんどC）
- Python
- Mac OS Xカーネル
- WindowsはCとC++
- OracleデータベースはCとC++
- Ciscoルータ

つまり、世の中で重要なプログラムはC言語で書かれているので、C言語を使えるようになっておいた方がよいということを示唆しています。もちろん、異論はあるでしょう。それでも、Googleの開発マネージャーが、C言語（やC++言語）を学ぶこと

---

1 Financially speaking, which computer languages can earn the most for the programmer?
https://www.quora.com/Financially-speaking-which-computer-languages-can-earn-the-most-for-the-programmer

は役に立つと主張していることは、C言語をこれから学ぶ人にとって朗報ではないでしょうか。

ライフハッカー日本版の「もっとも人気のあるプログラミング言語のランキング」の記事でも、C言語は、PythonやJavaScriptをおさえて2位に入っています（1位はJava）。[2]

また、次のようなことが書かれている記事もありました。[3]

> プログラミングの勉強にあたってよく言われるのは、「流行に左右されるような技術の尻を追いかけるよりも、土台となる技術を身につけることが大切」ということです。
>
> （略）
>
> 「土台となる技術を身につける」を、もう少しちゃんと言い換えれば、「今の関心領域より下のレイヤーの知識も身につけよう」ということになります。みなさんが使っている言語の下のレイヤーはなんでしょうか？ Ruby、Python、PHPなど、多くのスクリプト言語はC言語で書かれています。node.jsはC++ですね。ということは、これらの言語についてはC言語かC++が下のレイヤーといえるでしょう。

いかがでしょう。この記事からいえることは、C言語は、他の人が使う基礎や部品を作り上げるために必要な言語ということでしょう。しかも、流行に左右されない技術、いわば「古くても古くならない技術」なのだというのです。

これらの記事からいえることは、C言語を学ぶということは、重要なプログラムを作るのに使ったり、他のものを作る基礎になるものを作るのに使ったりしている技術を身につけることなのだということです。さらに、WindowsやOracleといった、みなさんが普段使っている大規模なシステムを作るのにもC言語の知識は役に立つということなのです。

3　なぜプログラミングを難しく感じるのか

C言語が学んでおいて損のないプログラミング言語であることはわかりました。ですが、損がないことと学びやすいこととは、また別の問題ですね。

みなさんは、プログラミング言語の勉強はどんな順序で進めるものだと思います

2　lifehacker　「仕事量＆検索エンジン等でみた、もっとも人気のあるプログラミング言語」
　　http://www.lifehacker.jp/2017/01/170104_popular_languages.html
3　プログラミング＋　「Goで覗くシステムプログラミングの世界」
　　http://ascii.jp/elem/000/001/234/1234843/

か。みなさんが書籍を読んだり、講義を受けたりした経験があれば思い出してみてください。たいていの書籍や講義は、まず文法の説明が続き、続いて簡単なサンプルを作ります（これらの組み合わせもあるでしょう）。それが済んだら総合演習的な課題が出され、大きなあるいは複雑なプログラムを作るという進め方になっていないでしょうか。そのため、「プログラミングってのは最初は文法を憶えるものなんだよね。」と考えている人もいるでしょう。

このような順序で進めると、最初に文法の勉強が続いて退屈で面白くなくなってしまうとか、途中から何を勉強しているのかわからなくなったりしないでしょうか。最後に総合課題を出されてみても（一通りの勉強は済ませたはずなのに）どこから手を付けてよいのかさっぱりわからないで、困ってしまったことはないでしょうか。

いったい、どうして退屈したり、困ったりしてしまうのでしょうか。それは、「プログラムを作るために必要なちから」には、文法以外にも大事なものがあるということが考慮されていないからでしょう。

プログラムの文法を学ぶことと、文法以外のことを学ぶことの違いを考えるために、算数の文章題を例に説明してみましょう。たとえばこんな文章題はどうでしょう。

合わせていくら？

【問題】1個50円のみかんが5個あります。1個250円のりんごが2個あります。合わせていくらでしょう。

みなさんは、こんなふうに問題を解くでしょう。

【回答する様子】

「50円のが5個……と、それから250円のが2個だから……こんな式になるかな?」

$$50 \times 5 + 250 \times 2 = 750$$

「よし、計算できた。じゃあ……」

答え：750円

このとき、みなさんがやっていることは、大きく2つあります。

- 問題の意味を考えて、式を立てること
- 立てた式を計算して、答えを求めること

このうち、式を立てるところについて考えてみます。みなさんは、元の問題の文章から「合わせていくら」に必要な情報として、「1個いくら」「いくつある」という情報を抜き出します。そして、自分が知っている「合わせていくらの計算方法」に照らして

式を立てるでしょう。このときになって初めて、みなさんは計算式の書き方を使って式を書きます。つまり、式の記法を使っているのは式を書くときになってからで、それまでのどんな計算をするかを考える段階では、式の書き方は関係ないことがわかりますね。

みなさんの中には、プログラミングの授業や本で「この言語の文法は全部説明したんだから、もうプログラムを書けるよね？」といわれて困ってしまった人もいるかもしれません。それは、式の記法と計算の方法を教わっただけの状況で、文章題から式を立ててくださいといわれているのと似た状況だからなのではないでしょうか。

もう少し細かく作業を分けて、プログラムを作って動かすことに当てはめてみました。わたしは、次のような対応関係があると思いました。

表2.1　文章題を解く場合とプログラムを作る場合の対応

文章題を解く	プログラムを作って動かす
問題を読んで式を立てる	プログラミング
計算のために立てた式	プログラム
計算して答えを出す	プログラムの実行
正しい式の記法	C言語の文法

この表の対応によれば、プログラミングは文章題を読んで式にする作業に相当します。プログラムに対応するのは立てた式でしょう。そして、C言語の文法は式の記法に対応します。このことから、C言語の文法を学ぶというのは、式の記法を学ぶことに相当するといえるでしょう。文章題を解けるようになりたいのに計算練習だけやっていてもダメなように、C言語の文法ばかり勉強していてもプログラミングができるようにはならなさそうなことが、この表からわかるのではないでしょうか。

4　文章題のようなプログラミング演習をやろう

文章題のたとえから、みなさんが、C言語の文法（上の例だと正しい式の記法）を勉強したとしても、それだけではプログラムを作る方法についてはほとんど学べてないということがわかってきました。プログラムを作れるようになるには、文章題を解く人が式を立てるまでの作業が欠かせないように、どのようにして問題をプログラムに直せばよいのかを考えられるようになることが欠かせないのです。

そこで、この本では、「自分がプログラムにやらせたいことを整理して、それをC言語のプログラムに直す」という作業を重視して演習します。その代わり、C言語の文法や言語仕様について先に詳らかに解説するという構成はとりません（退屈な文法の説明を意識的に端折るわけです）。C言語の文法は、プログラムでやりたいことが増えたときに、そのとき必要になった分だけを説明するという方法をとります。

はじめに

5 アプリケーションの開発を通じて学ぼう

　この本では、アプリケーションプログラムをC言語で開発しながらプログラミングを学びます。

　ある目的に適う機能や動作をするプログラムのことを指して、アプリケーションと呼びます。わたしたちも、アプリケーションを作るということを目標にすればどうでしょうか。文章題でいえば問題文を作るところからやろうというわけです。説明のためや動作を確認するために、小さいプログラムを作ることも少しはあるでしょう。ですが、それ以外のみなさんが作るプログラムは、目標にしたアプリケーションだけにします。

　この本で目標にするアプリケーションは、マスターマインドと呼ばれるゲームにしました。マスターマインドは相手の考えを推測するゲームの総称です。よくやられているゲームとしては、色当てゲーム、数当てゲーム、単語当てゲームなどがあります。わたしたちは、その中の色当てゲームを題材にしましょう。

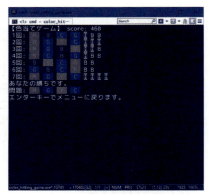

図2.1　マスターマインド（色当てゲーム）の実行例

マスターマインドの紹介

　目標のアプリケーションとして選んだマスターマインドというゲームについて少し紹介しておきましょう。
　マスターマインドのいちばん元になっているゲームは、紙とペンを使って遊ぶ数当てゲームです。この数当てゲームは、ヒット・アンド・ブロー（Hit & Blow）と呼ばれて、2人がそれぞれに考えた4つの数字を互いに当てあうゲームです。紙と鉛筆で遊ぶ場合にはBulls & Cows[4]などと呼ばれることもあるそうです。こ

4　Bulls & Cows　https://en.wikipedia.org/wiki/Bulls_and_Cows

の数当てゲームの遊び方は、いろいろなサイトで紹介されています。SanRin舎さんのWebサイト[5]に載っている遊び方が分かりやすいので、興味があれば読んでみるとよいでしょう。

　数を当てる代わりに玉の色を当てるのが色当てゲームです。日本では、わたしが小学生くらいのころ玩具メーカーの商品として販売されていました。当時売っていた商品の写真がWikipediaに載っていましたので紹介しておきます。[6] わたしにとって、マスターマインドといえば、この写真のゲームのことなのです。

図2.2　筆者が子供のころ売られていたマスターマインド[7]

　この本では、この写真のマスターマインドを、C言語のアプリケーションとして作ることを目標にしたのです。

　色当てゲームの遊び方はWikipediaの記事[6]に載っていますので、読んでみてください。もちろん、みなさんがプログラムを作るときには、もう一度詳しく説明します。

6　この本の構成

この本は、次のような構成になっています。

- 第1部: 開発環境に慣れよう
  — 開発環境を入手します。開発環境の使い方を確認し、使いやすく設定します。
  — 演習で作成するアプリケーションをどのようなものにするのか決めます。

- 第2部: プログラムの開発を体験しよう

5　ヒット・アンド・ブロー https://tmsanrinsha.net/post/2006/02/post-352/
6　マスターマインド https://ja.wikipedia.org/wiki/マスターマインド
7　CC表示-継承2.0 https://commons.wikimedia.org/w/index.php?curid=75983

はじめに

— 色当てゲームを作りながら、プログラムの作成に必要なことを学びます。
— 最初に、作成するゲームの進め方、プログラムにしたときの動作を整理します。
— 文字列の表示や入力した文字列の判定ができる程度から始め、徐々にできることを増やし、ゲームを繰り返し実行できるようにします。
— 役割のわかる関数に分けたり、プログラムを複数のファイルに分けたりします。
— 色を使った表示などでゲーム実行中の見栄えをよくします。

- 第3部: プログラムの動作を充実させよう
  — ゲームの見栄えをもっとよくします。
  — ゲームのスコアを扱えるようにします。
  — ゲームを何度も繰り返し実行できるようにします。
  — 最終的に、ゲームを終了してもゲームのスコアを保存できるようにします。

- 第4部: まとめと解説
  — 演習では扱わなかったことについて簡単に解説します。
  — この本で学んだことをまとめます。

またこの本は、文法の定義ごとに章を設ける構成にはなっていません。そこで、どの章でどんな文法や関数を使うのかわかるよう表にまとめておきました。

表2.2　各章で取り扱う文法や関数

章	取り扱う文法や関数
第5章	main関数、ブロック、インクルードファイル、関数の定義、関数の呼び出し、ライブラリ、関数の引数、文字列の表示、プログラムの実行、文字型の変数、プリプロセッサ命令 (マクロ定義、条件コンパイル)
第6章	1文字入力 (getchar)、1文字表示 (putchar)、if文、比較演算子、整数型の変数、書式つきの表示 (printf)
第7章	for文による繰り返し、break文、論理演算子
第8章	長い関数の分割、変数の共有、const修飾子
第9章	乱数 (rand)、剰余 (%)、文字型の配列、sizeof演算子、switch文
第10章	インクリメント・デクリメント演算子、文字型のポインタ、配列の添字とポインタの関係、配列の複製 (memcpy)
第11章	文字列入力 (fgets)、文字列中の文字の検索 (strchr)、標準入出力、bool型、文字列の長さ (strlen)、文字列と文字型配列の違い、配列中の文字の検索 (memchr)、大文字小文字変換 (toupper／tolower)、整数型の配列 (freq)、配列の初期化 (memset)、while文による繰り返し
第12章	列挙型 (enum)
第13章	C言語の制御コード、ANSIエスケープシーケンス、文字に色をつけて表示する
第15章	画面の消去とカーソルの移動、文字列の表示 (fputs)、関数の引数の受け渡し方

章	取り扱う文法や関数
第18章	プログラムファイルの分割、main関数の独立、別プロジェクトから関数を参照する
第19章	ファイルを開く（fopen）、ファイルを閉じる（fclose）、ファイルに書く（fprintf、fputs）、ファイルから読む（fgets、fscanf）、文字列から整数に変換する（atoi）、コマンドライン引数、標準入出力、値渡し、参照渡し
第20章	数値の型（整数型、浮動小数点型、複素浮動小数点型、列挙型）、構造体・共用体、ビットフィールド、動的なメモリ管理、関数ポインタ、標準ライブラリ

7　学ぶ範囲を狭くして学びやすくする

　みなさんは、小学1年生の夏休みの宿題で絵日記を書いた経験はありませんか。入学してから習ったのはひらがなと少しの漢字だけ。まだきちんとした文章の書き方などはわからない頃です。それでも、楽しかったできごとを好きなように書いたのではないでしょうか。この頃は、小学校で学ぶすべての漢字、ちゃんとした文章の書き方、日記帳の使い方などが身についていなくてもかまわなかったのです。

　初めてプログラムを作る人も、初めての夏休みを迎えた小学1年生と似た状況といえるでしょう。すべての漢字を学ぶのが簡単なことではないように、すべての文法やライブラリ（よく使う機能を提供している、あらかじめ用意されているプログラム群）の使い方を知ることは、かなり大変な仕事になります。たとえば、『**Cクイックリファレンス 第2版**』[CQR2] を見ると、標準ライブラリのリファレンスページだけで320ページあります。これらすべての説明を読み、使ってみるのは容易なことではありません。

　プログラムの作り方を学ぶときも、いちばん最初は、必要な分だけ学び、それを使うことを繰り返した方がよいと思うのです。その方が、作りたいものをプログラムに直す方法を学ぶことに集中できるからです。

　そこで、この本では、あえていつくかの文法（構造体、ビットフィールド、関数ポインタなど）については簡便な説明にとどめ、演習では使わないことに決めました。ライブラリについても、目標のアプリケーションで必要になったものだけを使っています。

　この本では詳しく触れることができない文法やライブラリについては、この本の終わりにまとめて紹介するとともに、それらについて詳しく学べる本を紹介しています。この本でC言語のプログラムの作り方の基本を学んだら、次は紹介している本を使ってより詳しく、より広範に学ぶようにするとよいでしょう。

Cの歴史とC言語の仕様

　C言語の文法や使い方を初めて紹介したのは、C言語を開発したDennis Ritchieと Brian Kernighan が書いた『**プログラミング言語C**』[KR] です。彼らの名前から

はじめに

「K & R本」と呼ばれています。1989年に、ANSI[8]が言語仕様を規格化しました。このときの仕様は通称「ANSI-C」または「C89」と呼ばれています。K & R本も、ANSI-Cに合わせた第2版[KR2]が出版されています。

その後もC言語規格の策定は続いています。近年は国際規格としてISO[9]が規格化しています。1999年に策定された「ISO/IEC 9899:1999」、2011年に策定された「ISO/IEC 9899:2011」があります。それぞれ、規格が策定されたときの年を用いて「C99」、「C11」と呼ばれています。

また、各国がこれに準ずる規格を策定しています。日本では「ISO/IEC 9899:1999」を基にした「JIS X 3010:2003」が規格化されています。この規格書は、日本工業標準調査会のWebサイトでPDF形式で閲覧できます。また日本規格協会から印刷した文書を購入できます。

このように、この本の執筆時点の最新規格は「C11」なのですが、開発環境によってはまだ十分に利用できる状況ではありません。そこで、この本では、演習に使う開発環境において特別な設定がいらない「C99」に基づいてプログラムを作成することにしました。

8　この本に掲載されているサンプルコードについて

この本に掲載されている練習や課題のサンプルコードは、次のWebサイトからダウンロードできます。

http://cbook.vacco.net/

この本に掲載されているサンプルコードは、みなさんが作るプログラムや文書に使うことができます。

もし、サンプルコードを配布するような必要が生じた場合には、出版社へ問い合わせてください。

9　この本に関する問い合わせ

この本の著者は、サポートためのWebサイトを用意しています。

http://cbook.vacco.net/

8　米国国家規格協会（American National Standards Institute）、アメリカにおける工業規格の標準化を行う民間の非営利法人

9　国際標準化機構（International Organization for Standardization）、国際的に通用する規格を制定する機関

正誤表やサンプルコード、その他の追加情報が掲載されています。
この本へのコメントや問合せは、次の電子メールアドレスへメールしてください。

support@cbook.vacco.net

FacebookやTwitterのアカウントでも連絡できます。

Facebook：https://www.facebook.com/kuboaki
Twitter： @kuboaki

10 謝辞

　この本をレビューしてくださった、浜崎誠さん、伊藤恵先生、南郷ゆず子さん、筒井圭一郎さん、山口淳一さん、小向一輝さん、妹背宏哉さんの本書の内容や演習に関するコメントに感謝します。

　多忙な中、推薦文を寄せてくださった大庭慎一郎さんに感謝します。その昔職場で出会い、共にETロボコンの運営に携わり、また大学の講義のアシスタントをお願いしたこともありました。今日の彼の活躍を誇りに思うと共に、さらなる飛躍を期待しています。

　わたしにC言語を使った教育や教材を作る機会を提供してくださった、クライアント、職場、コミュニティにも感謝します。みなさんと共に課題に取り組んだ経験が、この本を書く上で大きな助けとなりました。

　株式会社ツークンフト・ワークス代表編集者の三津田治夫さんは、本書の企画から粘り強く議論に付き合い、また、なかなか原稿を書き進められないときに支援してくださいました。

　C言語とUnixを開発し、世の中の多くの人に使う機会をもたらした、カーニハン氏（Brian W. Kernighan）、リッチー氏（Dennis M. Ritchie）、その他多くのソフトウェアの先達にも感謝します。また、『プログラミング言語C』を翻訳して、日本にC言語とUnixの存在を広めてくださった石田晴久先生にも感謝します。石田先生とは仕事で一度だけご一緒したことがあり、C言語の著作に関われたことにはご縁を感じます。リッチー氏は2011年に、石田先生も2009年にご逝去されました。ご両名のご冥福をお祈り申しあげます。

　最後に、わたしの親愛なる家族に感謝します。

2018年5月　久保秋 真

もくじ

この本をおすすめします 3
はじめに 5
    1   この本を読んで欲しい人 5
    2   C言語は古くても古くならない技術 6
    3   なぜプログラミングを難しく感じるのか 7
    4   文章題のようなプログラミング演習をやろう 9
    5   アプリケーションの開発を通じて学ぼう 10
    6   この本の構成 11
    7   学ぶ範囲を狭くして学びやすくする 13
    8   この本に掲載されているサンプルコードについて 14
    9   この本に関する問い合わせ 14
    10   謝辞 15

    もくじ 16

第1部　開発環境に慣れよう 19
    第1章　プログラムが動くまで 20
        1.1   プログラムを作る前に環境を用意しよう 20
        1.2   プログラミングはつまずいて身につける 20
        1.3   開発環境は自分で用意する 21
        1.4   演習に使うコンピュータを用意する 21
        1.5   キーボードの操作に慣れておく 23
        1.6   タイピングの練習のススメ 23
        1.7   開発環境の準備（Windows版） 24
        1.8   開発環境の準備（Mac版） 35
        1.9   開発環境の動作を確認する 47
        1.10 開発環境がうまく動かないときは 51
        1.11 まとめ 53
    第2章　開発環境に慣れる 54
        2.1   開発環境の操作方法に慣れる 54
        2.2   操作を楽にする（ショートカット） 61
        2.3   開発環境をカスタマイズする 63
        2.4   コマンドプロンプトの使い方（Windowsの場合） 69
        2.5   ターミナルの使い方（Macの場合） 73
        2.6   プログラミングに使う文字の確認 77
        2.7   まとめ 78
    第3章　作るアプリケーションを決めよう 79
        3.1   アプリケーションの作成を目標にしよう 79
        3.2   色当てゲーム 80
        3.3   完成までの道筋を定めよう 81

第2部　プログラムの開発を体験しよう 83
    第4章　新しいプログラムを作って動かす 84
        4.1   ゲームの進め方とプログラムの動作を整理する 84
        4.2   「プレーヤーがプログラムを動かす」を作る 87
        4.3   まとめ 94
    第5章　文字列の表示から始めよう 95
        5.1   「ゲームの名前を表示する」を作る 95

	5.2	「ゲームを始める入力を促す」を作る	107
	5.3	「問題を作成する」を作る	111
	5.4	まとめ	117

第6章　入力した文字を判定する処理を作る … 118
	6.1	「プレーヤーに予想の入力を促す」を作る	118
	6.2	「問題を予想する」を作る	119
	6.3	まとめ	130

第7章　同じ処理を繰り返す … 133
	7.1	「予想を繰り返す」を作る	133
	7.2	「入力内容を確認する」を作る	139
	7.3	まとめ	151

第8章　役割のわかる関数に分割する … 152
	8.1	どんな処理かわかりやすくする	152
	8.2	ゲームの名前のわかる関数を用意する	153
	8.3	長い処理を役割で分けて関数にする	155
	8.4	繰り返し処理の中を関数で構成する	162
	8.5	まとめ	169

第9章　「新しい問題を自動で作成する」を作る … 171
	9.1	プログラムが問題を作るための準備	171
	9.2	問題と予想の憶え方に配列を使う	175
	9.3	色の重複がある問題を作る	180
	9.4	問題を自動で作成するバージョンを確認する	190
	9.5	まとめ	192

第10章　「問題を出すとき玉を1色につき1個しか使えない」を作る … 194
	10.1	色の重複を調べる	194
	10.2	色の重複のない問題を作る	197
	10.3	問題の表示はデバッグのときだけにする	206
	10.4	まとめ	213

第11章　「プログラムはプレーヤーの予想入力を確認する」を作る … 214
	11.1	予想入力は1色につき1個しか使えないことを確認する	214
	11.2	入力内容がおかしければプレーヤーに再入力を促す	236
	11.3	まとめ	245

第12章　「ギブアップの場合はプログラムの勝ちとする」を作る … 247
	12.1	ギブアップを判別できるようにする	247
	12.2	ギブアップのときにゲームを終了さする	249
	12.3	ギブアップの動作を確認する	254
	12.4	まとめ	258

第13章　「問題と予想を比較して、当たり具合を確認する」を作る … 259
	13.1	ヒットとブローの数を調べる	259
	13.2	制御コードとエスケープシーケンス	261
	13.3	ヒットとブローをピンで表示する	269
	13.4	予想入力の表示を見直す	271
	13.5	まとめ	275

第3部　プログラムの動作を充実させよう … 277

第14章　色当てゲームをバージョンアップしよう … 278
| | 14.1 | まだできていないことを洗い出そう | 278 |
| | 14.2 | 新しい作業リストを作ろう | 279 |

第15章　「ゲームの経過を見やすくする」を作る … 281

もくじ

15.1	ゲームの経過の表示を考える	281
15.2	画面の消去とカーソルの移動	282
15.3	画面を消去してからゲームを開始する	285
15.4	ゲームの経過を続けて表示する	285
15.5	まとめ	290

第16章 「ゲームを繰り返し実行する」を作る 293
16.1	「ゲームの開始、終了を選ぶ画面を出す」を作る	293
16.2	プレーヤーの入力を受け付ける	295
16.3	ゲームを終了したらゲームの開始、終了の画面を表示する	297
16.4	まとめ	299

第17章 ゲームのスコアをつける 300
17.1	ゲームの配点を決める	300
17.2	プレーヤーのスコアを表示する	301
17.3	勝ち負けに応じてプレーヤーのスコアを更新する	302
17.4	ゲームオーバーの処理	304
17.5	まとめ	306

第18章 プログラムのファイルを分割する 307
18.1	関数を別ファイルへ分ける	307
18.2	main関数を独立させる	316
18.3	別のプロジェクトから参照する	321
18.4	まとめ	328

第19章 ゲームのスコアを継続して使う 329
19.1	ゲームのスコアを保存する機会を決める	329
19.2	ゲームのスコアを書くファイルを開く	331
19.3	ゲームのスコアを書くファイルを閉じる	334
19.4	ファイルが開けなかったときの処理を追加する	335
19.5	ゲームのスコアをファイルに書き出す	338
19.6	ゲームのスコアを読み込む機会を決める	340
19.7	ゲームのスコアをファイルから読み込む	341
19.8	スコアファイル名を指定して実行する	346
19.9	まとめ	350

第4部 まとめ 353

第20章 その他の文法やライブラリ関数について 354
20.1	数値の型	354
20.2	構造体・共用体	355
20.3	ビットフィールド	356
20.4	動的なメモリ管理	356
20.5	関数ポインタ	356
20.6	標準ライブラリ	357
20.7	まとめ	358

第21章 おわりに 359

付録 サンプルコード 361
1	配布方法	361
2	配布サンプルの構成	361
3	サンプルの使い方	362

参考文献 364

索 引 365

18

第１部

開発環境に慣れよう

開発環境を入手して動かしてみましょう。
プログラムを作るのに必要な操作に慣れ、
C言語を学ぶための目標となるアプリケーションを決めましょう。

*"俺らがロックをはじめたら、
もうやめたいなんて絶対思わねぇ。"*

James Hetfield　Metallica

第1章　プログラムが動くまで

プログラミングを学ぶには、実際にプログラムを作成して動かすことが大切です。
演習ができるように、プログラムの動作が確認できる開発環境を用意しましょう。

1.1　プログラムを作る前に環境を用意しよう

　もし、みなさんがこの本を通学や通勤で混んだ電車の中で読んでいるのなら、実際
にプログラムを作りながら読むのはちょっと難しいかもしれません。でも、そのとき
も、作って試してみるつもりで読んでみましょう。そして、コンピュータを使える場
所に着いたら、プログラムを書いて動かしてみましょう。

　プログラミングの演習には（つまりこの本をプログラムを作りながら読み進めるに
は）、プログラミングする環境を用意する必要があります。プログラミングはプログ
ラムを開発する作業なので、プログラミングに使う環境を「開発環境」と呼ぶことに
します。開発環境には、プログラムを書くためにエディタとして使えるだけでなく、
プログラムに使うファイルの管理機能や、プログラムを実行できる形式に変換し動か
してみる機能などが含まれています。

　この章では、この本でみなさんと一緒に演習するのに使う開発環境を用意します。
開発環境が用意できたら、その使い方に慣れたり、使いやすくしたりといった工夫も
必要になるでしょう。

1.2　プログラミングはつまずいて身につける

　開発環境を用意するようなプログラムを作り始める前の段階でも、うまくいかない
ことがたくさん起きます。これは、プログラミングに慣れた人であっても変わりあり
ません。文字の打ち間違い、手順の間違い、ファイルがない、設定が足りない、プロ
グラムが動かない……など。

　このような問題は、演習をしないでこの本を読んでいるだけでは起きません。なぜ
なら、本の中の世界では、うまくいったときの結果や、想定している問題と解決方法
を示してあるからです。いくら読んでも、みなさんが実際に間違えてつまずくことは
ありません。つまずきがないのは一見よいことのように思えます。しかし、みなさん
が、この本を読んだだけで済ませたなら、その後の仕事や学校の実習などで本当に自
分でプログラムを作らなくてはならなくなったとき、どんなことが起きるでしょうか。
そのとき、みなさんは、本を読んだときのように順調に作業が進められるでしょうか。
いいえ、そう簡単に事は進まないでしょう。やはり、つまずいたときが課題に対処す
る力を身につける機会ではないでしょうか。そして学ぶ機会を得たときを、あらかじ
めつまずいておく機会にしておくのがよいのではないでしょうか。

20　第1部 開発環境に慣れよう

1.3 開発環境は自分で用意する

みなさんの中には、講義や研修では開発環境はあらかじめ用意されていて、自分は演習するところから始めたという人もいるでしょう。そのような経験があると、準備の手間は学習の本質ではないと考えてしまいがちです。しかし実は、そうではないのです。準備なしに演習に入れるようにしているのには、別の事情があるのです。講義や研修は大勢で一斉に演習します。もし、受講生の何人かが環境の準備でつまずくと、研修全体が進まなくなります。その間、うまく準備が済んだ人たちは、本題になかなか進めないまま待たされてしまい、学習前から意欲を削がれてしまいます。このような事態は主催する側としては避けたいわけです。つまり、講義や研修における環境の与え方は、円滑に進めたいという主催者の事情が反映されたものであって、みなさんが学ぶ必要がないから省かれているのではないのです。このことに注意しておきましょう。

一方、自分で開発環境を用意するときは、他の人のペースを気にしないで、自分のやりたいときにやりたい時間をかけて準備できます。なにより、一度でも自分で開発環境を用意できたのだという体験があれば、この先、開発環境の用意でつまずいたとしても、そのせいでプログラムを作るのは難しい仕事なんだと誤解したり、プログラミング嫌いになったりしなくて済みます。

こういった事情から、この本では、プログラミングの演習のための開発環境を自分で用意することから始めようと思います。

準備作業を確認しながら進められるように、次のような作業リストを作ってみました。作業が進むたびにこのリストにチェックを入れ更新しましょう。

▨ 準備作業のリスト

- ☐ 演習に使うコンピュータを用意する
- ☐ 開発環境を用意する
- ☐ 開発環境の動作を確認する

1.4 演習に使うコンピュータを用意する

みなさんは、すでにコンピュータ（PC）を使っているでしょうか。プログラムを作ってみたいと思っているのでしたら、実際にプログラムを作る演習ができるコンピュータを用意しましょう。必ずしも自分専用に新しく購入する必要はありません。いま自分が持っているものや家族と共用して使っているもの、大学の研究室から借りたものでもかまいません。

だたし、そのコンピュータが、プログラムを作るという作業が無理なく行えるものであるかどうかは確認しておきましょう。本格的なプログラミングには、多くのメモ

第1章　プログラムが動くまで

リとディスクが必要になります。特にメモリが重要です。8GBあれば申し分ありません。少なくとも4GBは必要でしょう。

みなさんが持っている、あるいは使ったことがあるコンピュータは、ほとんどの場合、Windows 7、Windows 8、Windows 10などが動作しているWindows PCか、Appleの Mac（MacBook や iMac など）ではないかと思います。この本の演習では、そのような多くの人がすでに使ったことがあるコンピュータを使います。みなさん自身が使っているコンピュータ、自宅や研究室にあるコンピュータなら、たいていはそれが使えると思います。

わたしは、この本の執筆に、32ビット版のWindows 10 ProとmacOS 10.12（Sierra）を使っています。すべての環境で動作を確認できているわけではないのですが、おそらくWindows 7以降であれば、問題なく利用できると思います。Macについては、Mac OS X 10.11（El Capitan）より古いものは、更新した方がよいと思います。

もしかすると、コンピュータの本体（ハードウェア、目に見える機械やその構成部品）の古さよりも、動いているソフトウェアの古さの方が問題になるかもしれません。しかし、ハードウェアやソフトウェアが十分新しいものであるかどうかということを判断するのは、実際はなかなか難しいことです。

そこで、まずは手元にあるコンピュータに開発環境を作ってみましょう。そして、なにかうまくいかないことが起きたときには、「1.10 開発環境がうまく動かないときは」を参照して、対応方法を考えてみたり、新しいコンピュータを用意してみたりしてください。

開発環境を入手するときは、インターネットに接続して、提供元のWebサイトからかなり大きなファイルをダウンロードします。使う予定のコンピュータはインターネットに接続できるようにしておきましょう。とくに、ダウンロード中はずっとネットワークに接続している必要があります。できれば、開発環境を準備するときは、モバイルルーターやWi-Fiスポットなどによる一時的な接続ではなく、自宅や大学などの長時間使い続けられるようなネットワークに接続しておきましょう。また、ノートPCでは、途中で電源が切れてしまわないよう、ACアダプターを接続して電源を確保しておきましょう。

いったん開発環境ができてしまえば、コンピュータはネットワークにつながっていなくてもかまいません。この本の演習で作るプログラムは、コンピュータがネットワークにつながっていない状態であっても作ったり動かしたりできます。

最後にひとつ。プログラミングには大きなディスプレイがあると便利です。ディスプレイのサイズが小さいノートPCを使っている場合には、外付けのLCDディスプレイを用意するとよいでしょう。ディスプレイのサイズは、24インチくらいあるとよいと思います。

22　　第1部 開発環境に慣れよう

1.5 　キーボードの操作に慣れておく

　　まず、PCの操作に慣れておきましょう。ファイルやフォルダーを操作するためには、エクスプローラー（MacではFinder）の使い方に慣れていないと大変です。たとえば、ファイルを探す、ファイルを移動・複製・削除する、フォルダーを作成・移動・削除する、ファイルを検索するといったことができるようになっておきましょう。

　　プログラムの作成では、基本的にキーボードから文字を入力することになります。アプリケーションをマウスで操作することに慣れていても、それだけでは十分ではありません。プログラミングにおいてはキーボードの操作に慣れておくことが重要なのです。

　　また、プログラミングの世界では、空白文字や英数字には半角を使います。まず、全角の文字と半角が別の文字であることを意識しましょう。これらを区別して扱わないと、プログラムを書くときに苦労します。普段はあまり使わない、円記号「¥」、チルダ「~」、サーカムフレクス「^」といった記号もよく使います。こういった記号も、出てきたときに名前や入力方法を憶えるようにしましょう。

1.6 　タイピングの練習のススメ

　　プログラミングを指導していると、プログラムを入力するのに時間がかかってしまって演習が進まないという人に出会うことがあります。入力に手間や時間がかかってしまうと、どうしてもプログラミングに集中できなくなります。また、入力を間違えやすかったり、間違えた入力を修正するのに時間がかかったりもします。
　　実は、プログラムの作成が苦手、嫌いという人たちの多くは、タイピング練習なしにプログラミングの勉強に入ってしまい、講義や演習のスピードに追いつけないことが挫折の原因になっています。悲しいかな、できなかったのはタイピングであって、プログラミングではなかったのです。

　　そういうことで、タイピングに慣れていない人は、並行してタイピングを練習することを強くおすすめします。
　　練習用のソフトウェアを使えば、キーボード入力の練習は大変ではありません。ただし、次のポイントはおさえておきましょう。

- 1回の練習は10分でよいので、毎日練習すること
  （たまにやるのでは時間が長くてもダメです）
- 椅子に座って机に向かい、正しい姿勢で練習すること
- 全部の指をホームポジションにおいたままにして、使う指だけを動かすこと
- 画面だけを見て、キーボードを見ないで打つこと
- 最初はすごくゆっくりでかまわないので、慌てずに正しい指で正確に入力すること

第1章 プログラムが動くまで

　キーボード入力の練習用ソフトウェアはたくさんありますが、少しだけ紹介しておきます。

キーボードマスター6

　有償ですが強く推薦します。わたしの子供も使っています。Mac版もあります。[1]

myTyping

　タッチタイピングの練習で大事な基本の運指の練習がやりやすいです。[2]

クラウディア・窓辺 タイピングゲーム

　ガイドつきでタイピングが練習できます。基本の指使い、ローマ字入力、漢字変換といった実用的な入力が練習できます。 [3]

　近い将来、音声による入力やプログラミングが実用になるかもしれません。それでも、しばらくの間はキーボードからの入力を欠かすことはできないでしょう。日常の文章を音声入力するときがきても、プログラムの入力には使い慣れないことばや記号を使いますので、きっと工夫や練習が必要になるでしょう。

1.7　　開発環境の準備（Windows版）

　Windows PCを使っている人は、この節の説明に従って開発環境を準備しましょう。Macを使っている人は、後にある「**1.8. 開発環境の準備（Mac版）**」へ進んでください。

1.7.1　　使っているWindowsのエディションを確認する

　コントロールパネルを開いて、自分のPCで使っているWindowsのバージョンを確認しましょう。使っているWindowsのエディションによって、コントロールパネルの開き方は少しずつ異なります。また、開く方法も何通りかあります。自分のWindows PCでのやり方を調べて、開いてみましょう。たとえば、Windows 10では、スタートメニューで右クリックするとポップアップするメニューから開けます。

....

1　キーボードマスター6　http://www.plato-web.com/software/km06/
2　myTyping　http://typing.twi1.me/training
3　クラウディア・窓辺 タイピングゲーム　http://wakamono-up.jp/typing/

24　　第1部 開発環境に慣れよう

開発環境の準備（Windows版）

図1.1　コントロールパネル

「システム」をクリックして「コンピュータの基本的な情報の表示」を開きます。

図1.2　コンピュータの基本的な情報の表示

このウィンドウに表示される、「Windowsのエディション」に書いてあるWindowsの名前と、「システムの種類」に書いてある「32ビット」または「64ビット」という記述を憶えておきます。

1.7.2　開発環境を入手する

この本では、演習に使う開発環境として「Pleiades All in One Eclipse」というWindowsやMacで使える開発環境を使います。プログラミングに必要なツールやエディタをま

25

とめ、メニューを日本語化したパッケージです。Full Editionを使えば、手順や設定も最小限で済みます。一般に、プログラムの開発に使うコンパイラやライブラリのインストールは面倒な作業になりがちです。Windows版のPleiadesでは、「MinGW (Minimalist GNU for Windows)」というパッケージを一緒にインストールしてくれるので、環境設定でつまずきにくくなります。

Webブラウザで、次のWebサイトを開きます。

`http://mergedoc.osdn.jp/`

たくさんボタンが並んでいますが、その中の「Eclipse 4.7 Oxygen」と書かれているボタンをクリックします。これは、この本の執筆時点で提供されていた最新版です。これよりも新しい版が出ていたらそれを使ってもかまいません。もし新しい版を使って問題が起きたら、この本と同じ版を使ってやりなおしてみてください。

図1.3　Pleiades All in One EclipseのWebサイト

すると、開発に使用するOSやプログラミング言語で区別されたダウンロードパッケージの一覧が表示されます。

開発環境の準備（Windows版）

図1.4　パッケージの選択の画面

「1.7.1 使っているWindowsのエディションを確認する」で、コントロールパネルから調べたWindowsのビット数を思い出してください。Windowsの行のなかで、そのビット数と同じビット数の行から、「C/C++」の列の「Full Edition」をクリックします。

たとえば、みなさんのWindowsの「システムの種類」の記述が「64ビット」だった場合には、「Windows 64bit」の「Full Edition」の行の「C/C++」の列にある「Download」ボタンをクリックします。

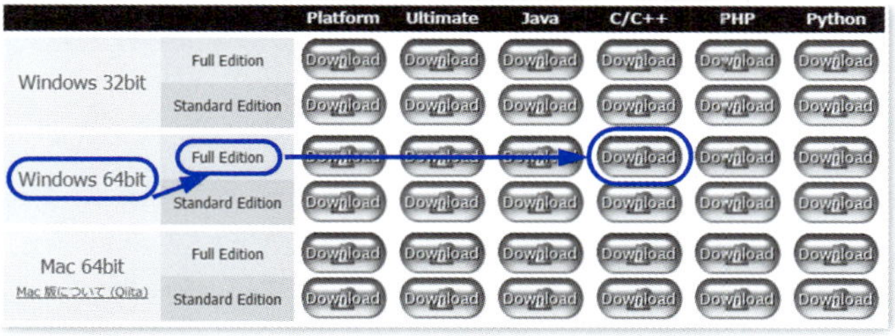

図1.5　Windows 64bit Full Editionの場合の選択例

すると、選択したパッケージのダウンロードが始まります。ダウンロード時に表示されているファイルの名前は、選択したパッケージによって異なります。

第1章　プログラムが動くまで

図1.6　ダウンロード中の表示（Windows 64bit Full Editionの場合）

 何というファイル名のファイルがダウンロードされているのか、憶えておきましょう。ダウンロード後にこのファイルを探して使います。

　このパッケージはファイルサイズがかなり大きいです（500MBくらいあります）ので、ダウンロードが終わるまでには時間がかかります。使っているネットワークの状況によりますが、短くても数分程度、長い場合は1時間くらいかかります。気長に待ちましょう。

1.7.3　開発環境を展開する

　ダウンロードしたファイルの場所を確認しましょう。わたしの場合、エクスプローラーで見ると「PC ＞ ローカルディスク (C:) ＞ ユーザー ＞ kuboaki ＞ ダウンロード」にダウンロードしてありました。ファイルを見ると、わたしがWindows 32bit Full Editionを選択してダウンロードしたことを確認できます。

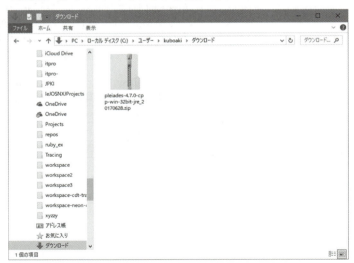

図1.7　ダウンロードしたファイルの場所を確認する

開発環境の準備（Windows版）

次に、このファイルを展開します。展開には注意が必要なので、**「圧縮ファイル展開に関する注意」**を読んで注意点について確認しておきましょう。

圧縮ファイル展開に関する注意

「Pleiades All in One Eclipse」のWebサイトにも記載がありますが、ダウンロードした圧縮ファイルを展開するときには、注意が必要です。

ダウンロードした圧縮ファイルは、その中に多くの複雑なフォルダーとたくさんのファイルが含まれています。このファイルの展開では、次の2つのことに注意しましょう。

- ファイルを展開する場所
- 展開に使うツール

Pleiadesの用意した圧縮ファイルを展開するときには、ファイルを展開して格納する場所（展開先）は「パス名に日本語が含まれていないこと、浅い場所を使うこと」という条件があります。パス名というのは、あるフォルダーやファイルの場所について、どのドライブのどのフォルダーにあるのかを順に表したものです。そして、「フォルダーの中のフォルダー……」と中に入れば入るほど「深い場所」になります。

そこで、どの人にとっても、日本語が使われていない、いちばん浅い場所を使うことにしましょう。その場所は、Cドライブのルートフォルダー「c:¥」です。ただし、使っているPCやみなさんに提供されているアカウントの権限によっては、「c:¥」は書き込めない場合があります。そのような場合は、自分がフォルダーを作ることができて、パス名に日本語が含まれていないような別の場所を使いましょう。

次に展開に使うツールです。Windowsのバージョンによっては、エクスプローラーに組み込まれている圧縮ファイルの展開機能は、パス名の長さに制限があります。そこで、みなさんには、ファイル展開機能に制限のないツールを別途入手して使うことをお薦めします。たとえば、7-Zip [4] を使うとよいでしょう。

ここでは、7-Zipをインストールし、これを使って展開する手順を説明しておきます。

アイコンを右クリックすると、ポップアップメニューが表示されます。「7-Zip」を選ぶとさらにポップアップメニューが表示されるので、「展開……」を選びます。

---

4 7-Zip `https://sevenzip.osdn.jp/`

第1章 プログラムが動くまで

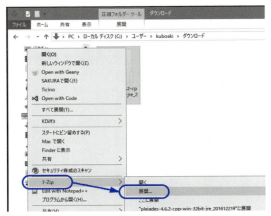

図1.8 ポップアップメニューを表示する

すると「展開」ダイアログが開きます。このときの設定のままでは、想定していない場所に展開されてしまうので、展開先を変更するために展開先欄の右端のボタンをクリックします。

図1.9 「展開」ダイアログを開く

新たに「フォルダーの参照」ダイアログが開きます。展開先として、「PC > ローカルディスク(C:)」を選び「OK」ボタンをクリックします。

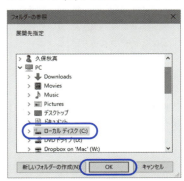

図1.10 「フォルダーの参照」ダイアログを開く

「展開」ダイアログに戻るので、展開先が「C:¥」になっていることと、その下のチェックボックスのチェックを外して次の図のような表示に変わっていることを確認したら「OK」ボタンをクリックします。「C:¥」に書き込めないなど制限のある人は、書き込み権限のあるフォルダーを指定し、以降の説明を読み替えてください。

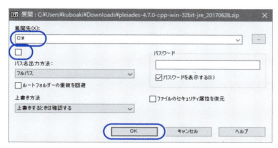

図1.11 「展開」ダイアログの展開先が変更された

「展開中」ダイアログが表示されて、展開が始まります。展開にはしばらく時間がかかります。

図1.12 展開中のダイアログ

展開が終わったら、エクスプローラーで、「PC ＞ ローカルディスク(C:)」に「pleiades」フォルダーがあること、その中に「eclipse」フォルダーがあること、そしてその中に「eclipse.exe」があることを確認しましょう。

図1.13 展開後のフォルダーを確認する

第1章 プログラムが動くまで

表示オプションをプログラミング向きに変更する

　プログラミングでは、ファイルの役割を拡張子で区別することが多いです。そのため、拡張子の違いを分かりやすくしておくことは重要です。みなさんも、エクスプローラーの表示オプションを変更して、ファイルの拡張子を表示するよう設定しておきましょう。プログラミングに使う設定用ファイルには「隠しファイル」になっているものもあるので、隠しファイルも表示するよう設定しておくとよいでしょう。

図1.14　表示オプションを変更する

1.7.4　開発環境が動くことを確認する

　展開した開発環境が動作することを確認しましょう。

　エクスプローラーで、「PC > ローカルディスク(C:) > pleiades > eclipse」フォルダーへ移動します。
　フォルダーの中に含まれている「eclipse.exe」をダブルクリックして起動します。

図1.15　開発環境を起動する（Windows）

　起動すると、次のようなスプラッシュ画面が表示されます。起動したときに、スプラッシュ画面に「キャッシュのクリーンアップ中」と表示された人は、ここで少し時間がかかるかもしれません。

開発環境の準備（Windows版）

図1.16　キャッシュのクリーンアップ中と表示されたスプラッシュ画面

1.7.5　演習に使うワークスペースを用意する

初期化が終わると「Eclipse ランチャー」ダイアログが表示されます。

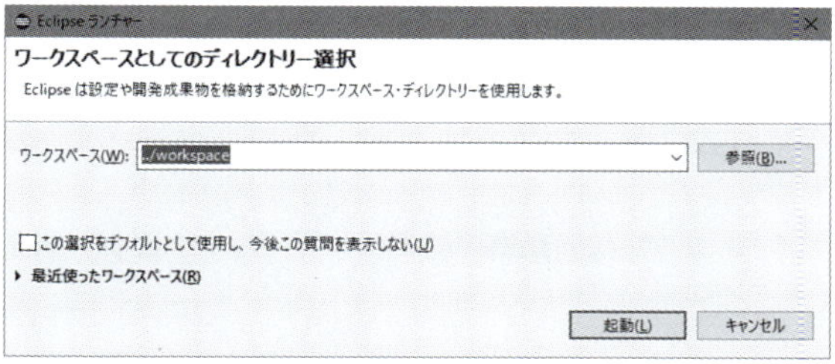

図1.17　「Eclipse ランチャー」ダイアログ

ワークスペースの指定があります。ここで、わたしたちが演習に使う場所を決めてワークスペースに設定しておきましょう。直接「**C:¥cbook**」と入力します。あるいは、右にある「参照」ボタンを使ってCドライブのルートディレクトリに **cbook** フォルダーを作って選ぶと、設定できます。

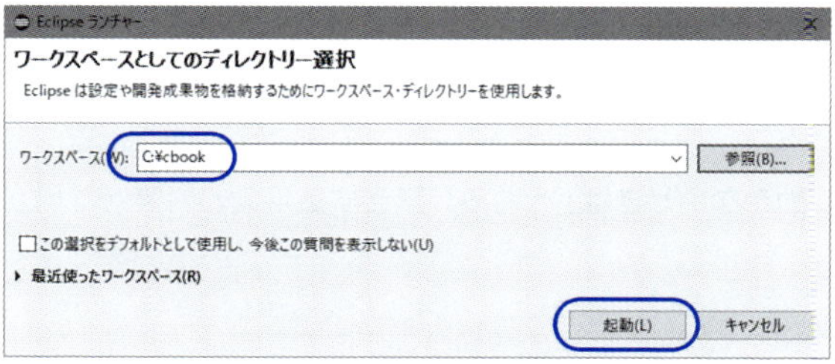

図1.18　ワークスペースを設定する

「起動」ボタンをクリックすると、再びスプラッシュ画面が表示され、その後にワークスペースが表示されます。

33

第1章 プログラムが動くまで

図1.19 初めて起動したときのワークスペース

　この画面が確認できれば、みなさんは開発環境の準備が完了しています。準備作業のリストを更新しましょう。

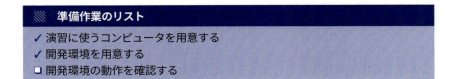

　念のため、エクスプローラーで「PC ＞ ローカルディスク(C:) ＞ cbook」を探し「cbook」フォルダーができていることも確認しておきましょう

　もし、なにかうまくいかないことがあれば、手順を見直してみましょう。また、**「1.10 開発環境がうまく動かないときは」**へ進み、該当する現象と対策がないかどうか確認してみましょう。

　Windows PC を使っている人の開発環境の準備はここまでです。
　次は、**「1.9 開発環境の動作を確認する」**へ進みましょう。

1.8　開発環境の準備（Mac版）

Macを使っている人は、この節の説明に従って開発環境を準備しましょう。

Macを使って演習するみなさんへ

この本では、演習で使う開発環境やツールをWindowsとMacで共通なものにしてあります。説明に使う画面やコンピュータの操作方法の説明にはWindowsを使っていますが、たいていの場合、Macを使っている人でも大きな違いを意識せずに演習できます。

それでも、WindowsとMacでは、表示や操作が異なるところがあります。その場合には、適宜読み替えてください。たとえば、MacとWindowsでは、メニューバーの位置やメニューの構成などが異なります。また、Macでは、ファイルやフォルダーの操作に使うアプリケーションは「Finder」という名前ですが、Windowsでは「エクスプローラー」（インターネット・エクスプローラーとは別のものです）という名前です。

1.8.1　Xcode Command Line Toolsをインストールする

Macでプログラムを作る場合、通常は、Apple社が提供する開発環境である「Xcode」を使います。しかし、この本の読者にはWindowsの利用者もMacの利用者もいるので、両者が同じように利用できる「Pleiades All in One Eclipse」を使おうと思います。ただし、そのためにはXcodeが提供するツールの一部である「Xcode Command Line Tools」が必要になります。開発環境のインストールの前に、このツールをインストールしておきましょう。インストールするときは、ネットワークを経由してパッケージをダウンロードします。あらかじめネットワークに接続した状態であることを確認しておきましょう。

すでにXcodeをインストールしてある場合でも、Xcode Command Line Toolsは追加でインストールする必要があります。Xcodeを起動して、Xcode Command Line Toolsがインストールされているか確認し、まだなら追加インストールしておきましょう。ここでは、単独でインストールする手順を紹介しておきます。

インストール作業はターミナルからコマンドを入力して実行します。Finderで「移動 ＞ ユーティリティ」を開き、ターミナル（ターミナル.app）を起動しましょう。あるいは、LaunchPadを開いて、検索窓で「ターミナル」を検索して起動することもできます。

次に、Command Line Toolsがインストールされているかどうか確認するために`xcode-select`コマンドに`--install`オプションをつけて実行してみましょう。

Command Line Toolsがすでにインストールされているか確認する

```
$ xcode-select --install  enter
```

実行した結果、次のようになった場合、Command Line Toolsはすでにインストールされていますので、「1.8.2 開発環境を入手する」へ進みましょう。

Command Line Toolsがすでにインストールされているとき

```
$ xcode-select --install enter
xcode-select: error: command line tools are already installed,
use "Software Update" to install updates
```

インストールされていないときは、次のようなメッセージが表示されます。

Command Line Toolsがまだインストールされていないとき

```
$ xcode-select --install enter
xcode-select: note: install requested for command line developer
tools
```

このメッセージと同時に、インストールを促すダイアログが表示されます。メッセージにある「コマンドライン・デベロッパ・ツール」は、Command Line Toolsのことです。

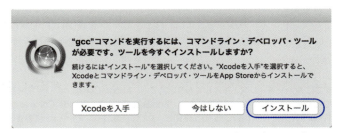

図1.20　Command Line Toolsのインストールを促すダイアログ

「インストール」をクリックするとインストールが始まります。最初に、「使用許諾契約」のダイアログが表示されます。一読して、「同意する」ボタンをクリックします。

開発環境の準備（Mac版）

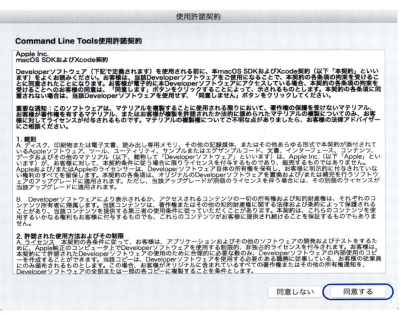

図1.21　Command Line Toolsの使用許諾契約の確認

　同意すると、インストールが続きます。数分間待つとインストールが終わりますので、インストールできているかどうか、ターミナルから確認しましょう。

Command Line Toolsがインストールできていることを確認する

```
$ xcode-select -p  enter
/Library/Developer/CommandLineTools      ❶

$ gcc --version  enter    ❷
Configured with: --prefix=/Library/Developer/CommandLineTools/
usr --with-gxx-include-dir=/usr/include/c++/4.2.1
Apple LLVM version 8.1.0 (clang-802.0.38)
Target: x86_64-apple-darwin16.4.0
Thread model: posix
InstalledDir: /Library/Developer/CommandLineTools/usr/bin
```

❶ Command Line Toolsがインストールされた場所
❷ gccのバージョンを確認するコマンドを使って動作を確認した

　すでにXcode.appをインストールしている人は、ツールのインストールされるディレクトリが異なります。

すでにXcodeがインストールされている場合のパス

```
$ xcode-select -p enter
/Applications/Xcode.app/Contents/Developer
```

1.8.2 開発環境を入手する

　この本では、演習に使う開発環境として「Pleiades All in One Eclipse」というWindowsやMacで使える開発環境を使います。プログラミングに必要なツールやエディタをまとめ、メニューを日本語化したパッケージです。Full Editionを使えば、手順や設定も最小限で済みます。

　Webブラウザで、次のWebサイトを開きます。

`http://mergedoc.osdn.jp/`

　たくさんボタンが並んでいますが、その中の「Eclipse 4.7 Oxygen」と書かれているボタンをクリックします。これは、この本の執筆時点で提供されていた最新版です。これよりも新しい版が出ていたらそれを使ってもかまいません。もし新しい版を使って問題が起きたら、この本と同じ版を使ってやりなおしてみてください。

図1.22　Pleiades All in One EclipseのWebサイト

　すると、開発に使用するOSやプログラミング言語で区別されたダウンロードパッ

開発環境の準備（Mac版）

ケージの一覧が表示されます。

図1.23　パッケージの選択の画面

「Mac 64bit」の行のなかから、「C/C++」の列の「Full Edition」をクリックします。

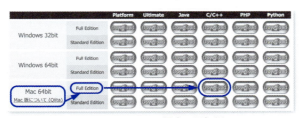

図1.24　Mac 64bit Full Editionの場合の選択例

すると、選択したパッケージのダウンロードが始まります。

図1.25　ダウンロード中の表示（Mac 64bit Full Editionの場合）

何というファイル名のファイルがダウンロードされているのか、憶えておきましょう。ダウンロード後にこのファイルを探して使います。

　このパッケージはファイルサイズがかなり大きいです（400MBくらいあります）ので、ダウンロードが終わるまでには時間がかかります。使っているネットワークの状況によりますが、短くても数分程度、長い場合は1時間くらいかかります。気長に待ちましょう。

1.8.3　開発環境を展開する

　ダウンロードしたファイルの場所を確認しましょう。わたしの場合、Finderで見ると、「Downloads」フォルダーに「pleiades-4.7.0-cpp-mac-jre_20170628.dmg」というファイル名でダウンロードしてありました。
　この「.dmg」という拡張子のファイルは、ディスクイメージファイルという、Mac用の仮想ディスク（ディスクと同じような役割の）ファイルで、インストールのときに外部ディスクの代わりに使われています。

図1.26　ダウンロードしたファイルの場所を確認する

 ダウンロードファイル名のバージョン番号や日付を表す部分は、ダウンロードした時期で異なっているかもしれません。

　アイコンをダブルクリックすると、「Pleiades All in One」というタイトルと、「Eclipse」のアイコンと「Applications」フォルダーのアイコン、「ドラッグ＆ドロップした後にApplicationsから起動してください。」というメッセージが表示されたウィンドウが表示されます。

図1.27　インストール指示の画面

「Eclipse」のアイコンを「Applications」フォルダーのアイコンにドラッグ＆ドロップすると、「アプリケーション」フォルダーにインストールするためにコピーが始まります。

図1.28　コピー中の画面

コピーが終わったら、Finderで「アプリケーション」フォルダーに「Eclipse_4.7.0.app」アイコンがあることを確認しましょう。見つかれば、インストールは完了しています。

図1.29　アプリケーションに登録されているのを確認する

アプリケーション名のバージョン番号の部分は、ダウンロードした時期で異なっているかもしれません。

デスクトップの右上の方に、次の図のようなディスクドライブのアイコンが表示されています。このアイコンは、インストールするときに仮想ディスクをマウントしたことを表しています。マウントとは、コンピュータに外部ディスクを接続することです。仮想ディスクイメージはファイルですが、外部のディスクと同じように扱っていることがわかります。

図1.30　インストール用仮想ディスクを表すアイコン

コンピュータに接続したディスクを外すことをアンマウントといいます。インストールが完了したので、この仮想ディスクをアンマウントして、接続を解除しましょう。このアイコンを右クリックして、ポップアップメニューを表示します。

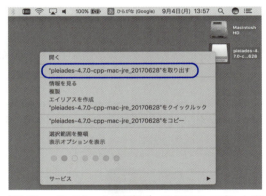

図1.31　インストール用仮想ディスクをアンマウントする

「"pleiades-4.7.0-cpp-mac-jre_20170628"を取り出す」を選択すると、インストール用仮想ディスクをアンマウントできます。アイコンが消えればアンマウントは完了です。

仮想ディスクの名前に使われているバージョン番号や日付を表す部分は、ダウンロードした時期で異なっているかもしれません。

Macで右クリックする方法

ノートブックタイプのMacなどに使われているトラックパッドには、左右を区別したボタンがありません。どうやって右クリックすればよいのでしょうか。じつは、Macでは右クリックのことを「副ボタンのクリック」と呼んでいて、右クリック用のボタンがなくても、右クリックに相当する操作ができます。トラックパッドの場合、2本指によるクリック（またはタップ）や「Controlキーを押しながらクリック」すると、

Windowsにおけるマウスの右クリックと同様の操作ができます。

この本では、Mac用の操作説明にもWindowsと同じように「右クリック」を使っていますが、その場合、このような操作をするものと読み替えてください。

詳しい操作法は、Appleのサポートサイト[5]を参照してください。

1.8.4 開発環境が動くことを確認する

展開した開発環境が動作することを確認しましょう。

Finderで「アプリケーション」フォルダーを開きます。「Eclipse_4.7.0.app」アイコンを探してダブルクリックして起動します。

図1.32　開発環境を起動する（Mac）

初めて起動すると、最初に次のようなアプリケーションファイルの検証中の画面が表示されます。

図1.33　アプリケーションファイルを検証中の画面

しばらく待つと、こんどは次のような「開発元を確認できないため、開けません。」という警告が表示されます。

図1.34　開発元を確認できないため開けないという警告

5　Macで右クリックする方法　https://support.apple.com/ja-jp/HT207700

いったん「OK」をクリックして、ダイアログを閉じます。

開発元が未確認のアプリケーションを開く

Macでは、開発元がAppleに登録していないアプリケーションを開こうとすると、警告ダイアログを表示するようになっています。これは、マルウェアに感染したアプリケーションを誤ってユーザーがインストールしないようAppleが配慮しているためです。Mac App Storeに登録されているアプリケーションであれば、この警告は発生しません。

この警告が表示されたからといって、必ずしもそのアプリケーションに問題があるわけではありません。本書で使うことを決めた「Pleiades All in One Eclipse」やそのベースである「Eclipse」も、世界中で使われている信頼できるアプリケーションです。しかし、Appleによるレビューを受けていないので、この警告が表示されているのです。

詳しい説明は、Appleのサポートサイト[6]を参照してください。

こんどは、「Eclipse_4.7.0.app」アイコンで右クリックして、ポップアップメニューを表示します。

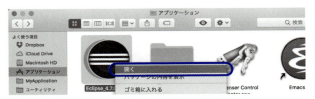

図1.35　Eclipse.appのポップアップメニューを開く

ポップアップメニューから「開く」を選択します。すると、先程とは少し異なる「"Eclipse_4.7.0.app"を開くと、このMacでこのアプリケーションの実行が常に許可されます。」という警告が表示されます。

図1.36　Eclipse.appの実行を確認するダイアログ

Mac OSのバージョンによって、警告メッセージが変更されている場合があります。その場合にも、今後も使うという選択肢を選びましょう。

---

[6] 開発元が未確認のアプリケーションを開く
https://support.apple.com/kb/PH25088?locale=ja_JP

「開く」をクリックすると、次のようなスプラッシュ画面が表示されます。

図1.37 スプラッシュ画面

起動したときに、スプラッシュ画面に「キャッシュのクリーンアップ中」と表示された人は、ここで少し時間がかかるかもしれません。

1.8.5 演習に使うワークスペースを用意する

初期化が終わると「Eclipse ランチャー」ダイアログが表示されます。

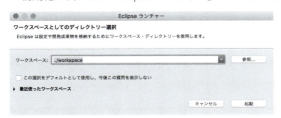

図1.38 「Eclipse ランチャー」ダイアログ

ワークスペースの指定があります。ここで、わたしたちが演習に使う場所を決めてワークスペースに設定しておきましょう。たとえば、ログインユーザー名が **kuboaki** なら、「**/Users/kuboaki/cbook**」と入力します（**kuboaki** のところをみなさんのログインユーザー名で置き換えてください）。あるいは、右にある「参照」ボタンを使ってホームディレクトリに **cbook** ディレクトリを作ってから選ぶと、設定できます。

図1.39 ワークスペースを設定する

第1章 プログラムが動くまで

「起動」ボタンをクリックすると、再びスプラッシュ画面が表示され、その後にワークスペースの画面が表示されます。

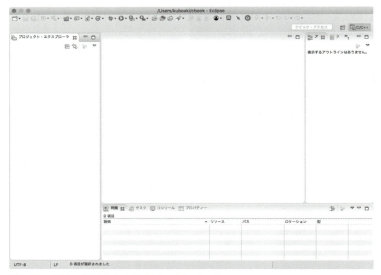

図1.40　初めて起動したときのワークスペース

この画面が確認できれば、みなさんは開発環境の準備が完了しています。準備作業のリストを更新しましょう。

念のため、Finderで「Macintosh HD ＞ ユーザ ＞ kuboaki ＞ cbook」フォルダーができていることを確認しておきましょう（**kuboaki**のところをみなさんのログインユーザー名で置き換えてください）。

> **準備作業のリスト**
> ✓ 演習に使うコンピュータを用意する
> ✓ 開発環境を用意する
> ☐ 開発環境の動作を確認する

もし、なにかうまくいかないことがあれば、手順を見直してみましょう。また、**「1.10 開発環境がうまく動かないときは」**へ進み、該当する現象と対策がないかどうか確認してみましょう。

Macを使っている人の環境の準備はここまでです。次の**「1.9 開発環境の動作を確認する」**へ進みましょう。

1.9　開発環境の動作を確認する

　開発環境が、プログラムを作って動かすことができるようになっているか確認しましょう。まだ、みなさんはC言語のプログラムの作り方について何も学んでいませんので、開発環境が提供するサンプルプログラムを使って確認します。

　開発環境を起動していない人は、前の節の説明に従って起動しておきましょう。

1.9.1　サンプルプロジェクトを作成する

　しばらく待って、Eclipseが起動したら、「**図1.41 新しいプロジェクトを作成する**」のように、メニューから「ファイル > 新規 > Cプロジェクト」を選択します。

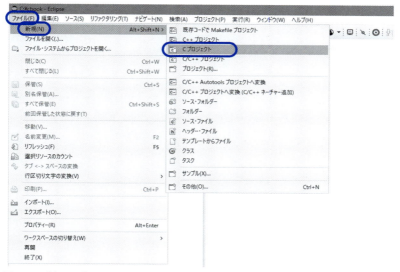

図1.41　新しいプロジェクトを作成する

　もし、ファイルメニューに「Cプロジェクト」が見つからないときは、メニューから「ファイル > 新規 > プロジェクト」を選択します。すると、「**図1.42 新しいプロジェクトを作成する（別の方法）**」のようなダイアログが表示されます。「C/C++ > Cプロジェクト」を選択して「次へ」をクリックしてください。

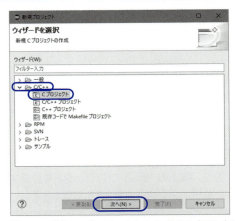

図1.42　新しいプロジェクトを作成する（別の方法）

　すると、「**図1.43　新しいプロジェクトの設定（Windows）**」のような、プロジェクトを作成するダイアログが表示されます。図中の設定と同じようにしましょう。まず、プロジェクト名に「`hello`」と入力します。「デフォルト・ロケーションを使用」がチェックされていないときは、チェックしておきます。開発環境の起動を確認した際に指定したワークスペースになっていることを確認しておきましょう。「プロジェクトタイプ」は「実行可能 ＞ Hello World ANSI C プロジェクト」を選びます。

　Windowsを使っている人は、「ツールチェーン」から「MinGW GCC」を選びます。

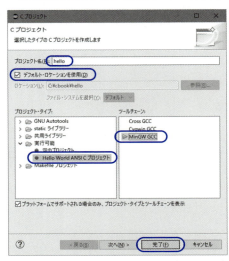

図1.43　新しいプロジェクトの設定（Windows）

Macを使っている人は、「ツールチェーン」から「MacOSX GCC」を選びます。

図1.44 新しいプロジェクトの設定（Mac）

「完了」をクリックすると、プロジェクトが作成されます。

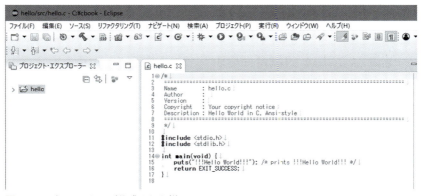

図1.45 プロジェクトが作成された様子

1.9.2 サンプルプロジェクトの動作を確認する

作成したプロジェクトが動くことを確認しましょう。

プロジェクト・エクスプローラーから、作成したプロジェクト hello を選んで右クリックし、ポップアップメニューを表示します。

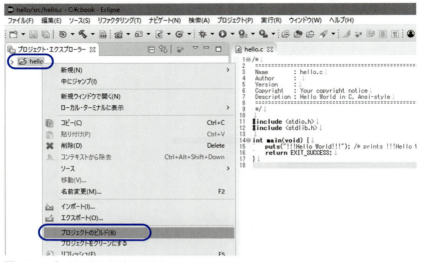

図1.46　プロジェクトをビルドする

ポップアップメニューから「プロジェクトのビルド」を選択すると、プロジェクトがビルドされます。

コンソールを見ると、ビルドの作業過程を表示していることがわかります。

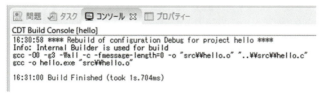

図1.47　プロジェクトをビルドしたときのコンソールの表示

次に、プロジェクト・エクスプローラーから、作成したプロジェクトをクリックして「hello＞バイナリー＞hello.exe」を展開します。hello.exeで右クリックしてポップアップメニューを開きます。さらに、ポップアップメニューの中から「実行＞ローカルC/C++アプリケーション」を選択します。

開発環境がうまく動かないときは

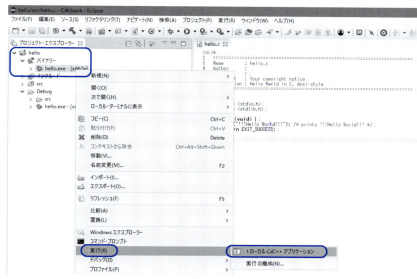

図1.48　ビルドしたプログラムを実行する

すると、コンソールに「!!!Hello World!!!」が表示されます。

図1.49　プログラムの実行結果の表示

サンプルプログラムを実行できるところまで確認できれば、開発環境の準備は完了です。

64bit版Windowsを使っている場合、実行結果がコンソールに表示されない場合があるそうです。そのような場合は、「プロジェクトのプロパティー ＞ C/C++ビルド ＞ 設定 ＞ ツール設定タブ ＞ MinGW C Linker ＞ その他」を開き、「リンカー・フラグ」の欄に「-static」を設定してみてください。

1.10　開発環境がうまく動かないときは

この本では、開発環境を構築するために「Pleiades All in One Eclipse」という、できるだけ簡単に利用できる開発環境を選んでみました。それでも、開発環境がうまくインストールできない場合があるでしょう。すべての問題を把握することは困難ですが、よく起きる問題とその対処方法を示しておきます。

第1章　プログラムが動くまで

1.10.1　ファイルがダウンロードできない

　通常は、Web ブラウザを使って「Pleiades All in One Eclipse」の Web サイトにアクセスし、ページごとに指示に従えば、ファイルはダウンロードできます。

Webサイトが見つからない、表示できない

　他のサイトは閲覧できているでしょうか。他のサイトも閲覧できないようなら、PC や Mac のネットワークの設定から見直してみましょう。「Pleiades All in One Eclipse」の Web サイトだけが見つからないようなら、ブラウザに入力した URL に間違いがないか確認しましょう。あるいは、Google などの検索サイトで、「Pleiades All in One Eclipse」を検索してみれば、検索結果から Web サイトをたどることもできます。

ダウンロードが実行できていないようだ

　Web サイトは閲覧できていますか。別の機会ではファイルのダウンロードはうまくいっていましたか。そういった状況を整理して、利用しているネットワークの管理者に相談してみましょう。

セキュリティの設定が影響しているかもしれない

　セキュリティツールや、職場や学校のセキュリティ設定が「Pleiades All in One Eclipse」を不正な Web サイトやアプリケーションに登録してしまったのかもしれません。一時的にセキュリティソフトウェアの設定を無効にして試してみると解消する場合があります。解決しないときは、利用しているネットワークの管理者に相談してみましょう。

ダウンロードした場所がわからない

　多くの場合、Web ブラウザを使ってファイルをダウンロードすると、ダウンロードの履歴が残っています。その履歴からたどると、ダウンロードしたファイルがどこにあるか分かりますので、調べてみましょう。

ダウンロードしたファイルが見つからない

　ダウンロードしたファイルの名前は憶えていますか。一部でも憶えていれば、エクスプローラーや Finder の検索機能を使って探してみてください。

1.10.2　ダウンロードしたファイルが動かない

展開できたのに、動作がおかしいようだ（Windows）

　展開には、7-Zip を使いましたか。もし、エクスプローラーに組み込まれている圧縮ファイル展開方法を使ったのであれば、展開に失敗している可能性があります（途中までしか展開できていないのかもしれません）。推奨する手順の通りインストールしましょう。

52　　第1部　開発環境に慣れよう

展開したのに、ファイルが見つからないといわれる（Windows）

展開先は「C:¥」にしましたか。展開した場所やそれまでのパス名に日本語が含まれていたり、スペースで区切られたフォルダー名が含まれていると、うまく動作しないようです。展開先を変更してみましょう。

ダウンロードしたファイルが展開できない（Mac）

Mac用の「Pleiades All in One Eclipse」のダウンロードファイルは、どこかのフォルダーに展開して使うのではなく、Finderでファイルを選んでダブルクリックすれば実行できるようになっています。ダブルクリックするとインストールを促す画面が表示されることに気をつけましょう。

インストール画面が表示されない（Mac）

ダウンロードファイルをダブルクリックして実行できていれば、ダウンロード先に指定したフォルダーにダウンロードしたファイルのアイコンが表示されていると思います。このアイコンが表示されていないようであれば、異なるファイルをダウンロードしているかもしれません。Webサイトからダウンロードする手順に戻って確認しましょう。Webサイト上で選択しているファイルが、Mac版のダウンロードファイルであることも確認しましょう。

1.11　まとめ

開発環境の準備が整いました。準備作業のリストを更新して、すべての作業が完了したことを確認しましょう。

準備作業のリスト
✓ 演習に使うコンピュータを用意する
✓ 開発環境を用意する
✓ 開発環境の動作を確認する

これで、プログラムを作る開発環境の準備が整いました！

第2章　開発環境に慣れる

環境に慣れるには、繰り返し同じ操作をしてみることが早道です。また、あれこれいじってみたり、いろいろ試してみたりすることも大切です。早く環境に慣れて、本来の仕事である「プログラムを作る、動かして試す」という作業が繰り返せるようになりましょう。

2.1　開発環境の操作方法に慣れる

これまでのところ、まだ開発環境を動かしてみただけで、操作方法や、自分でプログラムを書くときや作ったプログラムを動かしてみたときに起きる問題の対処方法などがわかっていません。

そこで、開発環境に慣れるためにやることを挙げて、次のような作業リストを作ってみました。

> **環境に慣れるための作業リスト**
>
> ❑ 開発環境の操作方法に慣れる
> ❑ 開発環境をカスタマイズする
> ❑ その他の準備

2.1.1　自分でプログラムを書いてみる

開発環境の準備のときは、開発環境が用意しているサンプルプロジェクトをそのまま使い、プログラムの入力や、プログラムをコンパイルしたときになにが起きるのかなどは、あまり気にしませんでした。

もし、同じプログラムを自分で作ったら、いったい何が起きるでしょうか。「**1.9.1 サンプルプロジェクトを作成する**」を参考にしながら、練習用のプロジェクトを作って確かめてみましょう。

メニューから「ファイル＞新規＞Ｃプロジェクト」を選択し、プロジェクトを作成するダイアログを表示します。

プロジェクト名に「**trial**」と入力します。「デフォルト・ロケーションを使用」をチェックしておきます。

こんどは「プロジェクトタイプ」は「実行可能＞空のプロジェクト」を選びます。

54　第1部 開発環境に慣れよう

開発環境の操作方法に慣れる

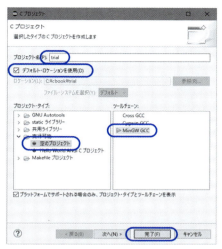

図2.1　練習用のプロジェクトを作成する

 Windowsを使っている人は「ツールチェーン」は「MinGW GCC」を選びます。Macを使っている人は「ツールチェーン」は「MacOSX GCC」を選びます。

今回作ったプロジェクトは、プロジェクト・エクスプローラーで見ると、「インクルード」フォルダーがあるだけで、プログラムのファイルが含まれていません。そこで、自分で追加してみましょう。

プロジェクト・エクスプローラーから、作成したプロジェクト trial を選んで右クリックし、ポップアップメニューを表示します。

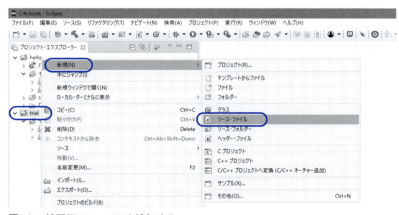

図2.2　練習用のファイルを追加する

55

「新規＞ソース・ファイル」を選択すると、「新規ソース・ファイル」のダイアログが表示されます。

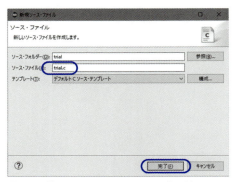

図2.3　練習用ファイルのファイル名を決める

「ソース・ファイル」に`trial.c`と入力し、「完了」をクリックします。
プロジェクト・エクスプローラーの`trial`プロジェクトを見ると、`trial.c`ファイルが追加されたことがわかります。

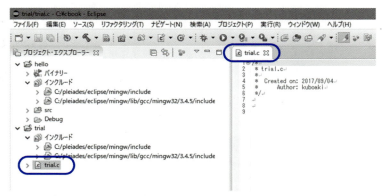

図2.4　練習用のファイルが追加された

プロジェクト・エクスプローラー上で`trial.c`をダブルクリックすると、テキストエディタが`trial.c`を開き、編集できるようになります。

「1.9 開発環境の動作を確認する」で動作確認用に作成した`hello`プロジェクトの`src`フォルダーを開きます。`hello.c`をダブルクリックすると、エディタに表示されます。

開発環境の操作方法に慣れる

```
 trial.c    hello.c ⊠
  1⊖/*
  2   =======================================
  3   Name      : hello.c
  4   Author    :
  5   Version   :
  6   Copyright : Your copyright notice
  7   Description : Hello World in C, Ansi-style
  8   =======================================
  9   */
 10
 11  #include <stdio.h>
 12  #include <stdlib.h>
 13
 14⊖ int main(void) {
 15     puts("!!!Hello World!!!"); /* prints !!!Hello World!!! */
 16     return EXIT_SUCCESS;
 17  }
```

図2.5　hello.cをエディタで表示した

　2つのソースコードがタブで分けて表示されています。そのうち一方をマウスでドラッグします。

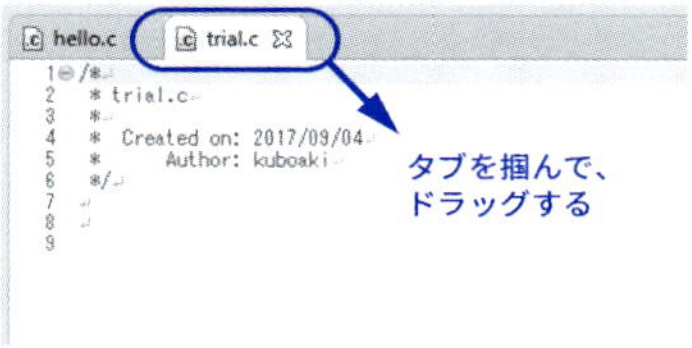

```
 hello.c    trial.c ⊠
  1⊖/*
  2   * trial.c
  3   *
  4   * Created on: 2017/09/04
  5   *     Author: kuboaki
  6   */
  7
  8
  9
```
タブを掴んで、ドラッグする

図2.6　タブをマウスでドラッグする (1)

　マウスをそのままドラッグしていると、エディタの表示が次のように変化します。

```
(A)  プロジェクト(P)  実行(R)  ウインドウ(W)  ヘルプ(H)

 hello.c    trial.c ⊠
  1⊖/*
  2   * trial.c
  3   *
  4   * Created on: 2017/09/04
  5   *     Author: kuboaki
  6   */
  7
  8
  9
```

図2.7　タブをマウスでドラッグする (2)

　マウスから手を放すと、エディタの表示が縦に2つに分かれ、**hello.c**と**trial.c**の両方が表示されました。

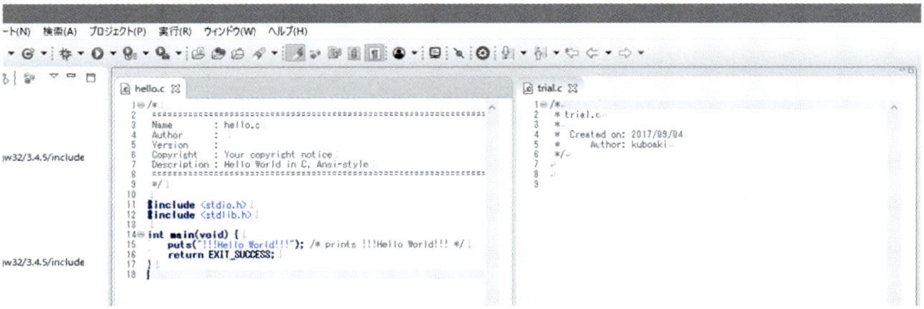

```
-ト(N)  検索(A)  プロジェクト(P)  実行(R)  ウインドウ(W)  ヘルプ(H)

 hello.c ⊠                              trial.c ⊠
  1⊖/*                                   1⊖/*
  2   ===================                2   * trial.c
  3   Name      : hello.c                3   *
  4   Author    :                        4   * Created on: 2017/09/04
  5   Version   :                        5   *     Author: kuboaki
  6   Copyright : Your copyright notice  6   */
  7   Description : Hello World in C, Ansi-style  7
  8   ===================                8
  9   */                                 9
 10
 11  #include <stdio.h>
 12  #include <stdlib.h>
 13
 14⊖ int main(void) {
 15     puts("!!!Hello World!!!"); /* prints !!!Hello World!!! */
 16     return EXIT_SUCCESS;
 17  }
 18
```

図2.8　エディタの表示を分割してhello.cとtrial.cを表示した

57

この状態なら、hello.cを見ながら、trial.cを編集できますね。

では、プログラムのソースコードを書くときに、どんな問題が起きるのかを自分で確かめるための練習を始めましょう。ここからの作業は、マウスを使ってコピーしたりせず、hello.cに書かれているプログラムを、目で見ながら、手で打ち込んでみてください。少し手間がかかりますが、ここは、コピーしないで自分の手で打ち込んでみることが大切です。

打ち込めたと思ったら、ファイルを保存します。

 開発環境であるPleiades All in Oneの古い版は「保存」の代わりに「保管」を使っていました。2017年9月以降の版では、本書の表記と同じ「保存」に変わっています。みなさんの開発環境の表記が「保管」となっていた場合には、適宜読み替えてください。

ファイルを保存するには、エディタの中で右クリックしてポップアップメニューを開き「保存」を選びます。他に「ファイル > 保存」でも保存できます。

ファイルが保存できたら、サンプルをビルドしたときと同じようにビルドしてみましょう。
helloプロジェクトをビルドしたときと同じように、プロジェクト・エクスプローラーから練習用プロジェクトのプロジェクト名trialを選んで右クリックし、ポップアップメニューから「プロジェクトのビルド」を選択します。

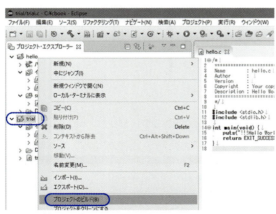

図2.9　練習用プロジェクトをビルドする

2.1.2　エラーと付き合う

さて、わたしも打ち込んでみました。

開発環境の操作方法に慣れる

わたしが打ち込んでみた trial.c

```
#include <stdio,h>
#include <stdlib.h>

intmain(void) {
  puts("!!!Hello World!!!")
  return EXIT_SUCCESS;
}
```

エディタの画面で見てみると、何か記号が現れています。

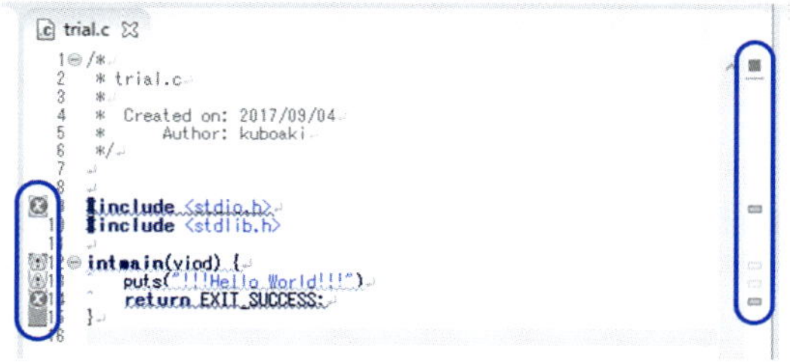

図2.10　エディタ画面に現れた記号

ビルドしてみると、コンソールにも何かメッセージが表示されています。

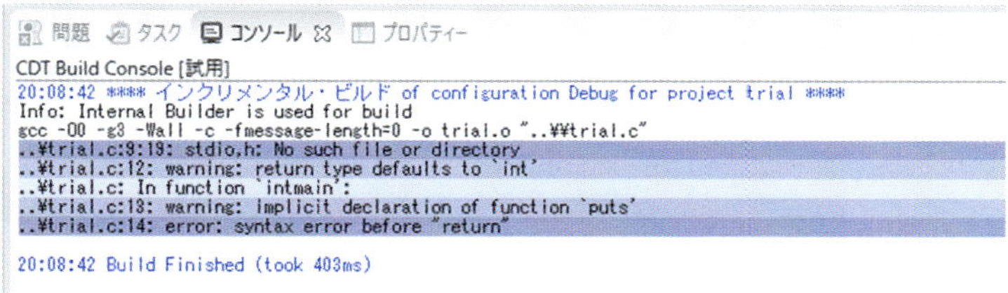

図2.11　コンソールに表示されたメッセージ

うーん、どうもうまくいっていないようです。コンソールに表示されたメッセージを順に見てみましょう。

```
コンソール
gcc -O0 -g3 -Wall -c -fmessage-length=0 -o trial.o "..\\trial.c"
```

ここでは、**gcc**というコマンドを使って **trial.c** ファイルをコンパイルしています。コンパイルは、ビルドする手続きのひとつです。C言語のソースコードを解析して実行可能なプログラムの一部になるオブジェクトファイル（この例では **trial.o** という名前のファイル）を作っています。

その次の行からは、**gcc** が出力したメッセージです。**error** とか **warning** などと出力されていますから、芳しくない状況なのがわかりますね。

59

第2章　開発環境に慣れる

1行ずつ見ていきます。

> **コンソール**
> ```
> ..\trial.c:9:19: stdio,h: No such file or directory
> ```

stdio,hというファイルが見つからないといっています。**hello.c**をよく見ると、**stdio.h**ですね。「**.**」であるところが「**,**」になっていました。間違っていた文字を修正しましょう。

> **コンソール**
> ```
> ..\trial.c:12: warning: return type defaults to `int'
> ..\trial.c: In function `intmain':
> ```

これらのメッセージは1行に直すと、次のようになります。

> **コンソール**
> ```
> ..\trial.c:12: warning: return type defaults to `int' In
> function `intmain':
> ```

intmainという関数の前に関数の型が宣言されていないので、デフォルト（省略時、未指定時という意味です）の型である**int**型とみなすといっています。これは、関数の型が指定できていないという警告です。

hello.cをよく見ると「**intmain**」ではなく「**int main**」ですね。このように、ソースコードで使う単語は、スペースで区切って「分かち書き」します。間違っていた箇所を修正しましょう。

> **コンソール**
> ```
> ..\trial.c:13: warning: implicit declaration of function `puts'
> ```

putsという関数が暗黙に宣言されたといっています。**puts**関数がまだ定義されていないか、宣言されていないのに使われていることを警告しています。実は、9行目のメッセージで見つからないといわれている**stdio.h**にこの関数が宣言してあります。おそらく、9行目の間違いが原因でしょう。

> **コンソール**
> ```
> ..\trial.c:14: error: syntax error before "return"
> ```

returnの前に文法エラーがあるそうです。**return**の前ってスペースですよね……。いえ、もうちょっと前、前の行の終わりへ戻ってみてください。**hello.c**をよく見るとこの行の終わりの部分は("!!!Hello World!!!")ではなく("!!!Hello World!!!");ですね。そうです「**;**」が足りませんでした。書き足しましょう。

60　第1部 開発環境に慣れよう

2.1.3 動くまで修正を繰り返す

修正が終わったら、ファイルを保存してビルドします。

```
コンソール
20:51:04 **** インクリメンタル・ビルド of configuration Debug for
project trial ****
Info: Internal Builder is used for build
gcc -O0 -g3 -Wall -c -fmessage-length=0 -o trial.o "..\\trial.c"
                                                                    ❶
gcc -o trial.exe trial.o    ❷

20:51:05 Build Finished (took 701ms)
```

❶ trial.cからtrial.oを作った
❷ trial.oから（その他のライブラリも使って）trial.exeを作った

今度は、ビルドに成功したようです。

もし、ビルドしてまたエラーや警告のメッセージが表示されたら、次のことを確認しましょう。

1. ファイルが見つからないというメッセージが出なくなるようにする
2. メッセージに書いてあるファイル名と行番号を表示する
3. その行やその前の行に間違いがないか確認する

エラーメッセージが出なくなり、ビルドが成功したら、実行してみてください。コンソールにhelloプロジェクトのプログラムと同じ結果が表示されたでしょうか。

2.2 操作を楽にする（ショートカット）

みなさんが使っている開発環境には、よく使う操作に対するショートカットが用意されています。ショートカットを使うと、マウスでメニューを開き、そこから選ぶといった操作が減らせます。

開発環境を使いこなせるようになるポイントは「慣れ」です。ショートカットはキーボードだけで操作します。そのため、メニューを開いて内容を確認しながら操作するのと比べると、操作内容がわかりにくいかもしれません。しかし、繰り返し使っているうちに慣れてきます。そしてショートカットを使うのに慣れてくると、操作が楽になり、みなさんの作業にもリズムが生まれてきます。

いきなりたくさん憶えるのは大変なので、よく知られているものを少しだけ紹介し

ておきます。

　キー操作の欄で使っている「Ctrl」は、キートップに「Control」あるいは「Ctrl」という刻印のあるキーのことで「コントロールキー」と呼んでいます。たとえば「Ctrl + F」は、Controlキーを押しながらFキーを押すという操作を表します。

表2.1　よく使うショートカット

キー操作	はたらき
Ctrl + B	プロジェクトをビルドする。ワークスペースに複数のプロジェクトが含まれている場合は、すべてのプロジェクトをビルドする
Ctrl + C	選択中のテキストをコピーする
Ctrl + V	コピーしたテキストをカーソル位置に挿入する
Ctrl + D	カーソルがある行を削除する
Ctrl + F	検索ダイアログが表示され、現在編集中のファイルの中を検索できる
Ctrl + S	編集中のファイルを保存する
Ctrl + /	カーソルがある行をコメントアウトする。複数行選択している場合は、複数行をまとめてコメントにできる
Ctrl + Alt + F	選択中のソースコードを整形する。選択していない場合には、ダイアログを表示して、ファイル全体を整形するかどうか確認を求める

　このようなショートカットの設定も、「設定」から変更できます。これまで使っていた他の作業環境の操作方法に合わせるといったこともできるでしょう。

　Macの人は、キーボードのアサインが少し違います。上の表を次のように読み替えてください。

Windows	Mac
Ctrlキー	commandキー
Altキー	shiftキー

　開発環境を使って、自分でプロジェクトを作ってプログラムを動かしたり、いくつかのショートカットを使ったりできるようになりました。作業リストのひとつ目をチェックして次に進みましょう。

環境に慣れるための作業リスト

- ✓ 開発環境の操作方法に慣れる
- ☐ 開発環境をカスタマイズする
- ☐ その他の準備

2.3 開発環境をカスタマイズする

よりプログラムが作成しやすくなるように、開発環境であるEclipseの設定を変更しましょう。

2.3.1 行番号を付ける

プログラムを作成しているときに問題が見つかると、開発環境はソースコードの問題が発生した箇所を「どのファイルの何行目」と報告してきます。そのため、ソースコードの行番号が表示されていると、発生箇所を探しやすくとても便利です。

メニューから「ウィンドウ > 設定」を選択し、設定用ダイアログを開きます。

図2.12 「設定」ダイアログを開く

 Macの場合は、メニューバーの「Eclipse > 環境設定」を選ぶと、設定用ダイアログが開きます。

設定用ダイアログを開くと、左に設定項目のメニューが、右には選択したメニュー項目の詳細な設定項目が表示されます。

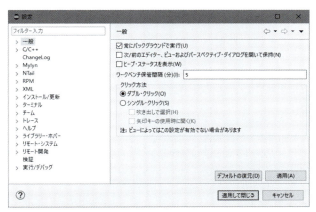

図2.13 「設定」ダイアログ

第 2 章 開発環境に慣れる

　　　左側のメニューから「一般 > エディター > テキスト・エディター」を選択して、右
　　側に設定項目「テキスト・エディター」を表示します。

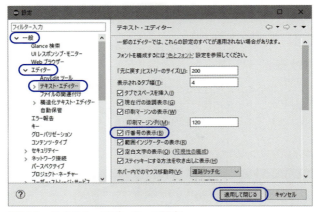

図2.14　テキスト・エディターの設定

　「行番号の表示」をチェックします。最後に、「適用して閉じる」ボタンをクリックします。

　これで、行番号が表示されるようになります。他にも変更したい項目があればチェックしてもよいでしょう。

　　　「タブでスペースを挿入」を設定しているのは、他のテキスト・エディターで同じファ
　　　イルを編集したとき、タブコードのままでは期待した字下げが維持されないことがあ
　　　るからです。

2.3.2　文字が区別しやすいフォントに変更する

　　　プログラムのソースコードはコンピュータが解析します。みなさんには全角と半角
　　で同じ文字に見えても、プログラムの中では別の文字として扱われます。特に、プロ
　　グラムの中で重要な役割を担う記号、そして目には見えないので気づきにくい空白文
　　字が気づかないうちに全角になっていないか注意しましょう。

　　　プログラムを作るときに使用するフォントがこれらを区別しやすいものになってい
　　ると、混じっていたとき目につき、間違いに気づきやすくなります。Googleで「プロ
　　グラミング用 フォント」で検索するとプログラミングに向いたフォントを紹介してい
　　るサイトがたくさん見つかります。調べてみるとよいでしょう。

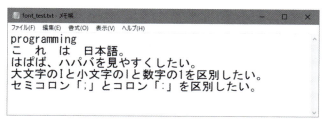

図2.15　全角と半角が区別しにくいフォントの例（MSゴシック）

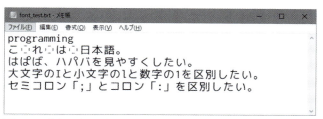

図2.16　全角と半角が区別しやすいフォント（Ricty Diminished Discord）

　上のフォント「MSゴシック」では、空白の部分が、全角のスペースか半角のスペースかわかりませんが、下のフォント「Ricty Diminished Discord」[1]では、全角のスペースは空白ではなく目に見える記号になっています。また、見間違えやすい文字が区別しやすいようにそれぞれの文字の特徴を強調してあるのがわかりますね。

　ここでは、プログラムの編集に使うフォント設定を変更し、文字を大きくし、フォントを「Ricty Diminished Discord」に変更してみようと思います。新たにこのフォントを使わなくても、すでにインストールされているフォントを試したり、文字の大きさの変更だけを試したりできますので、やり方は参考になると思います。

 新しいフォントをコンピュータに追加したい場合には、開発環境を起動する前にそのフォントをインストールしておく必要があります。また、みなさんにフォントをインストールする権限が与えられていない場合があります。そのときは管理者にフォントの追加をお願いしてみましょう。なお、フォントを入手して使用する際は、それぞれのフォントの提供者が提示するライセンス条項に従ってください。

自分のPCにフォントを追加する方法がわからない人は、Microsoft のサポートサイト[2]やApple のサポートサイト[3]の手順を参考にするとよいでしょう。

1　Ricty Diminished Discord　`http://www.rs.tus.ac.jp/yyusa/ricty_diminished.html`
2　フォントを追加する（Windows、Microsoft Office向け）　`https://support.office.com/ja-jp/article/フォントを追加する-b7c5f17c-4426-4b53-967f-455339c564c1`
3　Macでフォントをインストールおよび削除する方法（Mac向け）　`https://support.apple.com/ja-jp/HT201749`

左側のメニューから「一般 > 外観 > 色とフォント」を選択して、右側に設定項目「色とフォント」を表示します。

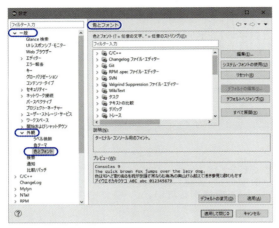

図2.17　色とフォントの設定

リストにはフォントを設定できる表示項目が並んでいます。スクロールしてみるといろいろな要素のフォントや色を変更できることがわかるでしょう。

リストの中から「テキスト・フォント」を選んでください。この項目は、リスト中の他の項目が設定するフォント設定の基本になる設定です。項目を選ぶと、「プレビュー」には現在選ばれているフォントの名前とサンプルテキストが、そのフォントを使って表示されます。

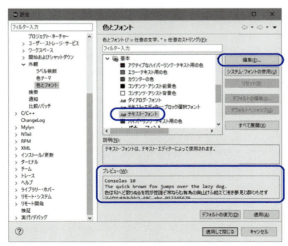

図2.18　「テキスト・フォント」の設定を確認する

開発環境をカスタマイズする

「編集」をクリックすると、フォントを選択するダイアログが表示されます。

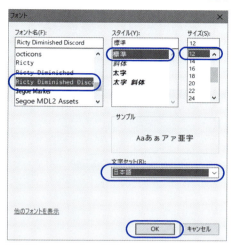

図2.19　フォントの選択

文字セットは「日本語」にします。そして、フォント名のリストから「Ricty Diminished Discord」を選びます。スタイルは「標準」、サイズは少し大きくして「12」を選びました。「OK」をクリックすると、設定項目「色とフォント」に戻ります。プレビューが変わっているのがわかりますか。

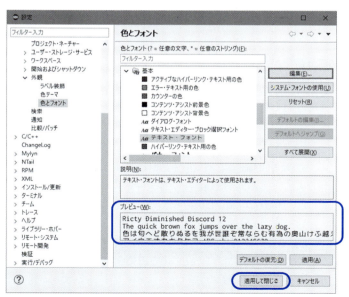

図2.20　「テキスト・フォント」の設定を変更した

「適用して閉じる」ボタンをクリックすると、変更した設定が反映されます。いろいろなフォントを試してみたいときは、ダイアログを閉じない「適用する」ボタンを使うとよいでしょう。

ワークスペースを見ると、ソースコードを編集していたテキスト・エディターの部分とコンソールの表示が設定したフォントに変わっているのがわかります。

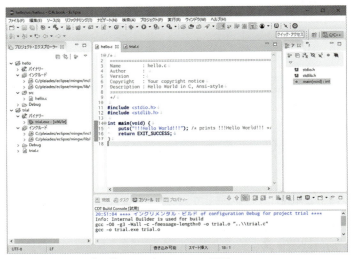

図2.21　フォント変更後のワークスペースの画面

他のフォントも試してみるとよいでしょう。フォントを選ぶときは、等幅で日本語が表示できるものを選ぶようにします。

 Cファイルのフォントが期待通りに変わらないときは、「図2.17 色とフォントの設定」に戻り、「C/C++ ＞ エディター ＞ C/C++エディター・テキスト・フォント」を変更してみてください。

 フォントの設定で混乱したり、元に戻したくなったりしたら、「色とフォント」の設定の中にある「デフォルトの復元」ボタンをクリックします。すべてのフォントの設定が、開発環境が初期設定している設定に戻ります。

行番号を表示したり、フォントを変更したりすることで、開発しやすい環境にカスタマイズできました。作業リストの2つ目をチェックして次に進みましょう。

環境に慣れるための作業リスト

- ✓ 開発環境の操作方法に慣れる
- ✓ 開発環境をカスタマイズする
- ☐ その他の準備

2.4　コマンドプロンプトの使い方（Windowsの場合）

開発環境の中からでもプログラムを動かすことはできますが、プログラミングの基礎スキルとして、ターミナルは使えるようになっておいた方がよいでしょう。簡単な使い方を紹介しておきます。

（すでに使えるようになっている人はこの節を読み飛ばしてもかまいません）

2.4.1　コマンドプロンプトの基本操作

コマンドプロンプトを起動してみてください。コマンドプロンプトは、タスクバーの左端にあるスタートボタン（Windowsのロゴのあるボタン）で右クリックして表示されるポップアップメニュー（スタートメニュー）から「コマンドプロンプト」を選ぶと起動できます。あるいは、「スタートメニュー ＞ Windowsシステムツール」の中にあります。

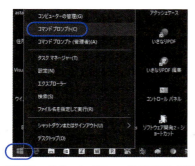

図2.22　スタートメニューからコマンドプロンプトを開く

次のような画面が表示されます。

図2.23　起動したコマンドプロンプトの画面

この画面の中に次のような表示があります。この表示のことを「プロンプト（入力促進記号）」といいます。

プロンプトの表示

第2章　開発環境に慣れる

❶ 入力を促すプロンプト（促進記号）に現在のドライブとディレクトリ名が表示されている
❷ 表示に使っているフォントによって、区切り文字はバックスラッシュ「\」か円記号「¥」になる

　コマンドプロンプトの表示に使っているフォントや表示に使っている文字コードによって、区切り文字はバックスラッシュ「\」に見えたり円記号「¥」に見えたりしますので、みなさんの環境に合わせて読み替えてください。この表示の違いは、バックスラッシュと円記号が同じ文字コードに割り当てられていて、フォントによって表示する文字が異なることが原因です。

　特別な設定をしていない限り、Windowsでは、Cドライブの**\Users**ディレクトリがログオンユーザーが使用するディレクトリで、この中にユーザーごとのディレクトリが作成されています。このディレクトリを「ホームディレクトリ」といいます。わたしの場合、ログオン名が**kuboaki**なので、**C:\Users\kuboaki**がホームディレクトリになります。

　プロンプトには、現在自分が作業しているディレクトリが表示されています。このディレクトリを「現在のディレクトリ」や「カレントディレクトリ」といいます。Windows環境では、引数なしで**cd**コマンドを使った場合、現在のディレクトリのままディレクトリを移動しません。

現在のディレクトリを表示する

```
C:\Users\kuboaki> cd enter          ❶
C:\Users\kuboaki          ❷
```

❶ 引数なしで**cd**コマンドを実行した（cdと入力後、改行キーを入力するとコマンドが実行される）
❷ 現在のディレクトリのままで、ディレクトリが移動していない

　ドライブを変更したいときは、ドライブ名を入力します。

作業するドライブやディレクトリを変更する

```
Z:\Other\directory>C: enter       ❶
C:\     ❷
```

❶ 現在のドライブ（カレントドライブ）を、ZドライブからCドライブに変更した
❷ プロンプトがCドライブを示した

70　第1部 開発環境に慣れよう

コマンドプロンプトの使い方（Windowsの場合）

　ディレクトリを移動するときは、**cd**コマンドの引数に移動先のディレクトリを指定します。ディレクトリ名を指定するときに、先頭に「\」を書くとルートディレクトリから辿った場合の指定「絶対パス」になります。そうでない場合には、現在のディレクトリから辿った場合の指定「相対パス」になります。

作業するディレクトリを変更する

```
C:\directory>cd \Users\kuboaki enter    ❶
C:\Users\kuboaki>   ❷
```

❶ **cd**コマンドで現在のディレクトリを\Users\kuboakiに変更する
❷ 現在のディレクトリが変更された

　現在のディレクトリのひとつ上を「親ディレクトリ」といいます。親ディレクトリは「**..**」で表します。親ディレクトリへ移動してみましょう。

親ディレクトリへ移動する

```
C:\Users\kuboaki>cd .. enter    ❶
C:\Users>cd kuboaki enter    ❷
C:\Users\kuboaki>
```

❶ 親ディレクトリへ移動した
❷ 親ディレクトリから、その子ディレクトリのkuboakiディレクトリへ相対パスを指定して移動した

　ディレクトリを作成してみましょう。ここで使う**mkdir**コマンドは新しいディレクトリを作成するコマンドです。「**c_ex**」が試しに作ってみるディレクトリ名です。

ディレクトリを作成する

```
C:\Users\kuboaki>mkdir c_ex enter
```

　ディレクトリが作成できているか**dir**コマンドで確認しましょう。

作成したディレクトリを確認する

```
C:\Users\kuboaki>dir c_ex enter
 ドライブ C のボリューム ラベルがありません。
 ボリューム シリアル番号は 5A25-1741 です

 C:\Users\kuboaki\c_ex のディレクトリ
```

第2章 開発環境に慣れる

```
2009/05/17  08:43    <DIR>           .
2009/05/17  08:43    <DIR>           ..
              0 個のファイル                    0 バイト
              2 個のディレクトリ   18,816,167,936 バイトの空き領域

C:\Users\kuboaki>
```

　コマンドは他にもたくさんありますが、ひとまずこれらのコマンドが使えればよい
でしょう。

2.4.2　データやプログラムの置き場所を調べておく

　エクスプローラーで見るとわかりますが、**\Users**ディレクトリは「ユーザー」フォ
ルダーに見えます。
　他にどのようなディレクトリがあるか、**dir**コマンドを使って調べてみましょう。
たくさん表示されるので、憶えておくとよいものに絞って挙げておきます。

dirコマンドでディレクトリを探す

```
C:\Users\kuboaki>dir /ad  enter    ❶
 ドライブ C のボリューム ラベルがありません。
 ボリューム シリアル番号は 5A25-1741 です

 C:\Users\kuboaki のディレクトリ

2017/08/30  16:40    <DIR>           .
2017/08/30  16:40    <DIR>           ..
# リストが続くが、説明に必要なものだけを以下に示す
2017/08/14  14:49    <DIR>           Desktop          ❷
2017/08/10  18:22    <DIR>           Documents        ❸
2017/02/06  15:13    <DIR>           Downloads        ❹
2017/07/25  16:08    <JUNCTION>      My Documents [C:\Users\
kuboaki\Documents]                                    ❺
```

❶ ディレクトリを表示するときには/adオプションを使うとよい
❷ エクスプローラーからは「デスクトップ」に見える
❸ エクスプローラーからは「ドキュメント」に見える
❹ エクスプローラーからは「ダウンロード」に見える
❺ 「ドキュメント」を「マイ ドキュメント」で参照するためのしくみ

　こんどは、**dir**コマンドでデスクトップのファイルリストを見てみましょう。

72　第1部 開発環境に慣れよう

ターミナルの使い方（Macの場合）

デスクトップのファイルリストをコマンドプロンプトを使って表示する

```
C:\Users\kuboaki>dir Desktop  enter   ❶
 ドライブ C のボリューム ラベルがありません。
 ボリューム シリアル番号は 5A25-1741 です

 C:\Users\kuboaki\Desktop のディレクトリ


2017/08/14  14:49    <DIR>          .
2017/08/14  14:49    <DIR>          ..

# ファイルとディレクトリのリストが続く
```

❶ dir コマンドでデスクトップのファイルリストを表示した

　みなさんのデスクトップにあるファイルやフォルダーが、リストに表示されたでしょうか。

　コマンドプロンプトやエクスプローラーを使って、これまで使っていたアプリケーションやデータの場所を調べてみるとよいでしょう。プログラムを作るときに役に立ちます。

　コマンドプロンプトの基本的な使い方がわかったので、**「2.6 プログラミングに使う文字の確認」** へ進みましょう。

2.5　ターミナルの使い方（Macの場合）

　開発環境の中からでもプログラムを動かすことはできますが、プログラミングの基礎スキルとして、ターミナルは使えるようになっておいた方がよいでしょう。簡単な使い方を紹介しておきます。

　（すでに使えるようになっている人はこの節を読み飛ばしてもかまいません）

2.5.1　ターミナルの基本操作

　ターミナル（ターミナル.app）を起動してみてください。Finderで「アプリケーション > ユーティリティ > ターミナル」で起動できます。Launchpadで検索窓に「ターミナル」と入力しても起動できます。

73

第2章 開発環境に慣れる

図2.24　ターミナルを開く

次のような画面が表示されます。

図2.25　起動したターミナルの画面

この画面の上端に次のような表示があります。この表示のことを「プロンプト（入力促進記号）」といいます。

プロンプトの表示

❶ 入力を促すプロンプト（促進記号）にホームディレクトリを表すチルダ「~」が表示されている

特別な設定をしていない限り、macOSでは、/Usersディレクトリがログインユー

ザーが使用するディレクトリで、さらにその中にユーザーごとのディレクトリが作成されています。このユーザーごとのディレクトリを「ホームディレクトリ」といいます。わたしの場合、ログイン名が**kuboaki**なので、**/Users/kuboaki**がホームディレクトリになります。

　プロンプトには、現在自分が作業しているディレクトリが表示されています。このディレクトリを「現在のディレクトリ」や「カレントディレクトリ」といいます。先程、起動したばかりのターミナルのプロンプトに表示されていた「~（チルダ）」は、ターミナルの現在のディレクトリがホームディレクトリであることを表していたのです。

　pwdコマンドを使うと、現在のディレクトリを表示します。

現在のディレクトリを表示する

```
~$ pwd  enter      ❶
/Users/kuboaki
~$
```

❶ pwdコマンドで、現在のディレクトリを表示した（pwdと入力後、改行キーを入力するとコマンドが実行される）

　ディレクトリを移動するときは、**cd**コマンドの引数に移動先のディレクトリを指定します。引数を指定しないで実行すると、ホームディレクトリへの移動になりますので、注意しましょう。ディレクトリ名を指定するときに、先頭に「/」を書くとルートディレクトリから辿った場合の指定「絶対パス」になります。そうでない場合には、現在のディレクトリから辿った場合の指定「相対パス」になります。

作業するディレクトリを変更する

```
/directory$ cd /Users/kuboaki  enter     ❶
~$      ❷
```

❶ /directoryという名前のディレクトリにいて、現在のディレクトリを/Users/kuboakiに変更した
❷ ホームディレクトリへ移動したので、プロンプトがホームディレクトリを表す「~（チルダ）」に変わった

　現在のディレクトリの一つ上を親ディレクトリといいます。親ディレクトリは「..」で表します。親ディレクトリへ移動してみましょう。

第2章　開発環境に慣れる

親ディレクトリへ移動する

```
~$ cd ..  enter          ❶
/Users$ cd kuboaki  enter  ❷
~$
```

❶ 親ディレクトリへ移動した
❷ 親ディレクトリから、その子ディレクトリのkuboakiディレクトリへ相対パスを指定して移動した

　ディレクトリを作成してみましょう。ここで使う`mkdir`コマンドは新しいディレクトリを作成するコマンドです。「c_ex」が試しに作ってみるディレクトリ名です。

ディレクトリを作成する

```
~$ mkdir c_ex  enter
```

　ディレクトリが作成できているか`ls`コマンドで確認しましょう。他のファイルやディレクトリもあるので、次に示す結果には該当する行だけを抜粋しておきます。

作成したディレクトリを確認する（該当する行だけ抜粋）

```
~$ ls -l  enter
drwxr-xr-x    2 kuboaki staff       68  8 31 17:32 c_ex/
~$
```

　コマンドは他にもたくさんありますが、ひとまずこれらのコマンドが使えればよいでしょう。

2.5.2　データやプログラムの置き場所を調べておく

　`ls`コマンドを使ってホームディレクトリを見てみましょう。たくさん表示されるので、憶えておくとよいものに絞って挙げておきます。

ターミナルでホームディレクトリのファイルリストを表示する

```
~$ ls -1  enter       ❶
Applications/       ❷
Desktop/            ❸
Documents/          ❹
Downloads/          ❺
```

76　第1部　開発環境に慣れよう

プログラミングに使う文字の確認

❶ ls コマンドの –1は、1行ずつ表示するオプション
❷ Finderからも「Applications」のままに見える
❸ Finderからは「デスクトップ」に見える
❹ Finderからは「書類」に見える
❺ Finderからは「ダウンロード」に見える

　ターミナルやFinderを使って、これまで使っていたアプリケーションやデータの場所を調べてみるとよいでしょう。プログラムを作るときに役に立ちます。

　ターミナルの基本的な使い方がわかったので、「**2.6 プログラミングに使う文字の確認**」へ進みましょう。

2.6　プログラミングに使う文字の確認

　プログラムの中では、区切り、つなぎ、囲みなどが容易に区別できるよう、日常の文章ではあまり使わない記号を割り当てて使うことが多いです。これらの記号はふだんあまり使わないので、読み方や入力方法がわからないかもしれません。次の表に、C言語のプログラムでよく見かける記号を紹介しておきます。記号も読み方もたくさんあるので、ここではよく使うものだけを紹介しておきます。

表2.2　プログラムでよく使う記号と読み方

記号	読み	記号	読み
_	アンダースコア、アンダーバー	*	アスタリスク
"	ダブルクォーテーション	'	シングルクォーテーション
#	井げた、ナンバー、ハッシュ、シャープ（♯）とは別の記号	/	スラッシュ
&	アンド、アンパサンド	\	パイプライン、縦線
\	バックスラッシュ（日本語環境では半角の￥記号）	~	チルダ
[ ]	大括弧、角括弧、ブラケット	^	カレット、ハット
{ }	中括弧、波括弧、ブレース	%	パーセント
( )	小括弧、丸括弧、パーレン	!	エクスクラメーション

　このような記号は、ふだんあまり使わないので、キーボードから入力する方法がわからないかもしれません。そのときは「記号や特殊文字を入力する方法[4]」をはじめ、入力の方法を紹介しているサイトを参照するとよいでしょう。これからよく使う文字ですので、入力に慣れることも大切ですね。

　具体的な例を紹介しておきましょう。C言語では、空白が見つかるとそこで区切ら

──────────────────────────────

[4] マイクロソフト、記号や特殊文字を入力する方法
https://support.microsoft.com/ja-jp/help/880668

第2章 開発環境に慣れる

れていると解釈されます。そのため、名前に使う単語（識別子といいます）は空白を含むことができません。たとえば、ある処理に「collect gems[5]」という名前をつけたいとしましょう。ところが、単語の間に空白があると区切りとみなされてしまい、ひとつの名前として扱えません。そこで、代わりに collect_gems のように「_」を使って単語をつなぎ、ひとつの名前として扱えるようにするのです。他の記号も、後にプログラムで表したいことが増えてくると登場します。

2.7 まとめ

開発環境に慣れるために、作業リストを作ってチェックしながら作業を進めました。開発環境の使い方に、だいぶ慣れてきましたね！

> **環境に慣れるための作業リスト**
>
> ✔ 開発環境の操作方法に慣れる
> ✔ 開発環境をカスタマイズする
> ✔ その他の準備

これからの演習も、作業リストを作りながら進めるようにしましょう。

> **Eclipse のパースペクティブをリセットする**
>
> 開発環境に使っている Eclipse には、作業スペースを意味するパースペクティブ（「視野」といった意味合いです）という表示機能があります。この機能によって、C プロジェクトを操作しているときには、C プログラムの作成に必要なビューを集めて表示してくれるようになっています。
>
> しかし、みなさんが、ファイルを開いたり、閉じたり、タブを操作したり、ビューの大きさを調整したり……と、いろいろな操作をしていると、そのうち思うような表示にならなくなってしまうことがあります。
>
> このようなときは、「ウィンドウ > パースペクティブ > パースペクティブのリセット」を選択すると、初期のレイアウトに戻すことができます。

....

5 宝石を収集するといった意味でしょう。

78 第1部 開発環境に慣れよう

第3章　作るアプリケーションを決めよう

あなたが料理教室に通うとしたら、作れるようになりたい目標となる料理があるのと、目標となる料理がないままに調理法の基礎を練習し続けるだけとでは、どちらが長続きしそうでしょうか。この章では、作れるようになりたい料理を目標にするように、演習の目標になるアプリケーションを決めましょう。そして、どのようなものを自分が作れるようになるかイメージを持って演習を始めましょう。

3.1　アプリケーションの作成を目標にしよう

日常の文章を書くなら、たいていは、知っていることばと言い回しを使い、多少の不足を補うためにことばを調べたりするのではないでしょうか。もし、「文章を書くためには、その前にすべての文法と辞書に載っていることばが使えるようになることが必要だ」といわれたら困るでしょう。それと同じで、「プログラミングを学ぶには、その前にすべての文法、すべてのライブラリが使えるようになることが必要です」といわれたら、これはもう面倒で大変なことです。

みなさんは、プログラミングに関する習得状況がそれぞれに異なっています。演習を進めるには、それらの状況のどこかにレベルを合わせる必要があります。そこで、この本では、みなさんがまだプログラミングで必要なことを身につけていない段階と想定します。ですが、それが、まず先に文法やプログラム設計の修行を積むということを意味するわけではありません（それでは長続きしませんからね）。そうではなく、少し使い方を調べたら、その使い方を真似してプログラムを作るということを繰り返して学ぶことにします。その代わり、初めのうちは、作ったプログラムにできることがあまり多くなく、歯がゆい思いもするでしょう。ですが、時間が経つにつれて、だんだんできることが増えてきます。それから、言語、記法、ライブラリを使うときに、これらの詳細についてあまり説明しません。詳細を把握するのは後まわしにして、その場で使う方法に絞って説明します。そうすることで、解説を減らしプログラムを動くようにすることに注力します。

とはいえ、ある程度のことができるまでには少し時間がかかります。難しく感じることがあったり、多少の辛抱が必要になったりするかもしれません。そんなとき、目指している目標があって、その目標地点が見えていたらどうでしょうか。その地点に向かう途中だとわかれば、もう少しだけなら試してみようかなと思えませんか。大変なことなら嫌になるかもしれませんが、あと少しだけなら続けられそうな気がします。

わたしたちが取り組むのはプログラミングですから、途中でやっていることも、何か目的のあるプログラムを作っている途中だと思えるとよさそうではないですか。そうすれば、作っているものは目標へ向かう途中で必要になったから作っているということになります。また、何か試してみることになれば、それも新しい機能や動作を追

79

第3章　作るアプリケーションを決めよう

加するための準備と考えることができます。

このように考えると、なにか目的のあるプログラムを作ることを目標にするのがよさそうに思えてきました。ある目的に適う機能や動作をするプログラムのことをアプリケーションといいます。この本の演習を、目的のあるアプリケーションを作ることを目標にして進めれば、少しずつ学びながら進めることもできそうではないでしょうか。

整理すると、次のような進め方にすれば、目標を見失わずに学んでいけそうです。

目標に向かって課題をこなしながら進める学び方

1. できあがった結果に意味があるアプリケーションを決める
2. その目標に向かってこなすべき課題を掲げる
3. ある課題をこなすのに必要なことを学ぶ
4. 学んだ分を課題に適用して目標へ近づく
5. 次の課題へ進む

3.2　色当てゲーム

みなさんが何を作るのかは、本来は自由だと思います。ですが、この本を読みながら学ぶには、わたしといっしょに作るものにしておいた方がよいでしょう。それで、いろいろ考えた中からマスターマインドと呼ばれているゲームを作ることにしました。

マスターマインドは、すでに**「マスターマインドの紹介」**でも紹介したように、わたしが小さかったころに玩具として売っていました。この玩具で遊ぶことができたのは「色当てゲーム」でしたので、日本では、マスターマインドというと色当てゲームを指すことが多いです。みなさんが知らないゲームだとしても、進め方もジャッジも難しくないので、みなさんの目標として作ってみるアプリケーションにちょうどよいと思います。

色当てゲームは、Wikipediaの説明[1]によれば、次のようなものです。Wikipediaの説明には図がありませんでしたので、わたしの方で説明に合わせて図をつけてあります。

色当てゲームのルール

プレーヤーは、出題者と解答者に分かれる。

1. 出題者は解答者から見えないように、ピンを4本選び並べる。
2. 解答者は、ピンの配置を予想する。
3. 出題者は解答者の予想を判定する。

1　マスターマインド https://ja.wikipedia.org/wiki/マスターマインド

80　第1部　開発環境に慣れよう

a. 位置も色も正しいピン（これをヒットという）があったら赤いピンを立てる。
b. 色は正しいが位置が違うピン（これをブローという）があったら白いピンを立てる。
4. 上記手順を繰り返し、赤いピンが4本立つ（配置を完全に答える）までの回数で勝負を決める。

勝敗の決め方は次のようにする。

- それぞれが出題者になり、答えるまでの回数が少ない方が勝ち。
- 規定回数までに答えられなかったら出題者の勝ち。

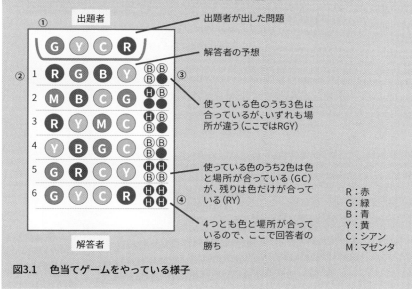

図3.1 色当てゲームをやっている様子

色当てゲームには、同じ色は1度だけ使うことができるというルールと、何度使ってもよいというルールがあります。何度使ってもよい場合、1度だけ使える場合よりも問題が少し難しくなります。

3.3 完成までの道筋を定めよう

演習の目標とするアプリケーションが決まりました。目標までの演習はどのような考えで進めることにするか、決めておきましょう。

わたしたちが考えていたのは「少し使い方を調べたら、その使い方を真似して使うということを繰り返して学ぶ」という進め方でした。そのことをこのアプリケーショ

第3章 作るアプリケーションを決めよう

ンの開発に当てはめたら、どうなるか整理しておきます。

アプリケーションの開発を進めるときの方針
1.　一度に全部は作れないので、作れる場所から手をつける
2.　動作に制限があっても、動くアプリケーションを作るように進める
3.　それまでの方法ではできないことが見つかったら、調べたり試したりする
4.　解決できる方法がわかったら、その方法を使ってアプリケーションを更新する
5.　次に作り込みたい動作や機能へ進む

　次の部からは、アプリケーションの開発を始めます。最初に、アプリケーションの動作としてできるようになりたいことを挙げておき、それをひとつずつこなしていき、確認しながら進めることにしましょう。

82　第1部 開発環境に慣れよう

第 2 部

プログラムの開発を体験しよう

色当てゲームの作成を通じて、
作りたいプログラムを考え、C言語でプログラムを作成し、
動かせるようになりましょう。

" 自分を見ろ。恐れることはない。
自分を見つめるだけでいい。"

Ken Hensley / Uriah Heep

第4章 新しいプログラムを作って動かす

プログラムを作る前に、どのように動くプログラムなのか整理しましょう。また、開発環境に、開発に使うプロジェクトを準備しておきましょう。

4.1 ゲームの進め方とプログラムの動作を整理する

いきなりプログラムを作る作業に入るのではなく、その前に、色当てゲームを人間同士でやるときの出題者と回答者のやり取りとして整理しましょう。そのあと、そのやり取りをアプリケーションの動作に直したらどのような動きにすればよいかを整理しましょう。

4.1.1 色当てゲームの進め方（人間同士のとき）

最初に、人間同士でやる色当てゲームの進め方を整理しましょう。Wikipediaの説明は、「ヒットは赤いピン」、「ブローは白いピン」でしたが、玉の色にも赤を使うので、これから作るゲームでは「ヒットを白いピン」、「ブローは黒いピン」にしました。

色当てゲームの進め方

- 出題者と回答者の1対1のゲーム
- 問題は、6色の玉から4つ選んで左から右へ一列に並べたもの
  - 例：赤、緑、青、黄
- 出題者は、回答者から隠した状態で問題を作る
- 回答者は、問題を予想し、回答を繰り返す
  - 回答者の予想（トライアル）する回数は10回まで
  - 回答者は、4つの玉の色と位置を予想する
- 出題者は、問題と予想の玉の色と場所を比較して当たり具合を教える
  - 色も場所も一致している玉（ヒット）があれば、その数だけ「白いピン」を立てる
  - 色が一致していて場所が異なる場合（ブロー）は、その数だけ「黒いピン」を立てる
- 出題者は、勝ち負けを判定する
  - 白いピンが4つになっていれば、回答者の勝ち
  - 回答者がギブアップしたら、出題者の勝ち
- トライアルが10回目でなければ、トライアルを繰り返す
- トライアルが10回目でプレーヤーが勝っていないならば、出題者の勝ち
- 問題に関する条件
  - 出題者が問題を出すときは、玉を1色につき1個しか使えない
  - 回答者が予想するときは、トライアル1回につき、玉を1色につき1個し

84 第2部 プログラムの開発を体験しよう

ゲームの進め方とプログラムの動作を整理する

> か使えない

　ゲームの進め方が整理できました。ですが、これは人間同士が出題者と回答者になってゲームをやる場合のやり方ですね。このままでは、プログラムとしての動作が考えられていません。そこで、プログラムを作る前に、プログラムとして実行するゲームの進め方を決めておきます。

4.1.2　プログラムとしての進め方を整理する

　色当てゲームをプログラムとして作る場合の基本的な方針とプログラムとしての進め方を整理しておきましょう。このように、あらかじめ使う人とプログラムの間のやり取りを整理しておくと、何をどの順番に作ればよいか考えやすくなり、作っている途中で混乱するような事態も減らせます。

色当てゲームのプログラムの基本方針

- プログラムが出した問題をプレーヤーが予想して当てるゲームとする
  - ゲームの進行と出題者は、プログラムの役割とする
  - プログラムを動かした人は回答者 (ゲームのプレーヤー) になる

色当てゲームのプログラムの進め方

1. プレーヤーがプログラムを起動する (動かす)
2. プログラムは、ゲームの名前を表示し、プレーヤーにゲームを始める入力を促す
3. プログラムは、新しいゲームを開始すると、問題を作成し、プレーヤーに予想の入力を促す
   - プログラムは、問題を出すとき玉を1色につき1個しか使えない
4. プレーヤーは、問題を予想し、予想 (トライアル) を繰り返す
5. プレーヤーが予想を入力すると、プログラムは入力内容を確認する
   - 入力内容を確認するとき、玉は1色につき1個しか使っていないことを確認する
   - 入力内容におかしなところがあれば、プレーヤーに再入力を促す
   - 入力内容がギブアップの場合は、プログラムの勝ちとし、ゲームを終了する
   - 入力内容がおかしなところがなければ、入力内容をプレーヤーの予想とする
6. プログラムは、問題と予想を比較して、当たり具合を確認する
   - 問題と予想を比較して、色と場所が一致している場合は「白いピン」を表示する
   - 問題と予想を比較して、色は一致しているが場所が異なる場合は「黒

85

第4章　新しいプログラムを作って動かす

　　　　　　　いピン」を表示する
　7.　プログラムは、ゲームの勝ち負けを判定する
　　　　― 白いピンが4つになっていれば、プレーヤーの勝ちでゲームを終了する
　　　　― トライアルが10回目でなければ、トライアルを繰り返す
　　　　― トライアルが10回目でプレーヤーが勝っていないならば、プログラム
　　　　　の勝ちでゲームを終了する

　このぐらい整理しておくと、プログラムを作るときの作業を考えやすくなるでしょう。また、作業の順序が見通しやすくなったと思います。

　ところで、みなさんの中には、これだけではゲームとしてはちょっと物足りないと思う人がいるかもしれません。
　たとえば、次のようなことを考えたい人もいるでしょう。

もうちょっとやってみたいこと

* ゲームにスコアを与えて、勝ち負けでスコアを更新したい
* ゲームのスコアを保存したい
* ゲームの開始、終了を選ぶ画面を出して、ゲームを繰り返し実行したい（いちいち起動しないで）
　　　― プレーヤーが「新しいゲームを始める」を選択したら、プログラムは新しいゲームを開始する
　　　― プレーヤーが「終了する」を選択したら、プログラムは終了する
* プレーヤーがそのゲームを終了したら、ゲームの開始、終了を選ぶ画面へ戻る
　　　― スコアをつけるなら、ゲームが終わるたびにスコアを表示する

　確かに、こんなことができるともっとよいでしょうね。ですが、ここに挙げたことは、何か他のゲームを動かす場合にも当てはまります。つまり、色当てゲームそのものの動作ではなく、ゲームとして開始前、終了後にやりたいことだといえるでしょう。

　ここは、わたしたちが「プログラムとして作る範囲」について考える場面です。最後に挙げたようなゲーム一般のことも一緒に考えて作るのか、それとも色当てゲーム自体ができるようにすることを優先するのか。さて、どちらがよいでしょうか。
　わたしは、この本の演習の進め方として、「もうちょっとやってみたいこと」は後回しにして、次の段階に分けて進めることに決めました。

ゲーム開発する演習の進め方

　1.　単純な色当てゲームができるようにする
　2.　1回分の色当てゲームができるようにする
　3.　ゲームを繰り返し実行できるようにする
　4.　スコアを記録できるようにする

86　　第2部　プログラムの開発を体験しよう

4.2　「プレーヤーがプログラムを動かす」を作る

これまで説明してきたように、この本のプログラミングの学び方は、先にC言語の文法全体を説明するのではなく、作るものを決めて、それに必要な文法などの使い方をその都度調べて使ってみるという方法です。

先に挙げた、**「ゲーム開発する演習の進め方」**に挙げられた項目を、少しずつプログラムとして作っていく過程で、必要なことがらを学びましょう。

最初は「プレーヤーがプログラムを起動する（動かす）」です。

プログラムを作成するために、開発環境を起動してプロジェクトを作成するところから始めましょう。

4.2.1　開発環境を起動する

エクスプローラーで「pleiades」フォルダーの中の「eclipse」フォルダーを開きます。フォルダーの中に含まれている「eclipse.exe」をダブルクリックしてEclipseを起動します。

図4.1　開発環境を起動する（Windows）

Macを使っている人は「アプリケーション」フォルダーにある「Eclipse_4.7.0.app」をダブルクリックして起動します（アプリケーション名は、ダウンロードした時期で異なっているかもしれません）。

図4.2　開発環境を起動する（Mac）

4.2.2 ワークスペースを変更する

起動すると「Eclipse ランチャー」ダイアログが表示されますので、「**1.7.5 演習に使うワークスペースを用意する**」で用意したワークスペースを選びます。もし、ワークスペースを用意していないようなら、`C:\cbook`と入力して指定しましょう。指定したディレクトリがないときは、起動するときに新しく作ってくれます。ここが、みなさんがこれから演習するプログラムを作る場所になります。

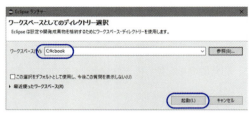

図4.3　ワークスペースを変更する（Windows）

Macを使っている人も、「**1.7.5 演習に使うワークスペースを用意する**」で用意したワークスペースを選びます。もし、ワークスペースを用意していないようなら、自分のホームディレクトリの中の`cbook`ディレクトリを指定しましょう。指定したディレクトリがないときは、起動するときに新しく作ってくれます。わたしの場合、「`/Users/kuboaki/cbook`」となりました。

図4.4　ワークスペースを変更する（Mac）

使っているPCや自分の設定の都合で、演習に使うワークスペースは別の場所に作りたい場合もあるでしょう。2度目の演習のために、別のワークスペースを用意したいという場合もあるでしょう。そのような場合は、ワークスペースの場所は変えてもかまいません。このとき、この本に出てくるワークスペースに関係する説明を、自分の作ったワークスペースの名前で読み替えることに注意しましょう。また、自分が決めた場所を忘れないよう気をつけましょう。

4.2.3 実行するプログラムの名前を決める

このあと、プロジェクトを作るときに必要になるので、プレーヤーが動かすプログラムの名前を先に決めておきましょう。プログラムに名前をつけるときは、コンピュー

タ上のファイル名としても不都合が起きにくい名前にしておきます。たとえば、空白や日本語の文字は使わないようにする、半角の英字から始まる半角の英数字を使う、大文字と小文字の違いに依存しないようすべて小文字にしておく、などです。

　今回作ろうとしているゲームの名前は「色当てゲーム（Color Hitting Game）」なので、プログラムの名前は「color_hitting_game」としましょう。そうすると、プログラムのファイル名は、名前の最後に **.exe** が追加されて **color_hitting_game.exe** となります。

　ファイルの最後につけた文字列は拡張子というもので、ファイルの種類を区別するために使われています。**.exe** は、Windows上で実行できるプログラムにつける拡張子です。エクスプローラーの表示でファイルの拡張子が表示されていない場合には、**「表示オプションをプログラミング向きに変更する」** を参照して、ファイルの拡張子を表示する設定になっているか確認しておきましょう。

　プロジェクトの名前は、プログラムと同じでなくてもかまいません。今のところは、プログラム名と同じ「color_hitting_game」にしておきましょう。

4.2.4　新しいプロジェクトを作成する

　しばらく待ってEclipseが起動したら、次の図のように、メニューから「ファイル ＞ 新規 ＞ Cプロジェクト」を選択します。新規プロジェクトを作成する方法については **「1.9.1 サンプルプロジェクトを作成する」** を参考にするとよいでしょう。

図4.5　新しいプロジェクトを作成する

　すると、次頁の「**図4.6　新しいプロジェクトの設定（Windows）**」のような、Cプロジェクトを作成するダイアログが表示されます。図中の設定と同じようにしましょう。

第4章 新しいプログラムを作って動かす

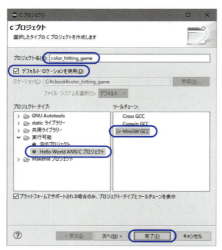

図4.6　新しいプロジェクトの設定（Windows）

　まず、プロジェクト名に「**color_hitting_game**」を入力します。「デフォルト・ロケーションを使用」がチェックされていないときは、チェックしておきます。ワークスペースの場所が、先程指定した場所になっていることを確認しておきましょう。「プロジェクト・タイプ」は「実行可能＞**Hello World ANSI C**プロジェクト」を選びます。ここで「空のプロジェクト」を選択しなかったのは、プログラムを作るファイルを作成する手間を減らしたかったからです。Windowsを使っている人は、「ツールチェーン」から「MinGW GCC」を選びます。

　Macを使っている人は、「ツールチェーン」から「MacOSX GCC」を選びます。

　「完了」をクリックすると、プロジェクトが作成されます。

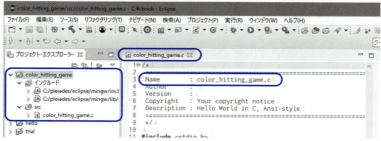

図4.7　プロジェクトが作成された様子

4.2.5 プロジェクトが動作することを確認する

作成したプロジェクトは、いまはまだ「Hello World ANSI C プロジェクト」と同じです。変更する前に、まず、このプログラムが動くことを確認しましょう。

プロジェクト・エクスプローラーから、作成した`color_hitting_game`プロジェクトを選んで右クリックし、ポップアップメニューから「プロジェクトのビルド」を選択します。

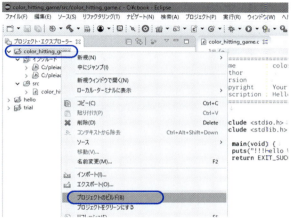

図4.8　作成したプロジェクトをビルドする

コンソールに、ビルドした様子が表示されているのがわかります。

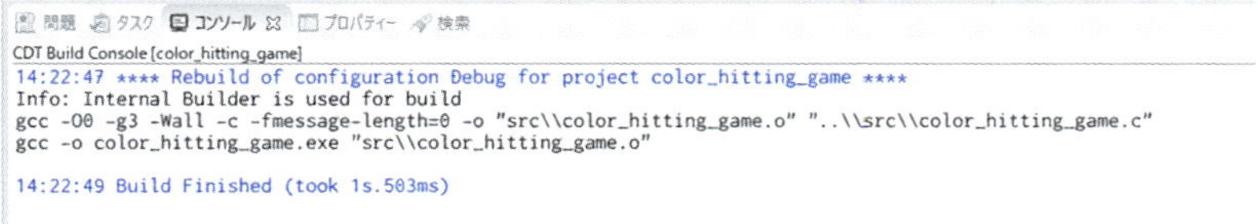

図4.9　作成したプロジェクトをビルドした様子

次に、プロジェクト・エクスプローラーから、作成したプロジェクト「`color_hitting_game`＞バイナリー＞`color_hitting_game.exe`」を選んで右クリックし、ポップアップメニューから「実行＞ローカルC/C++アプリケーション」を選択します。

第 4 章 新しいプログラムを作って動かす

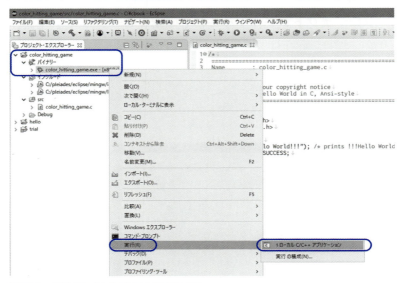

図4.10　ビルドしたプログラムを実行する

すると、コンソールに「!!!Hello World!!!」が表示されます。

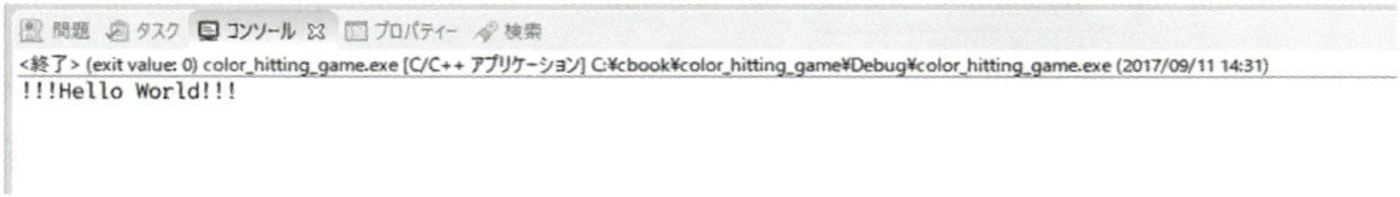

図4.11　プログラムの実行結果の表示

4.2.6 プログラムを単体で実行する

　作成したプログラムは開発環境上でも実行できます。ですが、ここではプログラムを単体で実行できるかどうか確認してみましょう。

　なぜなら、作成したプログラムがPC上のどこに作られているのかを確認しておきたいからです。また、作成したプログラムが開発環境とは独立して動作できることも確認したいからです。

　Windowsを使っている人は、コマンドプロンプトを開いて次のように操作し、プログラムのあるディレクトリへ移動してから実行します（ワークスペースの場所が異なる人は、ディレクトリの移動に注意）。

「プレーヤーがプログラムを動かす」を作る

color_hitting_game.exe を実行する（Windows）

```
C:\>cd \Users\kuboaki enter      ❶
C:\Users\kuboaki>cd \cbook enter      ❷
C:\cbook>cd color_hitting_game enter      ❸
C:\cbook\color_hitting_game>cd Debug enter      ❹
C:\cbook\color_hitting_game\Debug>dir enter      ❺
 ドライブ C のボリューム ラベルがありません。
 ボリューム シリアル番号は 5A25-1741 です


 C:\cbook\color_hitting_game\Debug のディレクトリ


2017/09/11  14:22    <DIR>          .
2017/09/11  14:22    <DIR>          ..
2017/09/11  14:22            21,090 color_hitting_game.exe
2017/09/11  14:22    <DIR>          src
               1 個のファイル          21,090 バイト
               3 個のディレクトリ  14,068,383,744 バイトの空き領域


C:\cbook\color_hitting_game\Debug>color_hitting_game.exe enter      ❻
!!!Hello World!!!
```

❶ わたしの場合、ホームディレクトリがC:\Users\kuboakiなので、そこに移動
❷ 作成したワークスペース cbook へ移動
❸ color_hitting_game プロジェクトのディレクトリへ移動
❹ プロジェクトの中のDebugディレクトリに移動
❺ ディレクトリの内容を確認
❻ 作成したプログラムを実行

　Macを使っている人は、ターミナルを開いて次のように操作し、プログラムのあるディレクトリへ移動してから、実行します（ワークスペースの場所が異なる人は、ディレクトリの移動に注意）。

color_hitting_game.exe を実行する（Mac）

```
~$ cd cbook      ❶
~/cbook$ cd color_hitting_game/      ❷
~/cbook/color_hitting_game$ cd Debug/      ❸
~/cbook/color_hitting_game/Debug$ ./color_hitting_game      ❹
!!!Hello World!!!
```

❶ 作成したワークスペース cbook へ移動（~はホームディレクトリを指します）
❷ color_hitting_game プロジェクトのディレクトリへ移動
❸ プロジェクトの中のDebugディレクトリに移動
❹ 作成したプログラムを実行（ファイル名の前につけた ./ に注意）

93

第4章　新しいプログラムを作って動かす

4.3　まとめ

ここまでの作業で「4.2「プレーヤーがプログラムを動かす」を作る」ができました。

作業リストを作成して、チェックをいれましょう。

▨　色当てゲームのプログラムの作業リスト

✓ プレーヤーがプログラムを起動する（動かす）

❑ プログラムは、ゲームの名前を表示し、プレーヤーにゲームを始める入力を促す

❑ プログラムは、新しいゲームを開始すると、問題を作成して、プレーヤーに予想の入力を促す

❑ プログラムは、問題を出すとき玉を1色につき1個しか使えない

❑ プレーヤーは、問題を予想し、予想（トライアル）を繰り返す

❑ プレーヤーが予想を入力すると、プログラムは入力内容を確認する

❑ 入力内容を確認するとき、玉は1色につき1個しか使っていないことを確認する

❑ 入力内容におかしなところがあれば、プレーヤーに再入力を促す

❑ 入力内容がギブアップの場合は、プログラムの勝ちとし、ゲームを終了する

❑ 入力内容におかしなところがなければ、入力内容をプレーヤーの予想とする

❑ プログラムは、問題と予想を比較して、当たり具合を確認する

❑ 問題と予想を比較して、色と場所が一致している場合は「白いピン」を表示する

❑ 問題と予想を比較して、色は一致しているが場所が異なる場合は「黒いピン」を表示する

❑ プログラムは、ゲームの勝ち負けを判定する

❑ 白いピンが4つになっていれば、プレーヤーの勝ちでゲームを終了する

❑ トライアルが10回目でなければ、トライアルを繰り返す

❑ トライアルが10回目でプレーヤーが勝っていないならば、プログラムの勝ちでゲームを終了する

94　第2部　プログラムの開発を体験しよう

第5章 文字列の表示から始めよう

文字列の表示は、どのようなプログラムでもよく使われる処理のひとつです。色当てゲームの処理でもたくさん使うことになります。まずはゲームの名前の表示などから始めてみましょう。

5.1 「ゲームの名前を表示する」を作る

まだ、みなさんのプログラムは、プログラムに名前をつけて動かしただけで、中身は`hello`プロジェクトのときのままですね。

ここからは、残りの作業も順番にやって、色当てゲームができるようにプログラムを作り込んでいきましょう。

5.1.1 main関数とブロック

目的のあるプログラムを動かすということは、プログラムに誰かの仕事を代わりにやってもらうことです。

色当てゲームであれば、代わりにやってもらう仕事はゲームの進行と出題者の役割でしょう。

「代わりにやってもらう」というところをもう少し考えてみます。たとえば、みなさんが、他の人に掃除を頼むとします。ここでは「ホウキで部屋を掃く」のが掃除の内容としましょう。

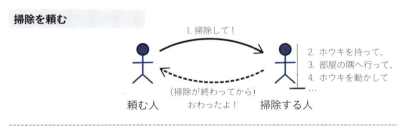

図5.1　ホウキで部屋を掃く

第5章　文字列の表示から始めよう

たいていの場合、みなさんは**「図5.1 ホウキで部屋を掃く」**の「掃除を頼む」のように、「そのホウキで部屋を掃いて」と頼むでしょう。掃除をする人の作業を細かく見ると「ホウキを手に取る」「掃き方に合う持ち方でホウキを持つ」「部屋の角に立つ」「腕を〜のように動かしてホウキを動かす」といったことをやるわけですが、みなさんは、「掃除のやり方を指示する」のようにいちいち細かく指示はしないでしょう。そのような細かいことは、頼んだ相手の方が知っていて、その方法でやってくれればよいと思っているからです。

同じように、プログラムを作るときも、頼む側と頼まれる側に分けて考えます。なんでも自分ひとりでやってしまうように考えるのではなく、みなさんが頼む側、プログラムは頼まれて動く側と考えます。

C言語のプログラムは、いちばん最初に動く場所が決まっています。そこが、みなさんが、プログラムに動いてほしいと頼んだときに動く場所です。この場所は名前が決まっています。**「1.9 開発環境の動作を確認する」**で書いたサンプルプログラムのソースコードにもそれが使われていますので、確認してみましょう。

hello.c

```
14.  int main(void) {          ❶
15.    puts("!!!Hello World!!!"); /* prints !!!Hello World!!! */   ❷ ❸
16.    return EXIT_SUCCESS;      ❹
17.  }   ❺
```

❶ 関数名（`main`）と、処理のかたまり（ブロック）の開始地点
❷ 「!!!Hello World!!!」を画面に表示する
❸ C言語のプログラム中にコメントを書きたいときは、`/*` と `*/` の間に書く
❹ 処理が成功したことを呼び出した側に通知する
❺ ブロックの終了地点

このソースコードの途中に出てくる、`/*` と `*/` に囲まれた部分は、C言語のプログラム中にコメントを書くときの書き方です。他に `//` から行末までを使うコメントの書き方があります。

このソースコードの中に、「`{`」と「`}`」（中括弧、ブレース）で囲まれた部分があるのがわかりますか。中括弧に囲まれた範囲が処理の内容、つまりみなさんがプログラムに頼んでやってもらいたいことが書いてあるところです。C言語では、このように中括弧に囲まれている処理の範囲を「ブロック」と呼びます。

このサンプルの場合、いま見たコメントの説明にあるように、ブロックの中でやっていることは「!!!Hello World!!!」を表示することです。

あとは、プログラムを使う側が、このブロックを呼び出して動かせばよいわけです。そのためには、このブロックに名前をつけて、呼び出すことができるようにしま

96　第2部　プログラムの開発を体験しよう

す。ソースコードを見ると、ブロックの前に`main`という名前が見つかりますね。これがこのブロックの名前です。C言語では、このように他から呼び出したいブロックに名前をつけたものを「関数」と呼んでいます。このサンプルの場合は「`main`関数」が定義されていることになります。ブロックは、関数だけのものではなく、他の処理でも使います。いずれの場合にも、複数の処理をひとかたまりにまとめて扱うための記法と考えておけばよいでしょう。

関数の中でも、この`main`関数は特別な関数です。標準的なC言語の動作環境では、プログラムの中でいちばん最初に動く場所と決められています。みなさんがコマンドプロンプト（Macの人はターミナル）からプログラムを起動すると、この`main`関数が呼び出され、そこからプログラムが動き始めるというわけです。

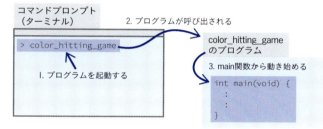

図5.2　プログラムを実行すると、最初に動くのがmain関数

関数名の前にも何か書いてありますね。これは、この関数を実行した結果得られる値の種類を表す型です。`int`は、この関数を実行すると、その結果として整数の値（数値）が得られることを表しています。

そして、ブロックの中、いちばん最後に`return`という単語が見つかります。`return`は、C言語で予約されたことば（予約語）のひとつで、関数から抜けることを指示するために使います。`return`の後ろには、関数の処理が終わったときに返す値を書いておきます。この値の型は、関数の型（関数名の前に書いてあった値の種類）と同じものにします。いま見ている「`main`関数」の返り値の型は`int`型でしたので、`0`とか`1`といった数値を書いて、関数が返す値とします。ところが、この例では`EXIT_SUCCESS`という名前が書いてあります。数値ではないですね……。これは、「処理が成功して終了した」という意味がわかるように、数値に名前をつけてあるのです。プログラムを作るときには、この`EXIT_SUCCESS`のように、特定の意味を持つ値には名前をつけることがよくあります。このような値のことを「記号定数」と呼ぶ人もいます（プログラムを作る人のよく使う言い方です。C言語の仕様上の呼び方ではないようです）。

もう少し細かいところも見てみましょう。関数名の後に書いてある「`(`」と「`)`」(小括弧、パーレン）で囲まれた部分は、この関数を実行するときに、頼む側が渡したい値を受け取るためのしくみです。この「`(`」と「`)`」の間にあるものを「引数」といいます。

第5章 文字列の表示から始めよう

たとえば(int number, char ch)と書いてあったとします。この場合、ひとつ目に整数の値を受け取り、関数の中ではそれをnumberという名前で使いたいということを、2つ目に文字を受け取り、関数の中ではそれをchという名前で使いたいということを表しています。また、(void)の場合は特別で、引数がないことを表しています。

5.1.2 ゲームの名前を表示する箇所を調べる

プログラムを実行したらゲームの名前を表示するようにソースコードを編集してみましょう。

ゲームの名前は「色当てゲーム」でしたね。これを表示するには、どうしたらよいでしょうか。作成したプログラムを調べてみましょう。

color_hitting_game.c

```
14.  int main(void) {
15.    puts("!!!Hello World!!!"); /* prints !!!Hello World!!! */  ❶
16.    return EXIT_SUCCESS;
17.  }
```

❶ 「!!!Hello World!!!」を画面に表示する

どうやら、この「!!!Hello World!!!」を画面に表示している部分を直せば、代わりにゲームの名前を表示してくれそうですね。

この部分のソースコードは、いったいどんなことをやっているのでしょうか。ソースコードを分解して、どんな要素で構成されているのか調べてみましょう。

5.1.3 関数の定義と呼び出しの違い

ブロックの中を見ると、最初にputsという名前が見つかります。これは、プログラムの最初に動く場所を表したmain関数と同じように、後ろに小括弧「(」と「)」で囲まれた部分を伴っていますね。このことから、どうやらこのputsも関数名であると予想できます。

ところが、main関数の場合は、後ろにブロックが続いていて、その中には「どんな動作をするのか」という処理の並びが書いてあったのに、このputsのところは、名前の前にintがついていないし、あとに中括弧「{」と「}」で囲まれたブロックが続いていません。ブロックがないので「どんな動作をするのか」についてはここには書かれていません。

ブロックを伴う書き方は「関数の定義」を表していました。それに対してブロックを伴わない書き方は「puts関数を使っている」という意味になります。puts関数はあらかじめ別の場所に定義してあります（定義している場所については次節で説明します）。このように、あらかじめ用意されている関数や自分が作成した関数を使うこと

98　第2部 プログラムの開発を体験しよう

を「関数を呼び出す」、「関数をコールする」などといいます。

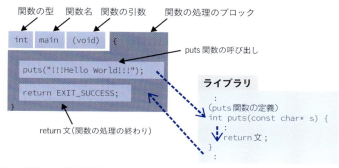

図5.3　関数の定義と関数の呼び出し

まとめると、このプログラムは「`main`関数を定義し、その定義のなかで`puts`関数を呼び出している」ということになります。

5.1.4　あらかじめ定義されている関数を使う

さて、`puts`関数は、あらかじめ用意されているという説明をしました。どこに定義してあるのでしょうか。また、関数が別の場所に定義されていることが、どうしてわかるのでしょうか。その答えは、このソースコードの中の`puts`関数を呼び出すまでのどこかに隠されていると考えるのが自然でしょう。では、このソースコードのもう少し前も見てみましょう。

color_hitting_game.c

```
11  #include <stdio.h>         ❶
12  #include <stdlib.h>        ❷
13
14  int main(void) {
```

❶ `puts`関数の宣言を参照する
❷ `EXIT_SUCCESS`の定義を参照する

`main`関数の定義の始まる前に、`#include`で始まる行が見つかります。`#include`命令とか`#include`ディレクティブと呼ばれています。「include」は「含める」という意味のことばです。`#include`で始まる行は、ソースコードをビルドする際、前処理として、別のファイルに書いてある内容をこの行の場所に挿入するということを表しています。このようなプログラムの書き方を「ファイルをインクルードする」と呼んでいます。たとえば、`#include <stdio.h>`の場合、「**図5.4 include命令によってファイルが挿入されてから処理される**」に示すように、`stdio.h`という名前のファイルが別に用意してあって、その中身をこの場所にインクルードしています。あたかも

stdio.hの中身を直接書いたのと同じような効果があります。そして、挿入された状態に変わったソースコードが、みなさんが書いたソースコードの代わりに後の処理へと渡されます。

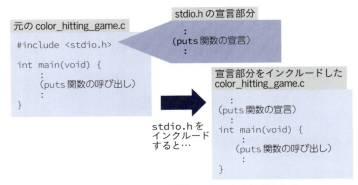

図5.4　include命令によってファイルが挿入されてから処理される

> **プリプロセッサ命令**
>
> includeの他にも「#」で始まるこのような形式の命令があります。これらの命令は、ビルド作業の中で最初に実行するプリプロセッサというツールが担当しているので、プリプロセッサ命令と呼ばれています。
>
> よく使われるプリプロセッサ命令には、次のようなものがあります。
>
> **マクロ定義：定数に名前をつけたり、シンボルを定義する**
>
> ```
> #define BUFFER_SIZE 512      ❶
> #define 2PI (3.14 * 2)       ❷
> #define NAME_DEFEINED        ❸
> ```
>
> ❶ この行以降、BUFFER_SIZEという文字列が見つかると、それは512で置き換えられる
> ❷ この行以降、2PIという文字列が見つかると、それは(3.14 * 2)で置き換えられる
> ❸ NAME_DEFEINEDという文字列がプリプロセッサ用のシンボルとして定義された（これ以降は定義済みとして扱われる）
>
> **条件コンパイル：条件によってコンパイルする対象を変更する**
>
> ```
> #ifdef NAME_DEFEINED         ❶
> #define BUFFER_SIZE 256      ❷
> #else
> #define BUFFER_SIZE 512      ❸
> #endif
> ```

❶ NAME_DEFEINEDが定義されているかどうか調べる
❷ 定義されている場合BUFFER_SIZEは256に置き換えられる
❸ 定義されていなかったらBUFFER_SIZEは512に置き換えられる

では、`stdio.h`というファイルはどこにあるのでしょう。ファイル名が、`<stdio.h>`のように、「<」と「>」で囲まれている場合、そのファイルは開発環境が提供しているファイルを置く場所にあります。わたしたちが使っている開発環境では、開発環境が提供しているヘッダーファイルは、プロジェクト・エクスプローラーの「インクルード」から参照できるようになっています。ファイルの場所やディレクトリの名前は、実行している環境によって異なっています。

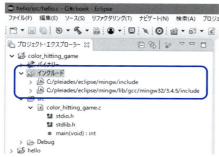

図5.5　開発環境が提供しているファイルの場所

わたしの場合、「インクルード」のツリーを中の「`C:/pleiades/eclipse/mingw/include`」を開いて中を探すと、このソースコードに使われている2つのファイル`stdio.h`と`stdlib.h`が見つかりました。ファイル名をダブルクリックすれば、これらのファイルを表示できます。

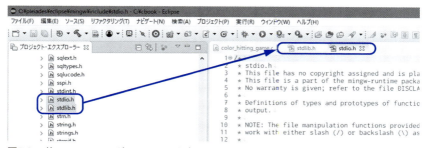

図5.6　使っているヘッダーファイルを表示する

また、カーソルをソースコードの`#include <stdio.h>`の行に移動しておき、右クリックして表示されるポップアップメニューから「宣言を開く」を選ぶことでも表示できます（ショートカットキー「F3」も使えます）。

第 5 章　文字列の表示から始めよう

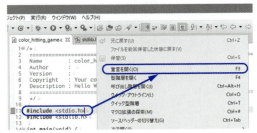

図5.7　ポップアップメニューから宣言してある場所を開く

　stdio.hを開いたら、putsという文字列を探してみましょう。stdio.hタブを選んだ状態で、「編集 > 検索/置換」を選択します。

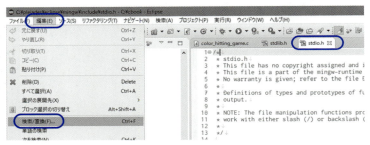

図5.8　メニューから検索用ダイアログを開く

　すると、検索用のダイアログが表示されます。「検索」欄に「puts」と入力して、何度か検索を進めるとputs関数を宣言している場所が見つかります。

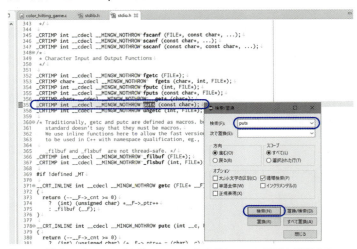

図5.9　検索用ダイアログを使ってputsを宣言している場所を検索する

「ゲームの名前を表示する」を作る

ちなみに、カーソルを、`color_hitting_game.c`の`puts`と書いてある場所に移動しておき、右クリックして表示されるポップアップメニューから「宣言を開く」を選ぶと、直接`puts`関数を宣言してある箇所に移動できます。ちょっと試してみてください。これは便利ですね。

わたしの開発環境では、見つかった場所を見ると`_CRTIMP int __cdecl __MINGW_NOTHROW puts (const char*);`のような記述になっています。みなさんの環境がわたしと異なる場合は、これとは異なる記述になっているでしょう。しかし、開発環境による違いはここで説明したいことにあまり関係しませんから、関係しそうな所だけに着目して読んでみましょう。

関数名`puts`の前に書いてある`_CRTIMP int __cdecl __MINGW_NOTHROW`は、いまのところは開発環境の都合で与えている細かい指示だと考えておいてください（実際、`int`は意味を持ちますが、それ以外の記述は開発環境を作る人に必要なもので、環境を使う人は気にしなくてよいものです）。そのあとに関数名`puts`があって、さらに小括弧で囲まれた記述が続いています。これは、これまで見た関数の定義に似ていますね。しかし、もし関数の定義であるなら、関数名と小括弧のあとに関数の処理を中括弧で囲んだブロックが続いているはずですが、ここには見当たりません。では、関数の呼び出しでしょうか。もし関数呼び出しなら、関数名の前にいろいろ書いてある指示が、これまで使ってきた関数呼び出しとは異なっています。

実は、この行が表していることは、関数の定義でも、関数の呼び出しでもありません。この行の役割は、`puts`関数は別の場所に定義されていることや、別の場所にある関数をみなさんのプログラムの中で呼び出して使えるようにすることなのです。このように、関数の定義を別の場所から参照できるようにするための記述を関数の定義と区別して「関数の宣言」と呼んでいます。宣言されている関数の定義が含まれている別の場所（別のファイル）のことを「ライブラリ」といいます。

ライブラリに定義されている関数は、定義を取り込む代わりに、このような宣言を使うことでみなさんのソースコードの中で使えるようになっているのです。これが、みなさんが自分で定義していなかった関数が使えていた理由です。次頁の**「図5.10 関数とインクルードファイルとライブラリの関係」**に`puts`関数の場合についての関係を示しておきます。

103

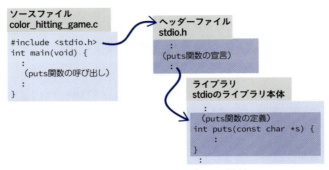

図5.10　関数とインクルードファイルとライブラリの関係

　C言語では、他のソースコードが関数の宣言などを参照するために用意しているファイルを「ヘッダーファイル」と呼んでいます。ヘッダーファイルの名前には、**.h**という拡張子を使うのが一般的です。

5.1.5　関数の実引数と仮引数

　C言語では、文字の並びをひとかたまりで表したデータを「文字列」と呼びます。`puts`関数の呼び出しを見ると、関数名に続く小括弧の中に`"!!!Hello World!!!"`という文字の並びが書いてあります。このように、文字列を表すには、文字の並びを`"`（ダブルクォーテーション）で囲んで表します。いまは「!!!Hello World!!!」が実際に表示したい文字の並びなので、文字列は`"!!!Hello World!!!"`となっています。

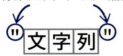

図5.11　文字列は`"`（ダブルクォーテーション）で囲んで表す

　プログラムの中で、`puts`関数は、`main`関数から呼び出されています。呼び出す側の`main`関数は、表示したい文字列を`puts`関数に伝えたいわけです。そのときは、呼び出す関数名のあとに続く小括弧の中に、伝えたい文字列`"!!!Hello World!!!"`を書きます。こうすることで、`main`関数から`puts`関数に表示したいデータを渡すことができます。関数を呼び出すとき、`main`関数が渡している実際に使ってほしいデータのことを「実パラメータ」や「実引数」と呼びます。実パラメータは、実際に関数が呼び出されるときまでわかりません。そこで、呼び出される関数の方は、受け取ったデータを仮の名前で参照して自分の関数の処理中で利用します。この受け取るパラメータにつける仮の名前を「仮パラメータ」や「仮引数」と呼びます。**「図5.12 呼び出す側から使う関数へパラメータを渡す」**に`main`関数と`puts`関数の間の受け渡しの様子を示します。

「ゲームの名前を表示する」を作る

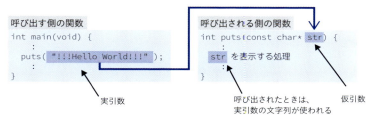

図5.12　呼び出す側から使う関数へパラメータを渡す

　ここまでの説明をまとめると「main関数は、文字列"!!!Hello World!!!"を実パラメータとしてputs関数を呼び出し」、「puts関数は、仮パラメータを使って文字列を受け取って表示する」ことで、文字列を表示しているということになります。

　　　　main関数で渡している文字列が変数に割り当ててある場合、「図5.12 呼び出す側から使う関数へパラメータを渡す」のようなソースコードは次のように変わるでしょう。わかりやすくするため、文字列を2つ用意してあります。

```
int main(void) {
  char* hello1 = "Hello World!";
  char* hello2 = "Hello Japan!";

  puts( hello1 );
  puts( hello2 );
```

　　　　このとき、puts関数を呼び出すときの実引数は、変数hello1とhello2です。これらはmain関数の中で使われる名前です。ここで、char*は文字列を定義するときの型の指定です（ポインタについては「10.2.2 領域の複製にはポインタを使う」で説明します）。
　　　　そして、puts関数では、変数hello1とhello2を使ったどちらの呼び出しでも、ともに仮引数strとして文字列を受け取り、表示処理に使います。つまり、呼び出した側の実引数名がどんな名前であっても、puts関数はstrという名前を使えば済みます。実引数と仮引数というしくみがあると、呼び出される関数を作るときに、呼び出す関数の使っている変数名を知らなくてもよくなるのです。

5.1.6　ゲームの名前を表示する

　さて、文字列を表示する方法がわかったので、こんどはゲームの名前を表示することを考えましょう。

　ゲーム名は「色当てゲーム」ですから、ちょっと目立つように「【色当てゲーム】」としてみましょう。これまで表示していた文字列をゲームの名前にすればよさそうです。

　修正する行の後ろの方に書いてあるのは、プログラムの説明に使うコメントで、ここではputs関数の使い方を説明しています。みなさんは、もう文字列を表示する方

105

第5章 文字列の表示から始めよう

法がわかったので、このコメントは削除しておきましょう。

color_hitting_game.c

```
14.  int main(void) {
15.    puts("【色当てゲーム】");     ❶ ❷
16.    return EXIT_SUCCESS;
17.  }
```

❶ ゲームの名前を表示する
❷ コメントを削除した

編集できたら、ファイルを保存し、ビルドして、実行してみましょう。
開発環境のコンソールにゲームの名前が表示されます。

ゲームの名前が表示された

```
コンソール
【色当てゲーム】
```

これで、ゲームの名前が表示できましたね。

ここで気をつけてほしいのは、文字列を囲むのに使うのは半角の"で、全角の「"」ではないということです。たとえば、誤って"色当てゲーム"と書くところを"色当てゲーム"と書くと、ビルドするときに次のようなメッセージが表示されて失敗します。

文字列を囲む文字を全角にした場合のビルドのエラー

```
コンソール
gcc -O0 -g3 -Wall -c -fmessage-length=0 -o "src\\color_hitting_
game.o" "..\\src\\color_hitting_game.c"
..\src\color_hitting_game.c: In function `main':   ❶
..\src\color_hitting_game.c:15: error: missing terminating "
character   ❷
..\src\color_hitting_game.c:16: error: syntax error before
"return"   ❸
```

❶ main関数の中に問題が見つかった
❷ 15行目で"で始まる要素を閉じる文字が見つからない
❸ 16行目で、returnの前に構文エラーが見つかった

文字列の終わりの囲み記号に全角の「"」を使ってしまったので、半角の"が見つからず探しています。そこでもっと先まで探したら、returnというC言語の関数の終わりを表す文が見つかったので、どうもここまでのどこかに間違いがあるようだ、と予想しているのです。

106　第2部 プログラムの開発を体験しよう

5.2 「ゲームを始める入力を促す」を作る

続いて、ゲームの開始を促すメッセージを表示してみましょう。

5.2.1 ゲームを始めるメッセージを表示する

促すメッセージは「ゲームをはじめてください。」にしましょう。**puts**関数を使った行を1行追加して、メッセージを書いてみてください。

color_hitting_game.c

```
14.  int main(void) {
15.    puts("【色当てゲーム】");
16.    puts("ゲームをはじめてください。");    ❶
17.    return EXIT_SUCCESS;
18.  }
```

❶ メッセージを追加した

編集できたら、ファイルを保存し、ビルドして実行してみましょう。コンソールにゲームの名前と開始を促すメッセージが表示されたでしょうか。

ゲームの開始を促すメッセージが表示された

```
コンソール
【色当てゲーム】
ゲームをはじめてください。
```

5.2.2 プログラムを単独で実行してみる

コンソールに表示できたら、今度は単独のプログラムとして実行してみましょう。コマンドプロンプトを起動します。コマンドプロンプトは、タスクバーの左端にあるスタートボタン（Windowsのロゴのあるボタン）で右クリックして表示されるポップアップメニュー（スタートメニュー）から「コマンドプロンプト」を選ぶと起動できます。あるいは、「スタートメニュー ＞ Windowsシステムツール」の中にあります。Macの人は、ターミナルを起動します。

コマンドプロンプトを開いたら、コマンドを入力して、みなさんが作成したプログラムのあるディレクトリへ移動します。ワークスペース**cbook**を表すディレクトリの中に、プロジェクト名の**color_hitting_game**と同じ名前でディレクトリが作られています。その中の**Debug**ディレクトリは、開発中のプログラムのために開発環境が作るディレクトリで、実行するプログラムはこの中に作られています。

第5章　文字列の表示から始めよう

わたしの場合、ワークスペースの場所が**C:\cbook**なので、次のように操作しました。

コマンドプロンプトでプログラムを置いてあるディレクトリへ移動する（Windows）

```
C:\Users\kuboaki>cd \cbook enter

C:\cbook>cd color_hitting_game enter

C:\cbook\color_hitting_game>cd Debug enter
```

Macの人は、自分のホームディレクトリに作成したワークスペースの中を探しましょう。

ターミナルでプログラムを置いてあるディレクトリへ移動する（Mac）

```
~$ cd cbook/color_hitting_game/ enter
~/cbook/color_hitting_game$ ls enter
Debug/   src/
~/cbook/color_hitting_game$ cd Debug enter
~/cbook/color_hitting_game/Debug$ ls enter
color_hitting_game*  makefile  objects.mk  sources.mk  src/
```

移動できたら、プログラムを実行してみましょう。

コマンドプロンプトでプログラムを実行する（Windows）

```
C:\cbook\color_hitting_game\Debug>color_hitting_game.exe enter
繧占牡蠑薙※繝ｲ繝ｼ繝?繝・
繝ｲ繝ｼ繝?繝偵・縺ｻa縺ｺ縺上□縺輔>繝・
```

Macの人は、プログラム名の前に「**./**」をつけて実行します。これは「現在のディレクトリ（**.**）の中の」プログラムを指定するという意味です。

ターミナルでプログラムを実行する（Mac）

```
~/cbook/color_hitting_game/Debug$ ./color_hitting_game enter
【色当てゲーム】
ゲームをはじめてください。
```

あれ？ Macのターミナルでは期待通り表示できていますが、Windowsのコマンドプロンプトで実行した方は、なんだか表示が変ですね……。「文字化け」しているようです。何が起きたのでしょうか。これは、どうもWindowsでコマンドプロンプトを使っている場合に起きる現象のようです。

108　第2部　プログラムの開発を体験しよう

「ゲームを始める入力を促す」を作る

　どうやら、プログラムは動いているようなのですが、表示がおかしくなっているようですね。開発環境のコンソールで実行していたときは、プログラムのソースコードに書いた通りの文字列が表示されていました。ところが、同じプログラムなのに、コマンドプロンプトで実行するとまったく別の文字を表示してしまっています。

　文字を出力するとき、プログラムは、開発環境のコンソールやコマンドプロンプトに対して出力したい文字を表す「ある値」を渡します。この値のことを「文字コード」といいます。実際に表示される文字と文字コードとの対応関係が一通りしかないならば都合がよいのですが、この対応関係は、ソフトウェアが発展する経緯の中で何種類も作られてきました。しかも、まだ併存している状況にあります。そして、今回表示がおかしくなってしまったのは、開発環境のコンソールとコマンドプロンプトで別の文字コードを使っていたことが原因なのです。

　文字はたくさんありますので、全体を文字の集合のように考えます。文字集合の中に含まれる文字と文字コードの対応関係を定めたデータを作ることになります。多くの会社や組織がこれを「コードページ」と呼んでいます。つまり、同じ文字でも、コードページが異なれば文字コードが異なるというわけです。たとえば、開発環境が初期設定で指定している文字コードは「UTF-8」で、コードページは「65001」です。一方、コマンドプロンプトが標準で使っている文字コードは「Windows-31J」で、コードページは「932」です。Windows-31Jは、Shift_JISという文字コードに対する各社の拡張を統合したものです。

表5.1　　開発に使っている文字コードとコードページの関係

実行している環境	文字コード	コードページ
開発環境（Eclipse）	UTF-8	65001
コマンドプロンプト	Windows-31J	932

　このことから、コマンドプロンプトで使用するコードページを変更し、開発環境のコードページと同じにすれば、期待どおりの表示になりそうですね。やってみましょう。コマンドプロンプトで使うコードページを切り替えるには、chcpコマンドを使います。次のようにして、コードページ「65001」に変更してみましょう。

コマンドプロンプトで使用するコードページを切り替える

```
C:\cbook\color_hitting_game\Debug>chcp 65001 enter

Active code page: 65001
```

　コマンドプロンプトのプロパティを表示して、コードページが「65001 (UTF-8)」に切り替わったことを確認しましょう。

109

第5章 文字列の表示から始めよう

図5.13　コードページが切り替わったことを確認する

では、もう一度プログラムを実行してみましょう。

コマンドプロンプトでプログラムを実行する

```
C:\cbook\color_hitting_game\Debug>color_hitting_game.exe enter
【色当てゲーム】
ゲームをはじめてください。
```

こんどは期待した通りのメッセージが表示されましたね。

これで、作業リストの2つ目が終わりました。作業リストをチェックして次に進みましょう。

別のコンソールアプリケーションを試す

Windowsのコマンドプロンプトを使っていると、日本語の文字列をプログラムから表示する際に、どうしても表示がおかしくなりがちです。これは、どうも致し方ないことのようです。

どうしても表示がおかしくなってしまうような場合は、コマンドプロンプトの代わりになるアプリケーションを使うことをおすすめします。このようなアプリケーションは、一般にターミナルエミュレータとか、コンソールアプリケーションと呼ばれています。

ここでは「ConEmu」というアプリケーションを紹介しておきます。[1] コマンドプロンプトの代わりに使うことができ、機能も豊富です。UTF-8で表示するための設定方法は、ConEmuのWebサイトで「Documentation > Tips and Tweaks > Unicode Support」を辿ると詳しく説明されています。

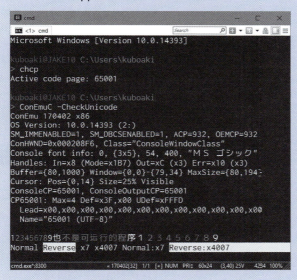

図5.14　ConEmuの画面

ターミナルエミュレータは他にもいろいろあります。UTF-8で文字を表示できるものの中から、みなさんが使いやすいものを選べばよいでしょう。

色当てゲームのプログラムの作業リスト（一部）

- ✓ プレーヤーがプログラムを起動する（動かす）
- ✓ プログラムはゲームの名前を表示し、プレーヤーにゲームを始める入力を促す
- ☐ プログラムは、新しいゲームを開始すると、問題を作成して、プレーヤーに予想の入力を促す

5.3 「問題を作成する」を作る

これまでに作成したプログラムは、ゲームの名前とゲーム開始のメッセージを表示できるようにはなりましたが、まだゲームを進めることができません。次は、ゲームの問題を作成し、プレーヤーから予想を入力してもらえるようにしましょう。

---

1 ConEmu http://conemu.github.io/

第5章 文字列の表示から始めよう

5.3.1 色当てゲームの問題の出し方を決める

このゲームのプログラムは、出題者とゲームの進行を担当するので、プログラムはゲームの問題を作る必要があります。ゲームの問題はどのように作り、どのようにして憶えておけばよいでしょうか。

問題を作るときは、色のついた6色の玉から選びますので、まず、問題に使える色を決めましょう。プログラムでも扱いやすいよう、それぞれの英語名も決めておきましょう。

次の表のような色を選んでみました。

表5.2 色当てゲームで使う色

色の名前	英語の名前	プログラムで使う文字
赤	Red	R
緑	Green	G
青	Blue	B
黄	Yellow	Y
マゼンタ	Magenta	M
シアン	Cyan	C

問題としては、これらの色からランダムに選ぶようにしたいところですが、いまの段階では、プログラムの中であらかじめ決まった玉を選んでおく（決まった問題を出す）ことにします。

ここしばらくは、プログラムが出す問題は「赤、緑、青、黄（R、G、B、Y）」と決めましょう。

なぜ、問題の出し方まで考えないのかと思うかもしれません。それは、いまここで問題の出し方まで作ろうとすると、一度に考えることが増えてしまうからです。そうなると、プログラムを作る作業がわかりにくくなってしまいます。そこで、最初は問題の出し方を簡単にして、ゲームができるようにプログラムを作ることを優先し、同時に考えることを減らそうというわけです。問題を変えられるようにプログラムを修正するのは、ゲームができるようになってからでも遅くはないでしょう。

5.3.2 問題を憶える

最初に出す問題は決まりました。ゲームとしては、プレーヤーの入力した予想と、この問題を比べる必要があります。そのためには、プログラムのどこかにこの問題を憶えておかなければなりません。

C言語で文字や値を憶えておくためには「変数」を使います。変数には、ひとつの

112 第2部 プログラムの開発を体験しよう

「問題を作成する」を作る

文字や値を憶えておく方法と、複数の文字や値をまとめて憶えておく方法があります。[2] 変数を使うのは最初ですので、ここでは問題のひとつの色をひとつの変数に憶えておき、4つの変数で問題を憶えておく方法を使ってみましょう。

　プレーヤーの予想と問題とを比較するには、プレーヤーが入力した後、問題用の変数に憶えた値を参照する必要があります。憶えた値をあとで使うとき呼びやすいよう、変数には名前をつけることができます。この名前のことを「変数名」といいます。憶えた値を使う代わりに、その名前を使って憶えた値を利用できるわけです。また、変数に憶えている値を変更しても、変数名で参照していれば値の変更の影響を受けないので都合がよいのです。

　変数に憶えておくデータの種類を「型」とか「データ型」といいます。型のうち、キーボードから入力する半角の文字を1文字分だけ憶えておける変数のデータ型を文字型（char型）といいます。

　C言語のプログラムで文字型のデータをひとつ憶えておくための変数を定義するには、次のように書きます。

1文字を憶えておく変数を定義する

```
char q1;    ❶
```

❶　文字型の変数q1を定義した

　プログラム中でひとつの文字を表すときには、文字を'（シングルクォーテーション）で囲んで'R'のように表します。小文字なら'r'です。数字を表す文字のときは、たとえば「5」の文字なら、'5'のようになります（あとで学ぶ、数値で5を表すときとは別の表し方を使います）。このように表した文字は、その文字だけを表す特定の値とみなせるので「文字定数」と呼んでいます。

　値を憶えることを指示するには、=（イコールの記号）を使います。変数名を=の左（左辺）に書き、憶えたい値を=の右（右辺）に書きます。このとき記号=は、等しいという意味ではなく、左辺の変数に右辺の定数を割り当てるという意味で使っています。この割り当てのことを「代入する」といい、この記号を「代入演算子」と呼んでいます。等しいかを表すのではなく、割り当てるのですから、右と左を入れ替えると意味が変わってしまうことに気をつけましょう。

　C言語のプログラムで文字型変数に文字定数を憶えておくためには、次のように書きます。

2　複数の文字や値をまとめて憶える方法については「**9.2.1 配列を使って問題の憶え方を変える**」で扱います。

113

第5章　文字列の表示から始めよう

文字型の変数に文字定数を代入する

```
q1 = 'R';    ❶
```

❶ 文字型の変数q1に文字定数 'R' を代入した

変数を定義するときに、同時に変数に値を憶えさせることもできます。このことを「変数を初期化する」といいます。

1文字を憶えておく変数を定義し、文字定数で初期化する

```
char q1 = 'R';    ❶
```

❶ 文字型の変数q1を定義し、文字定数 'R' で初期化した

このように、プログラムで変数を使うときに初期化しておくのはプログラムを作る際のよい習慣ですので、憶えておくとよいでしょう。

では、この書き方にならって、プログラムに問題を憶えさせましょう。
いまはまだ、問題を途中で変えたりできませんから、プログラムの最初の方で変数を定義して値を憶えておきます。

color_hitting_game.c

```
14.  int main(void) {
15.    char q1 = 'R';    ❶
16.    char q2 = 'G';    ❷
17.    char q3 = 'B';    ❸
18.    char q4 = 'Y';    ❹
19.
20.    puts("【色当てゲーム】");
21.    puts("ゲームをはじめてください。");
22.
23.    return EXIT_SUCCESS;
24.  }
```

❶ 文字型の変数q1を最初の玉の色（赤）'R' で初期化した
❷ 文字型の変数q2を2番目の玉の色（緑）'G' で初期化した
❸ 文字型の変数q3を3番目の玉の色（青）'B' で初期化した
❹ 文字型の変数q4を4番目の玉の色（黄）'Y' で初期化した

編集が済んだら、保存して、ビルドしてみましょう。

なにかメッセージが表示されましたか？ みなさんの開発環境や入力した内容によっては、メッセージは異なっているかもしれません。

114　第2部　プログラムの開発を体験しよう

「問題を作成する」を作る

わたしの場合、次のようなメッセージが表示されました。

ビルドすると warning が表示された

```
コンソール
gcc -O0 -g3 -Wall -c -fmessage-length=0 -o "src\\color_hitting_
game.o" "..\\src\\color_hitting_game.c"
..\src\color_hitting_game.c: In function `main':            ❶
..\src\color_hitting_game.c:15: warning: unused variable `q1' ❷
..\src\color_hitting_game.c:16: warning: unused variable `q2'
..\src\color_hitting_game.c:17: warning: unused variable `q3'
..\src\color_hitting_game.c:18: warning: unused variable `q4'
gcc -o color_hitting_game.exe "src\\color_hitting_game.o"
```

❶ 以下のメッセージがmain関数の中で見つかったことを知らせている
❷ 15行目の変数q1がプログラム中で使われていないことを警告している

warningというメッセージが4つ報告されています。このメッセージは、いま追加した変数**q1**、**q2**、**q3**、**q4**は用意されているけれども、まだ使っていないことを警告しています。たしかに、これらの変数に値を憶えさせただけで、まだ他の場所で参照していませんから、いまの段階でこの警告が出るのは正しいですね。

もしかしたら、別のエラーが見つかっているかもしれません。
この機会に、わざと間違えてみて、開発環境がどんなエラーを出すのかを知っておくとよいでしょう。この先の演習で作るプログラムにエラーが発生したとき、役に立つと思います。

たとえば、こんなエラーが出たら、どうすればよいでしょうか。

ビルドすると syntax error が表示された

```
コンソール
gcc -O0 -g3 -Wall -c -fmessage-length=0 -o "src\\color_hitting_
game.o" "..\\src\\color_hitting_game.c"
..\src\color_hitting_game.c: In function `main':
..\src\color_hitting_game.c:15: error: missing terminating '
character   ❶
..\src\color_hitting_game.c:16: error: syntax error before
"char"      ❷
# 略
```

❶ 15行目に文字定数の終わりを示す ' が見つからない
❷ 16行目の "char" の前に文法のエラーが見つかった

プログラムのソースコードを見てみましょう。メッセージは、15行目、16行目にエ

115

第5章　文字列の表示から始めよう

ラーがあると報告しています。

color_hitting_game.c

```
14.   int main(void) {
15.     char q1 = 'R;       ❶
16.     char q2 = 'G';      ❷
17.     /* 略 */
```

❶ よく見ると 'R' の閉じる側の ' が抜けている
❷ この "char" の前に文法エラーがあると判断した

どうやら、15行目の 'R' の閉じる側の ' が抜けているようですね。抜けていた ' を追加しましょう。

さて、今度はどうでしょうか。

color_hitting_game.c

```
14.   int main(void) {
15.     char q1 = 'R'       ❶
16.     char q2 = 'G';
17.     /* 略 */
```

❶ まだここにエラーがあると報告される

まだエラーがでます。よく見ると、15行目の 'R' のあとに ; がないことがわかります。この ; は、C言語の文の終わりを表す文字です。日本語で文章を書くとき、文の終わりに「。(句点)」を書くのと似ています。日本語でも句点を忘れると文の区切りがわからなくなります。同じように、C言語でも ; を使ってひとつずつの処理を分けるようになっています。そして、分けた処理ひとつずつをC言語でも「文」と呼んでいます。

それでは、; を追加してビルドし直してみましょう。今度はうまくいったでしょうか。

もうひとつ、こんなエラーが見つかったので、一緒に考えてみましょう。ソースコードは見せませんので、エラーメッセージから想像してみてください。

ビルドすると error が表示された

```
コンソール
gcc -O0 -g3 -Wall -c -fmessage-length=0 -o "src\\color_hitting_
game.o" "..\\src\\color_hitting_game.c"
..\src\color_hitting_game.c: In function `main':
..\src\color_hitting_game.c:15: error: `charq1' undeclared (first
use in this function)  ❶
..\src\color_hitting_game.c:15: error: (Each undeclared
identifier is reported only once
```

116　第2部 プログラムの開発を体験しよう

```
..\src\color_hitting_game.c:15: error: for each function it
appears in.)
# 略
```

❶ 「charq1」という名前が、未定義なまま、この行で初めて使われていると報告している

　エラーメッセージは、charq1という名前の変数は定義されていないのに、main関数の中、ソースコードの15行目で、定義済みの変数のように使おうとしていると判断したといっています。このように、エラーメッセージは、問題が起きた場所と問題となった現象は報告してくれますが、エラーの原因は教えてはくれません。エラーの原因は、みなさんがメッセージから推測する必要があります。

　このエラーの原因は、文字型を表すcharと 変数名のq1を半角の空白で区切らずに続けて書いてしまったため、charq1という一続きの文字列のように受け取られてしまったことですね。

　そこで、charとq1を空白で区切って、ビルドし直してみました。結果は省略しますが、こんどは無事ビルドできました。

5.4　まとめ

　これで、問題を作ってゲームのプログラムに憶えておくことができるようになりました。

　作業リストをチェックして、次へ進みましょう。

> ### ▨▧　色当てゲームのプログラムの作業リスト（一部）
>
> ✓ プレーヤーがプログラムを起動する（動かす）
> ✓ プログラムは、ゲームの名前を表示し、プレーヤーにゲームを始める入力を促す
> ☐ プログラムは、新しいゲームを開始すると、問題を作成して、プレーヤーに予想の入力を促す
> ☐ プログラムは、問題を出すとき玉を1色につき1個しか使えない
> ☐ プレーヤーは、問題を予想し、予想（トライアル）を繰り返す
>
> 　（略）

117

第6章　入力した文字を判定する処理を作る

条件を判断する処理を使うと、プレーヤーが入力した予想が合っているかどうか判定できるようになります。プレーヤーに予想の入力を促し、入力された予想が合っているかどうか判定する処理を作りましょう。

6.1　「プレーヤーに予想の入力を促す」を作る

問題を作ることができたので、プレーヤーに予想を入力してもらいたいのですが、その前に、出題者（コンピュータ）が問題を出したことがわかるようなメッセージと、予想を入力するよう促すメッセージを追加して、プレーヤーが予想を入力することを求められていることに気づくようにしましょう。

6.1.1　予想を入力することを促すメッセージを表示する

もう、メッセージを表示する方法には慣れたでしょうか。puts関数に表示したい文字列を渡して表示してもらえばよさそうですね。メッセージの前後は「半角」の"で囲むことに気をつけましょう。閉じるときに全角の「"」になってしまうことがよくあります。

color_hitting_game.c

```
14.  int main(void) {
15.    char q1 = 'R';
16.    char q2 = 'G';
17.    char q3 = 'B';
18.    char q4 = 'Y';
19.
20.    puts("【色当てゲーム】");
21.    puts("ゲームをはじめてください。");
22.    puts("コンピュータが問題を出しました。");    ❶
23.    puts("予想を入力してください。");            ❷
24.
25.    return EXIT_SUCCESS;
26.  }
```

❶ 問題を出したことを知らせる
❷ プレーヤーに予想の入力を促す

メッセージを表示するプログラムを追加できたら、ビルドして実行してみましょう。

118　第2部　プログラムの開発を体験しよう

プレーヤーに対して予想の入力を促した

【色当てゲーム】
ゲームをはじめてください。
コンピュータが問題を出しました。
予想を入力してください。

　プレーヤーに入力を促すことができるようになりましたね。これで、作業リストの3つ目が終わりました。作業リストをチェックして次に進みましょう。

色当てゲームのプログラムの作業リスト（一部）

- ✓ プレーヤーがプログラムを起動する（動かす）
- ✓ プログラムは、ゲームの名前を表示し、プレーヤーにゲームを始める入力を促す
- ✓ プログラムは、新しいゲームを開始すると、問題を作成して、プレーヤーに予想の入力を促す
- ❏ プログラムは、問題を出すとき玉を1色につき1個しか使えない
- ❏ プレーヤーは、問題を予想し、予想（トライアル）を繰り返す
- ❏ プレーヤーが予想を入力すると、プログラムは入力内容を確認する
- ❏ 入力内容を確認するとき、玉は1色につき1個しか使っていないことを確認する

　まだ、いまのプログラムでは、みなさんが考えた問題を憶えさせているだけなので、リストにある「プログラムは、問題を出すとき玉を1色につき1個しか使えない」は、プログラムで問題を作るようになるときまで保留しましょう。

6.2　「問題を予想する」を作る

　プログラムはプレーヤーに入力を促しましたので、こんどは、プレーヤーからの予想を受け取ることになります。そして、入力された予想が問題と合っているかどうか判定します。判定はピンを立てるのですが、その前に合っているかどうかの判定をするところまでを作りましょう。

6.2.1　プレーヤーの入力を受けとる

　予想を入力してもらったら、判定のために憶えておきたいでしょう。憶えておくにはどうすればよいでしょうか。そうです、「変数」を使うのでしたね。では、予想を憶えておく変数を用意しましょう。「トライアル」からとって **'t1'**、**'t2'** ……という名前にしました。

　プログラムに変数を追加してみましょう。

第6章　入力した文字を判定する処理を作る

color_hitting_game.c

```
14.  int main(void) {
15.    char q1 = 'R';
16.    char q2 = 'G';
17.    char q3 = 'B';
18.    char q4 = 'Y';
19.
20.    puts("【色当てゲーム】");
21.    puts("ゲームをはじめてください。");
22.    puts("コンピュータが問題を出しました。");
23.    puts("予想を入力してください。");
24.
25.    char t1;        ❶
26.    char t2;        ❶
27.    char t3;        ❶
28.    char t4;        ❶
29.
30.    return EXIT_SUCCESS;
31.  }
```

❶　プレーヤーの予想を憶えるために文字型の変数を用意した

　変数が用意できたので、この変数にプレーヤーの入力を憶えさせましょう。キーボードからの入力を1文字分受け取るのに使うのは、**getchar**関数です。この関数に「引数」はありません。どうやって読み込んだ文字を変数に憶えさせればよいでしょうか。

　問題を作ったときのことを思い出しましょう。そのときは、文字型の変数に文字定数を憶えさせました。こんどは、キーボードから入力した値を憶えさせればよさそうです。**getchar**関数は、ちょうどこんなときに使えるように作られています。つまり、文字定数を代入したときと同じように**getchar**関数を呼び出して、変数に代入します。

getchar関数で取得した文字を変数に憶えさせる

```
t1 = getchar();     ❶
```

❶　文字定数を代入したときと同じように関数の戻り値を代入する

　C言語では、文の中で値と関数を同じように扱えるよう、関数は「値を返す」ことができるようになっています。そのように作ることで、プログラムの中で定数を扱うのと同じように、計算した結果や、キーボードなど外部から取得した値を扱えるようになるわけです。

　関数が返す値のことを「戻り値」「返り値」などと呼んでいます。ここでは扱いませんが、返す値がない関数を作ることもできます。

120　第2部　プログラムの開発を体験しよう

getchar 関数の戻り値を変数に代入するという方法を使って、4つの文字を入力するプログラムをソースコードに追加しましょう。

color_hitting_game.c

```
14.  int main(void) {
15.    char q1 = 'R';
16.    char q2 = 'G';
17.    char q3 = 'B';
18.    char q4 = 'Y';
19.
20.    puts("【色当てゲーム】");
21.    puts("ゲームをはじめてください。");
22.    puts("コンピュータが問題を出しました。");
23.    puts("予想を入力してください。");
24.
25.    char t1 = getchar();     ❶
26.    char t2 = getchar();     ❶
27.    char t3 = getchar();     ❶
28.    char t4 = getchar();     ❶
29.
30.    return EXIT_SUCCESS;
31.  }
```

❶ プレーヤーの予想を憶える変数に、getchar 関数を使って文字を読み込むように修正した

6.2.2　プレーヤーの入力を確認する

これで入力できるようになったのですが、プレーヤーからの入力が得られたら、ひとまず入力ができたかどうか確認しておきたいですよね。

画面に文字を1文字表示することができれば、いま追加した変数の値を表示して確認できるはずです。画面に1文字表示することができる関数に、**putchar** という関数があります。この関数を使って表示してみましょう。

表示したいのは、変数 **'t1'** などに getchar 関数を使って憶えさせた値です。それでは、**putchar** 関数に値の表示を頼んでいる関数はどれでしょう。これは、**main** 関数ですね。さて、では main 関数を実行するときに、**putchar** 関数に値を渡すにはどうしたらよいでしょうか。ここで使うのが関数の「引数」です。関数が値を受け取るのに使うのが「引数」だったのを思い出しましょう。すると、1文字表示してもらうには、次のように書けばよさそうなことがわかります。

putchar 関数で1文字を画面に表示する

```
char t1 = 'G';
putchar( t1 );     ❶
putchar('R');      ❷
```

121

第6章 入力した文字を判定する処理を作る

❶ 文字を憶えている変数t1の値を画面に表示する
❷ 文字定数を画面に出すこともできる

この方法を使って、入力した4つの文字を画面に表示するプログラムをソースコードに追加しましょう。

color_hitting_game.c

```c
14. int main(void) {
15.   char q1 = 'R';
16.   char q2 = 'G';
17.   char q3 = 'B';
18.   char q4 = 'Y';
19.
20.   puts("【色当てゲーム】");
21.   puts("ゲームをはじめてください。");
22.   puts("コンピュータが問題を出しました。");
23.   puts("予想を入力してください。");
24.
25.   char t1 = getchar();
26.   char t2 = getchar();
27.   char t3 = getchar();
28.   char t4 = getchar();
29.
30.   putchar(t1);      ❶
31.   putchar(t2);
32.   putchar(t3);
33.   putchar(t4);
34.
35.   return EXIT_SUCCESS;
36. }
```

❶ 文字変数 't1' に憶えている値を画面に表示した

プレーヤーの予想を憶えた変数の値を表示するプログラムを追加できたら、ビルドして実行してみましょう。

 開発しているプログラムを修正してからビルドするときは、必ず実行中の開発対象プログラムを終了してからビルドしましょう。実行中のままビルドすると、ビルドに失敗します。

実行すると入力待ちになりますので、キーボードから「R、G、B、Y」を入力したら、改行します。すると、入力した文字と同じ文字がもう一度表示されます。確認してみましょう。

「問題を予想する」を作る

プレーヤーから入力された予想を画面に表示する

```
【色当てゲーム】
ゲームをはじめてください。
コンピュータが問題を出しました。
予想を入力してください。
RGBY  enter
RGBY
```

　これで、プレーヤーの入力をプログラムが憶えていることが確認できました。

　実行してみて気づいたと思いますが、いま作ったプログラムは、他の文字も入力できますし、文字数が少なかったり、多かったりすると、入力が期待通りにならないこともあります。人が入力するデータはいろいろな場合を考えて処理する必要があるのです。どんな場合にもうまくいくようにプログラムするのはまだちょっと大変です。そこで、入力がチェックできるようになるまでの間は、プレーヤーに「4文字入れて改行を入力する」という入力方法に従ってもらうことにします。

Eclipseのコンソールに入力する場合の注意

　開発環境に使っているEclipseのうち、32bit版のWindows用のものは、キーボードからの入力が含まれたプログラムを実行すると、メッセージが先に表示されるはずなのに、表示されないまま入力待ちになってしまうという現象が起きることがわかっています。この現象は、コマンドプロンプトやターミナルエミュレータで実行する場合には発生しません。

　もし、開発環境のコンソールで実行したときにメッセージが表示される前に入力待ちになる（実行しても何も表示されない）ようでしたら、次のようにmain関数の最初のところにsetvbuf関数の呼び出しを追加してみてください。この関数の呼び出しがメッセージの表示を溜め込まないようにしてくれます。

color_hitting_game.c
```
int main(void) {
  setvbuf(stdout, NULL, _IONBF, 0);      ❶

  char q1 = 'R';
  /* …… */
```

❶　画面の出力を溜め込まないよう、設定を追加した

6.2.3　プレーヤーの予想を判定する

　プレーヤーが入力した予想が、問題と合っているかチェックしましょう。できれば、使えない文字や文字数の違いなどもチェックしたいところなのですが、それはもう

123

ちょっと先に延ばします。いまは、問題と予想が合っているかどうか調べるところまでにしておきます。

問題と予想が合っているかどうかを調べるには、1文字目から4文字目までのそれぞれについて、問題の文字と入力の文字が同じかどうかを比べればよさそうですね。プログラムでデータを比較するには「条件文（if文）」を使います。文字と文字の比較もデータの比較の一種です。

条件文は、次の図のように`if`で始まり、小括弧の中に書いた判断の条件が続き、そのあとに中括弧で囲んだブロックが続いています。条件が成り立っているかどうか調べ、成り立っていたときは、あとに続くブロックを実行します。

図6.1　条件文の構造

では、判断の条件はどのように書いたらよいでしょうか。判断するということは、あることが「成り立っている」か「成り立っていない」かを調べることです。つまり、プレーヤーの入力を判定する場合は、問題の文字と予想の文字が同じなら成り立っているといえます。C言語では、条件が「成り立っている」ことを「真（true）」、「成り立っていない」ことを「偽（false）」と呼んでいます。

プレーヤーの入力の判定は、文字と文字を比較する、つまり文字型の変数同士を比較できるとよさそうです。文字型の変数同士が等しいかどうかを調べるには「==」を使います。比較のために使うので「比較演算子」といいます。この演算子を使って比較するには、次のように書きます。代入と区別するために、等号がひとつではなく2つ続く表記になっていることに気をつけましょう。

問題の文字と予想の入力を比較する

```
if(q1 == t1) {         ❶ ❷
    puts("合っています");  ❸
}
```

❶ 文字型変数のq1とt1が等しいなら真
❷ 比較演算子は「=」ではなく「==」であることに注意する
❸ 条件が真（成り立っている）ならこの文を含むブロックが実行され、偽ならこのブロックは実行されない

比較演算子には、他に次のようなものがあります。

「問題を予想する」を作る

表6.1　比較演算子の一覧

演算子	読みの例	意味
<	小なり	a < b：aはbより小さい
<=	小なりイコール	a <= b：aはb以下
>	大なり	a > b：aはbより大きい
>=	大なりイコール	a >= b：aはb以上
==	イコール	a == b：aとbは等しい
!=	ノットイコール	a != b：aとbは等しくない

では、比較演算子==を使って入力を判定してみましょう。

color_hitting_game.c

```
14.  int main(void) {
15.    char q1 = 'R';
16.    char q2 = 'G';
17.    char q3 = 'B';
18.    char q4 = 'Y';
19.
20.    puts("【色当てゲーム】");
21.    puts("ゲームをはじめてください。");
22.    puts("コンピュータが問題を出しました。");
23.    puts("予想を入力してください。");
24.
25.    char t1 = getchar();
26.    char t2 = getchar();
27.    char t3 = getchar();
28.    char t4 = getchar();
29.
30.    putchar(t1);
31.    putchar(t2);
32.    putchar(t3);
33.    putchar(t4);
34.
35.    if(q1 == t1) {          ❶
36.      puts("合っています");  ❷
37.    }
38.    if(q2 == t2) {          ❶
39.      puts("合っています");  ❷
40.    }
41.    if(q3 == t3) {          ❶
42.      puts("合っています");  ❷
43.    }
44.    if(q4 == t4) {          ❶
45.      puts("合っています");  ❷
46.    }
47.    return EXIT_SUCCESS;
48.  }
```

125

第6章　入力した文字を判定する処理を作る

❶ 問題の文字と予想の入力を比較した
❷ 等しいときはメッセージを表示する

　予想を判定するプログラムを追加できたら、ビルドして実行してみましょう。

プレーヤーの予想を判定した

```
【色当てゲーム】
ゲームをはじめてください。
コンピュータが問題を出しました。
予想を入力してください。
RGBY enter
RGBY合っています
合っています
合っています
合っています
```

　まだ、表示はちょっと変ですが、プレーヤーの入力を判定できるようになりましたね。

　入力を変えて実行してみて、合っている数が変わることを確認しましょう。

プレーヤーの予想を判定した

```
【色当てゲーム】
ゲームをはじめてください。
コンピュータが問題を出しました。
予想を入力してください。
RYBG enter
RYBG合っています
合っています
```

　予想が合っている数が異なれば、表示されるメッセージが変化することを確認できたでしょうか。

6.2.4　合っている数を数える

　このままでは、いくつ合っているのかわかりにくいですね。合っている数を調べて表示するように変更してみましょう。そのためには、合っている数を憶えておけばよさそうです。これまでは、文字を憶えておくために文字型（**char**型）の変数を使ってきました。こんどは、合っている数を憶えておくために、整数型（**int**型）の変数を使います。

　C言語のプログラムで整数型のデータをひとつ憶えておくための変数を定義するには、次のように書きます。

126　第2部　プログラムの開発を体験しよう

整数をひとつ憶えておく変数を定義する

```
int i;      ❶
```

❶ 整数型の変数 i を定義した

文字型の変数に文字を憶えておくときに代入したように、整数型の変数も憶えておくには代入します。整数の値は、文字と区別するため数字をそのまま書いて表します。

整数型の変数に整数を代入する

```
i = 10;     ❶ ❷
```

❶ 整数型の変数 i に整数10を代入した
❷ 数値の場合 "10" ではなく10と書くことに注意する

文字型の変数で初期化したのと同じように、整数型の変数も定義するときに初期化できます。

整数をひとつ憶えておく変数を定義し、整数で初期化する

```
int matched = 0;      ❶
```

❶ 整数型の変数 matched を定義し、整数0で初期化した

これで、予想のうち、問題と合っていた数を憶えておく変数を作ることができそうですね。ですが、もう少し考える必要があります。それは、合っていた数は、判定を進めるたびに変化するということです。予想する前の合っている数は「0コ」です。そして、予想をするたびに、合っている数に応じて、0〜4コのどれかに変化します。つまり、変数に憶えておく整数値も合っている数に応じて変化させる必要がありあます。

変数に憶えている値を変えることはよくやる処理なので、やり方がたくさんあります。次のソースコードに、変数に憶えている整数を1だけ増やす方法をいくつか紹介します。

整数を憶えている変数の値を変更する

```
matched = matched + 1;     ❶
matched += 1;      ❷
matched ++;        ❸
```

❶ 整数型の変数 matched の現在の値に1を加えたものを、変数 matched の新しい値とする
❷ 上と同じことを簡単に書く方法（この += を加算代入演算子といいます）
❸ 変数の大きさの単位で1単位分増やす（ここは変数が整数なので、整数で1だけ増やす）

第6章　入力した文字を判定する処理を作る

　これらの方法を使えば、予想のうち、問題と合っている数がいくつあるか憶えておけるようになるでしょう。ですが、あともう少し考えて欲しいことがあるので、ソースコードを直すのはちょっと待ってください。

6.2.5　判定結果を表示する

　ここまでできると、最後に判定結果をプレーヤーに知らせたいですよね。

　これまで、文字列を表示する方法として puts 関数、1文字を表示する方法として putchar 関数を使っています。文字型のデータの数字であればこれらを使うこともできそうです。しかし、整数値は文字とは異なるデータ型なので、整数値を表示するのには使えません。数値を表示する処理はプログラムの中でもよく行われる処理なので、ライブラリに関数が用意されています。そのひとつが printf 関数です。

　printf 関数は、汎用的で使途が広い関数です。ですが、その分使い方が少し複雑です。いまは、使い方の詳細をすべて知りたいわけではないので、詳細は割愛し、合っている数を表示するために必要な使い方だけを利用しましょう。

　printf 関数は、ひとつ目の引数として表示する書式を受け取ります。書式というのは、文字列に直すときの表示様式を表したものです。printf 関数の書式には、表示するときに整数値がはめ込まれる場所を示すための特別な記法を使った文字列を指定します。後に続く引数では、表示したい変数を指定します。printf 関数は、呼び出されると、書式に合わせて変数の値をメッセージに組み込み、文字列を作り、これを画面に表示します。

　たとえば、整数型の変数 matched に憶えている値を使って「〜コ合っています。」というメッセージを表示する場合、次のようになります。

printf 関数を使って、書式つきで整数値を表示する

```
printf("%d コ合っています。\n", matched);    ❶
```

❶　整数型の変数 matched の値を、書式に合わせて表示した

　もう少し詳しく見てみましょう。この関数は2つの引数を受け取っています。最初は書式を指定した文字列 "%d コ合っています。\n" です。2番めは、変数名 matched ですね。

　書式の中に、%d という見慣れない文字列があります。% は、文字列の中に変数を埋め込む場所を指定しています。直後の d は、整数値を埋め込むとき、10進数表記で埋め込むことを指定しています。この埋め込み場所に、あとに続く引数で受け取った変数に憶えている値が埋め込まれます。この例では、matched に憶えている整数値が

128　第2部　プログラムの開発を体験しよう

埋め込まれるわけです。書式の最後にある `\n` は、改行文字を表す文字定数です。これは、最後に改行を出力することを指示しています。`puts` 関数による出力は常に改行されますが、`printf` 関数は改行するかどうかも書式の指定によって決めることができます。

それでは、合っている数を数え、その数を表示するよう、これまでのソースコードを修正してみましょう。

color_hitting_game.c

```
14.  int main(void) {
15.    char q1 = 'R';
16.    char q2 = 'G';
17.    char q3 = 'B';
18.    char q4 = 'Y';
19.
20.    puts("【色当てゲーム】");
21.    puts("ゲームをはじめてください。");
22.    puts("コンピュータが問題を出しました。");
23.    puts("予想を入力してください。");
24.
25.    char t1 = getchar();
26.    char t2 = getchar();
27.    char t3 = getchar();
28.    char t4 = getchar();
29.
30.    putchar(t1);
31.    putchar(t2);
32.    putchar(t3);
33.    putchar(t4);
34.
35.    int matched = 0;          ❶
36.    if(q1 == t1) { matched += 1; }  ❷
37.    if(q2 == t2) { matched += 1; }  ❷
38.    if(q3 == t3) { matched += 1; }  ❷
39.    if(q4 == t4) { matched += 1; }  ❷
40.    puts("結果");
41.    printf("%d コ合っています。\n", matched);  ❸
42.    return EXIT_SUCCESS;
43.  }
```

❶ 合っていた数を憶えておく数値型の変数を定義して0に初期化した
❷ 等しいときは、合っていたときなので、変数に憶えている値を1増やす
❸ 合っていた数をメッセージに埋め込んで表示する

 上のコードでは、if文のブロックを次のように書いています。

第6章 入力した文字を判定する処理を作る

```
if(q1 == t1) {  matched += 1; }
```

ブロックを囲む中括弧を使うとき、必ず改行が必要なのではありません。改行があってもなくても同じ意味になります。
つまり、次のように書いたのと同じ意味になります。

```
if(q1 == t1) {
    matched += 1;
}
```

中括弧と改行の関係は、関数や他の文でも同じですから、憶えておくとよいでしょう。

修正できたら、ビルドして実行してみましょう。

プレーヤーの予想のうち合っている数を表示した

【色当てゲーム】
ゲームをはじめてください。
コンピュータが問題を出しました。
予想を入力してください。
RMCB `enter`
RMCB結果
1　コ合っています。

いろいろと入力を変えて実行してみてください。プレーヤーの予想の入力のうち、問題と合っている数が表示されるかどうか、確かめてみましょう。

6.3　まとめ

プレーヤーに予想を入力してもらい、問題と合っているか表示できるようになりましたね。まだ1回しか入力できませんが「プレーヤーが予想を入力すると、プログラムは入力内容を確認する」ができるようになりました。作業リストの6つ目にチェックできるほどではないので「(1回だけできる)」とメモしておきます

▨ 色当てゲームのプログラムの作業リスト (一部)

- ✓ プレーヤーがプログラムを起動する (動かす)
- ✓ プログラムは、ゲームの名前を表示し、プレーヤーにゲームを始める入力を促す
- ✓ プログラムは、新しいゲームを開始すると、問題を作成して、プレーヤーに予想の入力を促す
- ❏ プログラムは、問題を出すとき玉を1色につき1個しか使えない
- ❏ プレーヤーは、問題を予想し、予想 (トライアル) を繰り返す
- ❏ プレーヤーが予想を入力すると、プログラムは入力内容を確認する (1回だけできる)
- ❏ 入力内容を確認するとき、玉は1色につき1個しか使っていないことを確認する

130　第2部 プログラムの開発を体験しよう

プログラムが実行できなくなった場合

入力を待つプログラムを開発していると、ビルドや実行の際に、次のようなエラーメッセージのダイアログが表示される場合があります。この場合には、続行しないで、キャンセルします。

図6.2　「ワークスペースでエラー」というメッセージ

また、コンソールにも、次のような、ファイルが開けないという意味のエラーが表示される場合があります。

ビルド中に発生した、ファイルが開けないというエラー

```
コンソール
Info: Internal Builder is used for build
gcc -o color_hitting_game.exe "src\\color_hitting_game.o"
C:\pleiades\eclipse\mingw\bin\..\lib\gcc\
mingw32\3.4.5\..\..\..\..\mingw32\bin\ld.exe: cannot open
output file color_hitting_game.exe: Permission denied
collect2: ld returned 1 exit status
```

作成しているプログラムが入力待ちするようになると、プログラムを動かして入力待ちで停止している状態でプログラムを修正してしまうことがよく起こります。このとき、プログラムはまだ動いていますので、プログラムのファイルは上書きできません。そのために、上記のようなエラーメッセージが表示されたというわけです。

このようなときには、まず、実行中の color_hitting_geme.exe があれば、それを終了します。それでもビルドがうまくいかないときは、タスクマネージャーを開いて、動作中の color_hitting_game.exe を見つけて終了させます。

第6章 入力した文字を判定する処理を作る

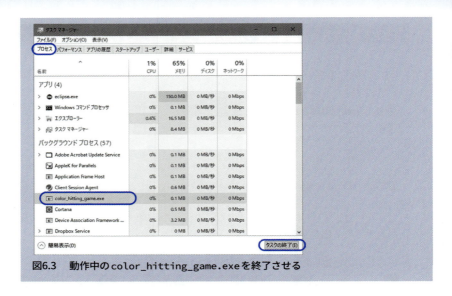

図6.3　動作中のcolor_hitting_game.exeを終了させる

第7章 同じ処理を繰り返す

まだ不自由なところもたくさんありますが、ここまでのプログラムで、メッセージを表示して、問題を出し、プレーヤーに予想を入力してもらい、それをチェックすることができるようになりました。次は、プレーヤーの予想の入力を繰り返し受け入れ、そのときの入力をうまく処理できるようにしてみましょう。

7.1 「予想を繰り返す」を作る

ここまでのプログラムは、1度予想を判定したら終了してしまいます。このままではゲームのターンを進めることができません。プレーヤーが予想を繰り返し入力できるようにしましょう。

7.1.1 決まった数の繰り返し処理を作る

色当てゲームにプレーヤーが勝つのは、予想が問題と一致した場合です。この場合、繰り返し処理も終了します。一方で、予想を10回繰り返しても予想が問題と一致しなければ、出題者（コンピュータ）の勝ちです。この場合は規定の回数分繰り返すことになります。

つまり、プレーヤーが予想を繰り返すには、繰り返す処理の範囲を決め、プレーヤーが勝って繰り返しを中断する場合と、規定回数繰り返す場合の処理を考えることになります。

C言語では、繰り返しの回数が決まった処理を作るには「for文」をよく使います（他に「while文」もあります）。典型的な使い方は、次のようなものです。

for文の典型的な使い方

```
for(int i = 0; i < 10; i++) {    ❶
    printf("%d ", i);     ❷
}
```

❶ iが0から始まり、10より小さい間、iを1ずつ増やしながら繰り返す
❷ そのときのiの値を表示し、(改行しないで) 空白を表示する

for文のパラメータは、; (セミコロン) で区切られた3つのパラメータでできています。最初のパラメータは初期化用で、繰り返し処理の前に1度だけ実行されます。この例では`int i = 0`で、繰り返す回数を憶えておくための整数型の変数を初期化しています。次のパラメータは繰り返し処理の継続条件を表しています。ここに書いてある条件文が真の間、あとに続くブロックの処理が繰り返されます。この例では`i < 10`で、繰り返し変数の値が10より小さい間、処理が繰り返されます。最後のパラメータは、ブロックを処理したあとに実行されます。この例では`i++`で、繰り返し回数を

第7章　同じ処理を繰り返す

1ずつ増やしています。

　最後のパラメータに出てくる整数変数 i の値を1増やす記述は、i = i + 1 のように書くこともできます。ここに出てくる「=」は、代入の意味で等しいことを表すのではないのでしたね。つまり、この場合「i と i + 1 が等しい」のではなく「i + 1 を計算した結果を新しい i にする」という意味になります。これと同じことを C 言語では、i++ のように書き表せます。このときに使う「++」という演算子を「インクリメント演算子」と呼びます。プログラムの中では、1増やす、ひとつ分進めるといったことはよくやる操作なので、このような短い記述ができる演算子が用意してあるのです。

　ところで、みなさんの中には、この例の繰り返しが「0から10より小さい間」となっていて「1から10までの間」となっていないのを不自然と考えた人もいるでしょう。それは、データのある場所を数えるときに先頭からいくつ目かという計算には0からにした方が都合がよいからなのです。もう少し C 言語のデータの扱い方を学ぶと、0からの方が都合がよいことがわかってきますので、今のうちからこの書き方に慣れておくとよいでしょう。

7.1.2　繰り返し処理を追加する

　では、繰り返しの処理のプログラムをソースコードに追加していきましょう。

　まず、繰り返したい処理がどこから始まるか考えてみてください。これは、問題を出したあと、予想の入力を促す場所からになりますね。

繰り返し処理の開始の検討

```
20.    puts("【色当てゲーム】");
21.    puts("ゲームをはじめてください。");
22.    puts("コンピュータが問題を出しました。");        ❶
23.    puts("予想を入力してください。");        ❷
24.    /* 略 */
```

❶ ここまでは、繰り返す前の処理
❷ ここからが、繰り返す処理に含めたい部分

　繰り返し処理の最後はどこでしょうか。これは、最後の方にある、問題と合っている予想の数を表示しているところですね。

繰り返し処理の終わりの検討

```
41.    /* 略 */
42.    puts("結果");
43.    printf("%d コ合っています。\n", matched);        ❶
44.    return EXIT_SUCCESS;
45.  }
```

134　第2部　プログラムの開発を体験しよう

「予想を繰り返す」を作る

❶ **ここまでが繰り返し処理に含めたい部分**

　ということは、次のような形に編集すれば、予想を10回繰り返すことができそうです。for文のブロックの中は、ブロックの中の処理ということがわかりやすいよう、字下げする（インデントをつけるともいいます）とよいでしょう。

color_hitting_game.c

```
14.  int main(void) {
15.    char q1 = 'R';
16.    char q2 = 'G';
17.    char q3 = 'B';
18.    char q4 = 'Y';
19.
20.    puts("【色当てゲーム】");
21.    puts("ゲームをはじめてください。");
22.    puts("コンピュータが問題を出しました。");
23.    for(int i = 0; i < 10; i++) {        ❶
24.      printf("予想を入力してください。%d 回目\n", i + 1);    ❷
25.
26.      char t1 = getchar();
27.      char t2 = getchar();
28.      char t3 = getchar();
29.      char t4 = getchar();
30.
31.      putchar(t1);
32.      putchar(t2);
33.      putchar(t3);
34.      putchar(t4);
35.
36.      int matched = 0;
37.      if(q1 == t1) {  matched += 1; }
38.      if(q2 == t2) {  matched += 1; }
39.      if(q3 == t3) {  matched += 1; }
40.      if(q4 == t4) {  matched += 1; }
41.      puts("結果");
42.      printf("%d コ合っています。\n", matched);
43.    }        ❸
44.    return EXIT_SUCCESS;
45.  }
```

❶ 繰り返し処理の開始
❷ 繰り返している回数を表示できるよう、printf関数を使うメッセージに変更した
❸ 繰り返し処理のブロックの終わり

　修正できたら、ビルドしてみましょう。

135

第7章 同じ処理を繰り返す

for文を追加したらエラーが発生した

みなさんの中には、for文を追加したら次のようなエラーが発生した人がいるかもしれません。その人は以下の説明を参考にしてください。

エラーにならなかった人は、いまはそのままでかまいません。もし後でエラーが発生したら、以下の説明を参考に設定を確認してみてください。

ビルドしたらfor文のところにエラーが見つかった

```
コンソール
gcc -O0 -g3 -Wall -c -fmessage-length=0 -o "src\\color_
hitting_game.o" "..\\src\\color_hitting_game.c"
..\src\color_hitting_game.c: In function `main':
..\src\color_hitting_game.c:24: error: 'for' loop initial
declaration used outside C99 mode
```

これは、「C99モード」ではないときはfor文の初期化部分には変数の定義が使えないというエラーです。たしかに、ソースコードのfor(int i = 0;...という部分に変数を定義していますね。この「C99」というのは、C言語の標準規格のひとつで、1999年に策定されたC言語の仕様を指すときによく使う呼び方です。つまり、「24行目ではC99以降で使える書き方をしているが、ビルドに使っているツールの設定はそうなっていないですよ」と警告しているのですね。

対処方法は2つあります。ひとつ目は、変数を先に定義してから使うという方法です。C99より古いC言語では、このような書き方をしていました。C99以降であってもこの方法で書くことはできますが、この方法を選ぶと古い仕様に戻ることになってしまうので、ちょっと抵抗がありますね。

for文の初期化時の対処 (1)

```
int i;
for(i = 0; i < 10; i++) {
```

もうひとつの方法は、ビルド環境の設定をC99モードで動作するように変更する方法です。今後は、C99に準拠してプログラムを書いていきたいので、みなさんはこちらの対処方法を使いましょう。

次のようにして、設定用のダイアログを開きます。

1. 開発環境の左側にあるプロジェクト・エクスプローラーで、プロジェクト名のcolor_hitting_gameを選ぶ
2. プロジェクト名を右クリックして、ポップアップメニューの一番下から「プロパティー」を選択しプロパティーダイアログを表示する
3. 左側のメニューツリーから「C/C++ビルド > 設定」を開く

136 第2部 プログラムの開発を体験しよう

4. 右上の「構成」のプルダウンメニューから「[すべての構成]」を選ぶ
5. 右側のペインの「ツール設定」タブを選択し、「GCC C Compiler > ダイアレクト」を開く
6. 次の図のように「Language standard」のプルダウンメニューを開いて「ISO C99 (-std=c99)」を選ぶ

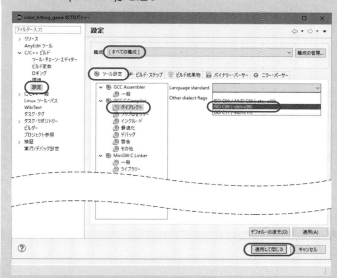

図7.1 for文の初期化時の対処 (2)

7. 設定できていることが確認できたら「適用して閉じる」をクリックする
8. 次の図のような「いますぐリビルドしますか？」というダイアログが表示される

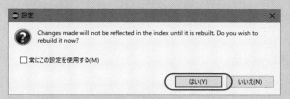

図7.2 再ビルドを確認するダイアログ

9. 「はい」をクリックすると、バックグラウンドで再ビルドする

再ビルドの確認で「はい」を選んだので、ビルドは済んでいます。コンソールを確認してみましょう。

第7章　同じ処理を繰り返す

C99モードでビルドできていることが確認できた

```
┌─ コンソール ─┐
gcc -std=c99 -O0 -g3 -Wall -c -fmessage-length=0 -o "src\\
color_hitting_game.o" "..\\src\\color_hitting_game.c"
gcc -o color_hitting_game.exe "src\\color_hitting_game.o"
```

　こんどはビルドが成功しました。コンソールの出力を見ると –std=c99という
オプションを使っているのがわかりますね。

　このエラーが出なかった人の環境はどうなっているのでしょうか。エラーが出
なかった人の開発環境は、gccというツールのバージョンが新しいため、このオ
プションを指定していなくても C99以降の仕様に準拠して動作していたからで
す。その代わり、もしあえて古い仕様で開発したい場合には、古い仕様を指定す
るオプションの設定が必要になります。

ビルドできたら、実行してみましょう。

予想の入力を10回繰り返す

```
【色当てゲーム】
ゲームをはじめてください。
コンピュータが問題を出しました。
予想を入力してください。1 回目
RMCY enter
RMCY結果
2　コ合っています。
予想を入力してください。2 回目
（略）
予想を入力してください。10 回目
RMCY enter
```

　予想の入力を10回繰り返せることが確認できました。これで、作業リストの5つ目
が終わりましたので、チェックをして次に進みましょう。

色当てゲームのプログラムの作業リスト（一部）

- ✓ プログラムは、新しいゲームを開始すると、問題を作成して、プレーヤーに予想の入力を促す
- ☐ プログラムは、問題を出すとき玉を1色につき1個しか使えない
- ✓ プレーヤーは、問題を予想し、予想（トライアル）を繰り返す
- ☐ プレーヤーが予想を入力すると、プログラムは入力内容を確認する（1回だけできる）

138　第2部 プログラムの開発を体験しよう

> ❏ 入力内容を確認するとき、玉は1色につき1個しか使っていないことを確認する
>
> （略）
>
> ❏ プログラムは、ゲームの勝ち負けを判定する
> ❏ 白いピンが4つになっていれば、プレーヤーの勝ちでゲームを終了する
> ✓ トライアルが10回目でなければ、トライアルを繰り返す
> ❏ トライアルが10回目でプレーヤーが勝っていないならば、プログラムの勝ちで
> ゲームを終了する

7.2 「入力内容を確認する」を作る

プレーヤーは繰り返し入力できるようになりましたが、実際に動かして入力してみると、問題があることに気づくと思います。それは、4つ入力しないで改行したり、4つより多く入力したりしてしまうと、次の回の予想の入力がおかしくなってしまうことです。原因を調べて直してみましょう。

7.2.1 入力がおかしい原因を調べる

入力がおかしくなる理由を考えてみましょう。みなさんのプログラムでは、予想の入力は次のようになっています。

予想の入力の部分

```
char t1 = getchar();
char t2 = getchar();
char t3 = getchar();
char t4 = getchar();
```

getchar 関数を使って、1文字入力を4回実行しています。みなさんは、4文字入力して、その後、入力が終わったことをプログラムに知らせるために改行しています。4文字ずつ入力して実行した結果の表示をよく見ると、次のようになっていることがわかります。

予想を入力する様子を確認する

```
予想を入力してください。1 回目
RGBY enter
RGBY結果
4  コ合っています。
予想を入力してください。2 回目
RGBY enter
（ここに改行がある）
RGB結果   （改行とRGB、Yが残っている）
0  コ合っています。
予想を入力してください。3 回目
```

```
RGBY enter
Y
RG結果　（Y改行RG、BYが残っている）
0　コ合っています。
```

つまり、1回目は4文字入力できているのですが、2回目には前回入力の最後につけた改行と3文字分が読み込まれて4文字分の入力となり、3回目には前回の残り1文字と改行と今回の入力の2文字分……というように処理が進んでいるのがわかります。図にすると、**「図7.3 繰り返し入力した場合の動作」**のような感じです。

図7.3　繰り返し入力した場合の動作

どうやら、改行も入力文字として読み込まれているようです。また、みなさんが入力した文字は、直接プログラムに渡されるのではなく、**「図7.4 入力した文字はバッファに溜まっているようだ」**のようにいったんどこかに溜められていて、getchar関数は、溜まっている場所から1文字ずつ取り出す処理をしていることが予想できます。

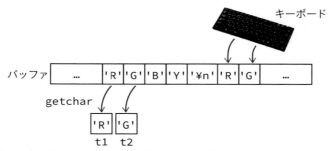

図7.4　入力した文字はバッファに溜まっているようだ

このように、入力または出力をいったん溜めておく場所を「バッファ」と呼びます。処理にとっての緩衝器という意味合いです。バッファはみなさんが入力した文字を処理に使うまで取りこぼさないように溜め込んでくれています。そしてgetchar関数はこのバッファから読み出しているのです。

7.2.2　不要な入力を読み捨てる

しかし、欲しくはない入力まで受け取るわけにはいきません。そこで、**「図7.5 長過ぎる入力と改行文字を捨てる」**のように、いったん入力を受け付けたら最初の4文

字は変数へ代入し、もし改行や残っている文字があれば、改行文字のところまで読み捨ててしまえばどうでしょうか。

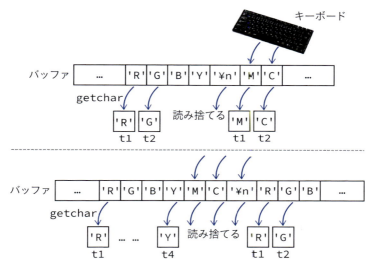

図7.5　長過ぎる入力と改行文字を捨てる

　これを実現するには、1文字読み込み、その文字が改行文字と異なる間は、変数に代入しないということを延々繰り返せばよさそうです。繰り返すということは、for文ですね。次のように書けるでしょうか。

不要な入力を読み捨てる（if文を使う場合）
```
for(;;) {        ❶
  if( getchar() == '\n' ){
    break;       ❷
  }
}
```

❶ このfor文は無限に繰り返す
❷ 1文字読み込んでそれが改行文字だったとき、このbreak文が実行され、繰り返し処理から抜ける

　このfor文にはパラメータがなく、区切りの;だけが書かれていますが、このように書かれていると無限に繰り返すという意味になります。

　for文の繰り返し処理のブロックの中にbreak文が使われています。この文に出会うと、プログラムはここで繰り返し処理から抜けます。通常は、繰り返し処理から抜けたい条件が必要でしょうから、この例のようにif文を書き、そのブロックの中に書く

第7章　同じ処理を繰り返す

ことが多いです。

　break文は、while文の処理の中断にも使えます。

　同じことは、for文の繰り返し条件の中で改行文字を判定する方法でも実現できます。

不要な入力を読み捨てる（for文の繰り返し条件を使う場合）

```
for(;getchar() != '\n';) {
  /* do nothing */
}
```

　こんどのfor文は、初期化分と変化分のパラメータは空欄のままで、継続条件だけ
が書いてあります。継続条件に書いてあるのは、1文字読み込み、その文字が改行文
字ではない間継続するという判断です。!=は等しくないという意味の比較演算子で
す。この条件が満たされて繰り返しから抜けるとき、最後の改行文字は読み込んだあ
とである（つまり改行も読み捨てられる）ことに注意しましょう。また、繰り返し処理
のブロックで実行する処理もないので、中身が空のブロックになっています。

　この処理を予想の入力のあとにやっておけば、長すぎた入力や改行文字が取り除か
れ、次の繰り返し処理のときは、新しい予想入力の1文字目から入力できます。

予想の入力のあとに不要な入力を読み捨てる処理を追加する

```
/* 略 */
char t4 = getchar();
for(;getchar() != '\n';) {
  /* do nothing */
}
/* 略 */
```

　どうでしょうか。これでやりたいことはできるようになったでしょう。ですが、こ
のままではどんな意図でやっている処理なのかすぐにはわからないでしょう。

　意図をわかりやすくするには、処理に名前をつけるのがよい方法です。処理に名前
をつけるということは、自分で関数を定義して使うということですね。

　そこで、不要な入力を読み捨てる**discard_inputs**関数を作ってみましょう。変
数は使うときよりも前に定義しておくように、関数も呼び出すよりも前に定義してお
きます。ここで**discard_inputs**関数を使いたいのは**main**関数なので、**main**関数
よりも前に定義します。[1]

color_hitting_game.c

```
14.  void discard_inputs(void) {      ❶
15.    for(;getchar() != '\n';) {
16.      /* do nothing */
```

　　　　　　　　　　　　　　　　　　　　　　　　　　　　

1　「5.1.4 あらかじめ定義されている関数を使う」で紹介したように、変数や関数を、これらを使う
　　場所よりも前に「宣言」しておけば、使う場所より後や別のファイルに定義することもできます。

142　第2部　プログラムの開発を体験しよう

「入力内容を確認する」を作る

```
17.        }
18.    }
19.
20.    int main(void) {        ❷
21.    /* 略 */
```

❶ 不要な入力を読み捨てる discard_inputs 関数を定義した
❷ main関数から使うので、main関数よりも前に定義した

　この関数は、返す値がないので void 型の関数として定義しています。また、受け取るデータがないのでパラメータも void になっています。

　discard_inputs 関数が定義できたら、呼び出して使いましょう。

color_hitting_game.c

```
32.        char t1 = getchar();
33.        char t2 = getchar();
34.        char t3 = getchar();
35.        char t4 = getchar();
36.        discard_inputs();        ❶
```

❶ discard_inputs 関数を呼び出して、不要な入力を読み捨てた

　関数にすることで処理に名前がつき、不要な入力を読み捨てているという意図が分かりやすくなりましたね。

　修正できたら、ビルドして実行してみましょう。

不要な入力を読み捨てられるかチェックする

```
【色当てゲーム】
ゲームをはじめてください。
コンピュータが問題を出しました。
予想を入力してください。1 回目
RGBY enter
RGBY結果
4 コ合っています。
予想を入力してください。2 回目
RGBYYYY enter
RGBY結果
4 コ合っています。
予想を入力してください。3 回目
EGNCMCJDHFEWA enter
EGNC結果
1 コ合っています。
```

143

第7章　同じ処理を繰り返す

改行や長すぎる入力が取り除けていることが確認できましたね。

7.2.3　不要な文字が入力されたら読み飛ばす

では、まだ予想の入力が4つ入っていないのに改行が見つかったらどうしましょうか。こんども、不要な文字を読み捨てる方法が使えそうですね。ただし、こんどは1文字読み込んだら使用する文字かどうか調べて、使う文字なら取り込み、そうでなければ読み捨てるようになっている必要があります。また、予想の入力に使う4つの変数をそれぞれ同じように処理したいので、この処理も関数にしておいた方がよさそうです。

それでは、不要な文字を読み飛ばす1文字入力 get_trial_char 関数を作ってみましょう。この関数も discard_inputs 関数と同様、main 関数から使われる関数なので、main 関数よりも前、ここでは discard_inputs 関数の前に定義しておきます。

color_hitting_game.c

```
14.  char get_trial_char(void) {      ❶
15.    char ch;
16.    for (;;) {      ❷
17.      ch = getchar();
18.      if (ch == 'R') { return ch; }      ❸
19.      if (ch == 'G') { return ch; }
20.      if (ch == 'B') { return ch; }
21.      if (ch == 'Y') { return ch; }
22.      if (ch == 'M') { return ch; }
23.      if (ch == 'C') { return ch; }
24.    }
25.    return ch;      ❹
26.  }
27.
28.  void discard_inputs(void) {
29.  /* 略 */
```

❶ 不要な文字を読み飛ばす1文字入力 get_trial_char 関数を定義した
❷ 初期化も継続条件もないので、このfor文は永遠に繰り返す
❸ もし、入力した文字が 'R' だったら、その入力文字を関数の戻り値にして関数を抜ける
❹ for文の中で関数を抜ける以外の処理がないので、ここの処理には永遠にこないはず

まず、1文字読み込みます。それが予想に使う文字であるかどうかif文を使って調べています。使う文字のときはその文字を関数の戻り値として関数を抜けます。そうでなければ次の文字を読むことを繰り返します。繰り返しは該当する文字を読み込むまで永遠に続きます。ようやく予想に使う文字だけが入力できる関数を作ることができました。

144　第2部　プログラムの開発を体験しよう

「入力内容を確認する」を作る

これで十分役立ちそうですが、文字が **'R'** でも **'G'** でも処理するブロックは同じ内容で、少し冗長な感じがします。ここでは、6つの文字のいずれかと等しければよいのですから、ひとつの条件だけでなく、複数の条件を判断する方法があればよさそうです。

成り立っていてほしい条件が複数あって、いずれかが成り立っていれば全体として条件が成り立っているとみなしたいとき、C言語ではそれらの条件を「**||**」でつないで表します。「真」か「偽」になるという論理条件を組み合わせて判断するので「論理演算子」といいます。論理演算子で結ばれた式を論理式といいます。論理式は、複数の式や関数の実行結果を組み合わせて判断したいときに使います。この演算子を使って比較するには、次のように書きます。

複数の条件のいずれかが成り立っているかどうかを調べる

```
char ch = getchar();
if (ch == 'X' || ch == 'Y' || ch == 'Z') {      ❶
  printf("%cに合致しました\n", ch);      ❷ ❸
}
```

❶ 文字型変数 ch に憶えている文字が 'X' か 'Y' か 'Z' なら成り立つ
❷ 条件が真（成り立っている）ならこの文が実行される
❸ %c は、文字型変数1文字を埋め込むための書式指定

論理演算子には、他に次のようなものがあります。**c1** や **c2** には、C言語の値を返す式や関数が当てはまります。

表7.1　論理演算子の一覧

演算子	読みの例	意味
&&	論理積、論理アンド	**c1 && c2**：条件c1とc2がともに真のとき真
||	論理和、論理オア	**c1 || c2**：条件c1かc2のいずれかが真のとき真
!	否定、論理ノット	**! c1**：条件c1が真のとき偽、偽のとき真

では、論理演算子（のうちの論理和演算子）**||** を使って **get_trial_char** 関数を修正してみましょう。

color_hitting_game.c

```
14. char get_trial_char(void) {
15.   char ch;
16.   for (;;) {
17.     ch = getchar();
18.     if (ch == 'R' || ch == 'G' || ch == 'B'      ❶
19.       || ch == 'Y' || ch == 'M' || ch == 'C') {      ❷
20.       return ch;
21.     }
```

145

第7章　同じ処理を繰り返す

```
22.     }
23.     return ch;
24. }
25.
26. void discard_inputs(void) {
27. /* 略 */
```

❶ 論理和演算子で条件を複合している
❷ 長いので折り返しているが、論理和の条件は続いている

　get_trial_char関数が定義できたので、getchar関数の代わりにこの関数を呼び出して使いましょう。

color_hitting_game.c

```
44.     char t1 = get_trial_char();   ❶
45.     char t2 = get_trial_char();   ❶
46.     char t3 = get_trial_char();   ❶
47.     char t4 = get_trial_char();   ❶
48.     discard_inputs();
```

❶ getchar関数の代わりにget_trial_char関数を呼び出して不要な文字を読み飛ばす

　ビルドできたら、実行してみましょう。

短い入力のときや使用しない文字があっても予想が入力できるか確認する

```
【色当てゲーム】
ゲームをはじめてください。
コンピュータが問題を出しました。
予想を入力してください。1 回目
rgby enter
R enter
ggasjk enter
b enter
fhdsB enter
jk;Y enter
M enter
RBYM結果
1 コ合っています。
```

　入力していた文字は表示に残ってしまいますが、実際に読み込まれた文字は期待したものだけになったことが確認できました。関係ない文字を入力しても表示されてしまうので、あまり見てくれも操作感もよくないですが、使えるようになったことは確認できたでしょう。

146　第2部　プログラムの開発を体験しよう

7.2.4 ゲームの勝敗を表示する

　　まだ、問題を変更する、予想に使える玉の種類の制限を守る、予想の判定は場所と色の組み合わせで表示するといったことはできていません。しかし、ここまで作ると、与えられた問題を予想し、すべて合っていたらプレーヤーの勝ち、10回予想してだめなら出題者（コンピュータ）の勝ちとするところまでは作ることができそうです。

　　4つすべて合っていたら、プレーヤーの勝ちを表示するようにしてみましょう。
　　繰り返し処理を抜けたときに、プレーヤーが勝って繰り返しをやめたのか、10回やってプレーヤーが負けたのかを憶えておく整数型の変数 player_win を用意しましょう。この変数が0のときは、プレーヤーはまだ勝っていない状態、この変数が1になった（0でなくなった）ら、プレーヤーが勝っているとします。
　　このように決めておくと、if文を書くときにちょっと便利になります。if文では「成り立っている（真）」か「成り立っていない（偽）」かを判断する条件が書けました。実は、C言語のif文は、憶えている値が数値や計算した結果の場合には、その答えが0であれば「偽」、それ以外の値の場合は「真」と判断するのです。
　　このことを使えば、プログラムの最後に勝ち負けの判定を作ることができそうです。

勝ち負けの判定によってメッセージを表示する

```
int player_win = 0;      ❶

/* この間の繰り返し処理で、player_win の値が決まる */

if(player_win) {     ❷
  puts("あなたの勝ちです。");
} else {      ❸
  puts("残念！出題者の勝ちです。");
}
```

❶ 勝ち負けを憶えておく整数型の変数 player_win を定義した
❷ 変数 player_win が0でなければこのif文の条件は成り立つ（真）
❸ 条件が成り立たなかったとき実行する処理があれば、else ブロックに処理を書くことができる

　　変数名をつけるときに、条件が成り立ったときの状態を名前にしておくと、「もし〜だったら」というif文が読みやすくなるのがわかるでしょうか。また、これまでのif文では条件が成り立ったときの処理しか書いてきませんでしたが、成り立っていないときの処理があるときは、このように else ブロックを追加して書くことができます。

　　次に、プレーヤーが4つとも合っている予想を立てた場合に、繰り返し処理を中断する方法を考えましょう。
　　処理を中断する方法は2つあります。ひとつは、for文の継続条件に条件を追加する方法です（論理和演算子が使えますね）。もうひとつは、繰り返し処理のブロックの中

第7章 同じ処理を繰り返す

で、if文で条件を調べて break 文で繰り返し処理を抜ける方法です。

ここでは、break 文を使う方法を使って勝ち負けを表示するための処理を作ってみましょう。

まず、main 関数の最初に、勝ち負けを憶えておく整数型の変数 player_win を定義し、負けの状態を表す値0で初期化しておきます。

color_hitting_game.c

```
32.  int main(void) {
33.      int player_win = 0;        ❶
34.
35.      char q1 = 'R';
36.      char q2 = 'G';
37.  /* 略 */
```

❶ 勝ち負けを憶えておく整数型の変数 player_win を定義し、負けの状態の値0で初期化した

続いて、プレーヤーの勝ち負けを表示する処理を追加しましょう。

まず、勝ち負けを判定するために、合っている数を調べる必要がありますね。4個合っていたら勝ちなのですが、ここは #define というマクロ定義用の命令を使ってこの定数を名前で呼べるようにしましょう。定数名は、問題の文字数ということで QSIZE はどうでしょうか。

color_hitting_game.c

```
14.  #define QSIZE 4                  ❶
15.
16.  char get_trial_char(void) {
17.  /* 略 */
```

❶ #define 命令を使って 問題の数4に QSIZE という名前（マクロ名）をつけた

いろいろなCのプログラムの中でマクロ名の定義を見ると、次のように定義する文字をカッコで囲んである場合が見つかります。

```
#define QSIZE (4)
```

実は、マクロには展開したときに期待していない副作用が起きる可能性があります。カッコで囲むのは、そのような副作用が発生する可能性を小さくするための工夫なのです。みなさんももう少しマクロに慣れてきたら、このような書き方を使うとよいでしょう。

次に、合っている数を判定して player_win を勝ちの状態1に変更して繰り返し処理から抜ける処理と、勝ち負けを表示する処理を追加します。ここで、break 文を使います。

「入力内容を確認する」を作る

color_hitting_game.c

```
63.  /* 略 */
64.     puts("結果");
65.     printf("%d コ合っています。\n", matched);
66.     if (matched == QSIZE) {      ❶
67.       player_win = 1;        ❷
68.       break;            ❸
69.     }
70.   }  ❹
71.   if (player_win) {      ❺
72.     puts("あなたの勝ちです。");
73.   } else {      ❻
74.     puts("残念！出題者の勝ちです。");
75.   }
76.   return EXIT_SUCCESS;
77. }
```

❶ 合っている数がQSIZE個（4つ）かどうか調べる

❷ 4つ合っていた場合には、変数player_winをプレーヤーの勝ちの状態に変更する（真になる値としてここでは1を使った）

❸ プレーヤーが勝った場合は、繰り返し処理は中断したいので、break文で抜ける

❹ for文の終わりの閉じ中括弧（break文で抜けた場合も、この中括弧のあとの処理へ進む）

❺ 変数player_winの値を調べて0でなければ真なので、プレーヤーの勝ちを表示する

❻ 変数player_winの値を調べて0であれば偽なので、出題者の勝ちを表示する

7.2.5 色当てゲームの最初のバージョンを確認する

だいぶ作り込んできましたので、一度、これまでに作成した色当てゲームのプログラムのソースコード全体を眺めてみましょう。

color_hitting_game.c

```
11. #include <stdio.h>
12. #include <stdlib.h>
13.
14. #define QSIZE 4
15.
16. char get_trial_char(void) {
17.   char ch;
18.   for (;;) {
19.     ch = getchar();
20.     if (ch == 'R' || ch == 'G' || ch == 'B'
21.       || ch == 'Y' || ch == 'M' || ch == 'C') {
22.       return ch;
23.     }
```

149

第7章 同じ処理を繰り返す

```
24.       }
25.       return ch;
26.   }
27.
28.   void discard_inputs(void) {
29.       for (; getchar() != '\n';) {
30.           /* do nothing */
31.       }
32.   }
33.
34.   int main(void) {
35.       // setvbuf(stdout, NULL, _IONBF, 0);    ❶ ❷
36.       int player_win = 0;
37.
38.       char q1 = 'R';
39.       char q2 = 'G';
40.       char q3 = 'B';
41.       char q4 = 'Y';
42.
43.       puts("【色当てゲーム】");
44.       puts("ゲームをはじめてください。 ");
45.       puts("コンピュータが問題を出しました。");
46.       for (int i = 0; i < 10; i++) {
47.           printf("予想を入力してください。%d 回目\n", i + 1);
48.
49.           char t1 = get_trial_char();
50.           char t2 = get_trial_char();
51.           char t3 = get_trial_char();
52.           char t4 = get_trial_char();
53.           discard_inputs();
54.
55.           putchar(t1);
56.           putchar(t2);
57.           putchar(t3);
58.           putchar(t4);
59.
60.           int matched = 0;
61.           if (q1 == t1) { matched += 1; }
62.           if (q2 == t2) { matched += 1; }
63.           if (q3 == t3) { matched += 1; }
64.           if (q4 == t4) { matched += 1; }
65.           puts("結果");
66.           printf("%d コ合っています。\n", matched);
67.           if (matched == QSIZE) {
68.               player_win = 1;
69.               break;
70.           }
71.       }
```

150   第2部 プログラムの開発を体験しよう

まとめ

```
72.    if(player_win) {
73.      puts("あなたの勝ちです。");
74.    } else {
75.      puts("残念！出題者の勝ちです。");
76.    }
77.    return EXIT_SUCCESS;
78.  }
```

❶ 開発環境のコンソールで、メッセージの表示より先に入力待ちになってしまう場合（実行しても何も表示されないとき）には、この行の先頭の // をはずして、setvbuf関数を呼び出しておく

❷ // から行末まではコメントで、プログラムをビルドする際には無視される

7.3　まとめ

　これで、作業リストの最後のひとつができました。まだ、いつも決まった問題を出すだけのプログラムですが、プレーヤーはこの問題を当てるゲームを実行できるようになりました。少しずつゲームらしくなってきていますね。

　しかし、作業リストには、まだできていないことがたくさん残っています。作業リストをチェックして次へ進みましょう。

▨ **色当てゲームのプログラムの作業リスト（一部）**

- ✓ プログラムは、新しいゲームを開始すると、問題を作成して、プレーヤーに予想の入力を促す
- ☐ プログラムは、問題を出すとき玉を1色につき1個しか使えない
- ✓ プレーヤーは、問題を予想し、予想（トライアル）を繰り返す
- ☐ プレーヤーが予想を入力すると、プログラムは入力内容を確認する（1回だけできる）
- ☐ 入力内容を確認するとき、玉は1色につき1個しか使っていないことを確認する

  （略）

- ✓ プログラムは、ゲームの勝ち負けを判定する
- ☐ 白いピンが4つになっていれば、プレーヤーの勝ちでゲームを終了する
- ✓ トライアルが10回目でなければ、トライアルを繰り返す
- ✓ トライアルが10回目でプレーヤーが勝っていないならば、プログラムの勝ちでゲームを終了する

第8章　役割のわかる関数に分割する

ここまで作ってきたソースコードは、もうすでにだいぶ長くなってきています。とくにmain関数が長くなってきているのが気になりますね。この先、まだまだ作り込みが必要ですが、このまま進めていくとmain関数はもっと長くなり、内部の処理がわかりにくくなってしまうでしょう。ここで、いままで作った処理を整理して、作り込みが進んでソースコードが長くなっても困らないようにしておきましょう。

8.1　どんな処理かわかりやすくする

ここまで作ってきたmain関数は、長いだけでなく、それぞれの部分がどんな処理をしているのか、すぐにはわからなくなってきています。わかりやすくするために何ができるか考えてみましょう。

8.1.1　処理をわかりやすくするには何をすればよいか

わかりやすくすることと、長い処理を分けることには関係があります。たとえば、このソースコード全体は色当てゲームを実行しているはずですが、処理の名前として「色当てゲーム」とわかるところがあるでしょうか。確認のために、これまで作成した関数の名前を列挙してみましょう。

- get_trial_char関数
- discard_inputs関数
- main関数

いかがですか。色当てゲームとわかる名前の関数は見つかったでしょうか。どうやら、そのような関数はまだ作られていないようですね。わたしたちは、色当てゲームとわかる名前の関数を用意した方がよいと思いませんか。

次に、main関数の中を見てみましょう。たとえば、予想を入力している処理がどこからどこまでかすぐわかりますか。あるいは、問題と予想を突き合わせて合っている数を求めているところは、すぐにわかりますか。たしかに、1行ずつ確認すればわかるでしょうが、いちいち「ここからここまで」といわなければ、該当する範囲を他の人に指し示して教えることができないでしょう。

では、わかるようにするには、どうすればよいでしょうか。そのためには、処理をブロックに分けて、それぞれのブロックに名前をつければよいのではないでしょうか。名前のついたブロック……なんでしたか？　そう関数ですね。関数に分けてみたらどうでしょう。

152　第2部　プログラムの開発を体験しよう

みなさんの中には、小学校や中学校の国語の時間に、文章を役割や働きによって分割して節に分け、それに名前をつける演習をやったことがある人はいませんか。節の名前から、文章全体の構成を考えたりしましたね。ちょうどその演習と同じような作業をやって、プログラムの見通しをよくしようというわけです。いまはピンとこない方も、この章の作業を通じて、わかりやすくすることと長い処理を分けることには関係があることが、実感できるようになればと思います。

8.1.2　わかりやすくする作業を作業リストに追加する

それでは、新しい機能を追加する前に、色当てゲームとわかる名前の関数を作り、main関数の処理も役割で分けて名前をつけて関数にしましょう。この作業をやっても、ゲームの機能は追加されないので、少し無駄な感じがするかもしれません。ですが、長く大きなプログラムを作成するときにはとても大切な作業なのです。そこで、この作業は新たに作業リストに追加して、目につくようにしておきましょう。

> **色当てゲームのプログラムの作業リスト（一部）**
>
> （略）
>
> ✓ トライアルが10回目でなければ、トライアルを繰り返す
> ✓ トライアルが10回目でプレーヤーが勝っていないならば、プログラムの勝ちでゲームを終了する
> ☐ ゲームの名前のわかる関数を用意する
> ☐ 長い処理を役割で分けて名前をつけて関数にする

8.2　ゲームの名前のわかる関数を用意する

ゲームの処理を名前をつけて関数にする場合、その関数を作ることと、その関数を呼び出して使うことの両方を考えることになります。色当てゲームを関数にするだけではなく、main関数がゲームの処理を呼び出して使う場合についても考えましょう。

8.2.1　main関数をどのように直せばよいか

ゲームの名前のわかる関数はどんな名前がよいでしょうか。そうですね、わたしたちは色当てゲームとわかる名前の関数を用意したかったのですから、やはりここはcolor_hitting_gameでしょう。では、ソースコードのどの範囲がこの関数の範囲になるでしょうか。それには、main関数がcolor_hitting_gameを呼び出す部分を考えるとわかりやすいと思います。

main関数がcolor_hitting_game関数を呼び出す部分

```
int main(void) {
```

第8章 役割のわかる関数に分割する

```
  // setvbuf(stdout, NULL, _IONBF, 0);   ❶
  color_hitting_game();   ❷
  return EXIT_SUCCESS;
}
```

❶ setvbuf関数が必要かどうかは色当てゲームには関係ないので、必要なときは
　 main関数の最初に処理する

❷ color_hitting_game関数を呼び出して実行する

8.2.2　どんなゲームかわかる関数に直す

残った部分を、color_hitting_game関数とすればよいので、ソースコードは次
のようになるでしょう。

color_hitting_game.c

```
34.  void color_hitting_game(void) {   ❶
35.    int player_win = 0;
36.
37.    char q1 = 'R';
38.    char q2 = 'G';
39.    char q3 = 'B';
40.    char q4 = 'Y';
41.
42.    puts("【色当てゲーム】");
43.    puts("ゲームをはじめてください。 ");
44.    puts("コンピュータが問題を出しました。");
45.    for (int i = 0; i < 10; i++) {
46.      printf("予想を入力してください。%d 回目\n", i + 1);
47.
48.      char t1 = get_trial_char();
49.      char t2 = get_trial_char();
50.      char t3 = get_trial_char();
51.      char t4 = get_trial_char();
52.      discard_inputs();
53.
54.      putchar(t1);
55.      putchar(t2);
56.      putchar(t3);
57.      putchar(t4);
58.
59.      int matched = 0;
60.      if (q1 == t1) { matched += 1; }
61.      if (q2 == t2) { matched += 1; }
62.      if (q3 == t3) { matched += 1; }
63.      if (q4 == t4) { matched += 1; }
64.      puts("結果");
```

154　第2部 プログラムの開発を体験しよう

右上ヘッダー: 長い処理を役割で分けて関数にする

```
65.      printf("%d コ合っています。\n", matched);
66.      if (matched == QSIZE) {
67.        player_win = 1;
68.        break;
69.      }
70.    }
71.    if(player_win) {
72.      puts("あなたの勝ちです。");
73.    } else {
74.      puts("残念！出題者の勝ちです。");
75.    }
76.    return;        ❷
77.  }
78.
79.  int main(void) {
80.    // setvbuf(stdout, NULL, _IONBF, 0);
81.    color_hitting_game();
82.    return EXIT_SUCCESS;
83.  }
```

❶ color_hitting_game関数を、戻り値がなく、引数もない関数として定義している

❷ この関数には戻り値がないので、関数から戻るときに使うreturnも引数がない

これで、どんなゲームを実行するプログラムなのかがわかるソースコードになりましたね。また、処理の一部を関数に分け、それを呼び出すように変えただけなので、プログラムの動作は変わっていないはずです。

みなさんも、修正したら、一度ビルドして、実行してみてください。動作には変化がないはずなので、確認しておきましょう。

8.3　長い処理を役割で分けて関数にする

こんどは、color_hitting_game関数の長い処理を役割に分けていきましょう。

8.3.1　処理の区切りを探して分ける

color_hitting_game関数の最初の部分について、どのような処理をしているのか考えてみてください。

color_hitting_game.c

```
34.  void color_hitting_game(void) {
35.    int player_win = 0;
36.
```

155

第8章　役割のわかる関数に分割する

```
37.    char q1 = 'R';        ❶
38.    char q2 = 'G';
39.    char q3 = 'B';
40.    char q4 = 'Y';
41.
42.    puts("【色当てゲーム】");        ❷
43.    puts("ゲームをはじめてください。  ");        ❷
44.    puts("コンピュータが問題を出しました。");        ❸
```

❶　問題を作成している（現在は決まった問題を出題）
❷　ゲームの開始を伝えるメッセージを表示した
❸　問題を出したというメッセージを表示した

　いかがでしょう。まだ決まった問題を出すだけですが、ここはゲームの問題を出すという処理がありますね。そのあと、開始を促す処理をやっています。これらを、どんな処理をしているかわかるよう、名前をつけて関数に分けましょう。

　ゲームの開始を伝える処理は、「5.1「ゲームの名前を表示する」を作る」と「5.2「ゲームを始める入力を促す」を作る」で作成したものでしたね。これを関数に分けましょう。関数の名前はchg_display_titleにしました。関数名の前につけた「chg_」は、color_hitting_gameという名前を短くしたものです。color_hitting_game関数の仲間とわかるようこのようにつけてみました。このように、仲間になるものを区別するといった意図で短い名前を手前につけることを「プレフィックスをつける」といいます。
　では、color_hitting_game関数の前にchg_display_title関数を定義して、タイトルの表示処理をこの関数へ移動しましょう。

color_hitting_game.c

```
34.  void chg_display_title(void) {        ❶
35.    puts("【色当てゲーム】");
36.    puts("ゲームをはじめてください。  ");
37.  }        ❷
38.
39.  void color_hitting_game(void) {
40.    int player_win = 0;
41.
42.    char q1 = 'R';
43.    char q2 = 'G';
44.    char q3 = 'B';
45.    char q4 = 'Y';
46.
47.    chg_display_title();        ❸
48.    puts("コンピュータが問題を出しました。");
```

❶　ゲームの開始を伝えるメッセージを表示する関数を作った

156　第2部　プログラムの開発を体験しよう

長い処理を役割で分けて関数にする

❷ この関数には戻り値がないので、関数から戻るときのreturn文を省略している
❸ ゲームの開始を伝えるメッセージを表示する関数の呼び出しで、元々あった2行のタイトル表示の処理を置き換えた

　処理の一部を関数に分け、それを呼び出すように変えたので、ここでも、まだプログラムの動作は変わっていないはずですね。みなさんも、修正したら、一度ビルドして実行して、動作に変化がないか確認してみましょう。

8.3.2　分けた関数の間で変数を共有する

　最初の部分で残っているのは、問題を作成するところと、問題を作成したことを知らせるメッセージを表示するところです。
　こちらも、**chg_display_title**関数と同じように作ってみます。関数名を**chg_make_question**にしましょう。

color_hitting_game.c

```
34. void chg_display_title(void) {
35.   puts("【色当てゲーム】");
36.   puts("ゲームをはじめてください。 ");
37. }
38.
39. void chg_make_question(void) {        ❶
40.   char q1 = 'R';
41.   char q2 = 'G';
42.   char q3 = 'B';
43.   char q4 = 'Y';
44.   puts("コンピュータが問題を出しました。");
45. }
46.
47. void color_hitting_game(void) {
48.   int player_win = 0;
49.
50.   chg_display_title();
51.   chg_make_question();        ❷
```

❶ 問題を作成し、それを知らせるメッセージを表示する関数を作った
❷ 問題を作成し、それを知らせるメッセージを表示する関数の呼び出しで、元々あった問題の作成とそれを知らせるメッセージを表示する処理を置き換えた

　修正したら、ビルドしてみましょう。

　うーん、こんどはエラーが発生してしまいましたね。どのようなエラーか見てみましょう。

157

第8章　役割のわかる関数に分割する

chg_make_question関数に分けてビルドしたときに発生したエラー

```
コンソール

16:39:57 **** インクリメンタル・ビルド of configuration Debug for
project color_hitting_game ****
Info: Internal Builder is used for build
gcc -std=c99 -O0 -g3 -Wall -c -fmessage-length=0 -o "src\\color_
hitting_game.o" "..\\src\\color_hitting_game.c"
..\src\color_hitting_game.c: In function `chg_make_question':     ❶
..\src\color_hitting_game.c:40: warning: unused variable `q1'      ❷
..\src\color_hitting_game.c:41: warning: unused variable `q2'
..\src\color_hitting_game.c:42: warning: unused variable `q3'
..\src\color_hitting_game.c:43: warning: unused variable `q4'
..\src\color_hitting_game.c: In function `color_hitting_game':     ❸
..\src\color_hitting_game.c:68: error: `q1' undeclared (first use
in this function)     ❹
..\src\color_hitting_game.c:68: error: (Each undeclared
identifier is reported only once
..\src\color_hitting_game.c:68: error: for each function it
appears in.)
..\src\color_hitting_game.c:69: error: `q2' undeclared (first use
in this function)
..\src\color_hitting_game.c:70: error: `q3' undeclared (first use
in this function)
..\src\color_hitting_game.c:71: error: `q4' undeclared (first use
in this function)
```

❶ chg_make_question関数の中にエラーが見つかった
❷ q1という変数を定義しているが、使っていないという警告
❸ color_hitting_game関数の中にエラーが見つかった
❹ q1という変数を定義しないで使っているというエラー

　関数の中で定義した変数（ここでは問題を定義しているq1など）は、その関数の外からは見えないのです。どうやら、問題を作成する処理を関数に分けたときに、「変数を定義する処理」と「変数を使う処理」が別の関数に分かれてしまったのが原因のようです。問題を作る「処理」は分けたいのに、作った「問題そのもの」は2つの関数の間で共有したいというのが悩みどころというわけです。

　このケースのように、プログラムを作成していると、2つの関数の間でデータ（ここでは変数）を共有したくなる場合がよくあります。解決するための考え方は大きく分けて2つあります。

- 関数の引数を使って、呼び出す側と呼び出される側でデータを授受する
- データを共有する変数を関数の外に用意してデータを授受する

　わかりやすいよう、それぞれを図にしておきます。

158　第2部　プログラムの開発を体験しよう

長い処理を役割で分けて関数にする

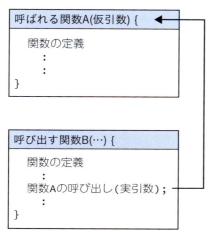

図8.1　関数の引数を使ってデータを授受する

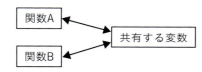

図8.2　データを共有する変数を関数の外に用意してデータを授受する

　できれば、関数の引数を使う方法が望ましいです。引数と使うと、他の関数が授受するデータを誤って読み書きすることを避けられます。
　しかし、いまやってみるには、新しく憶えることが多く、修正する範囲が広くなります。ここでは、データを共有する変数を使う方法を選び、プログラムを動く状態に戻すことを優先しましょう。

　まず、`chg_make_question`関数の中にあった変数の定義を関数の前に出します。こうすると、これらの変数は、どの関数からでも読み書きできる共有データになります。このような変数を「大域変数（グローバル変数）」といいます。他のファイルの関数からは読めないようにしたいときは、変数を定義するときには**static**という指定子で修飾します。これで、これらの変数は、このファイル全体で使える定義済みの変数になりました。もとの関数の中では、定義済みの変数として文字を代入するだけになります。

color_hitting_game.c

```
39  static char q1;      ❶
40  static char q2;
41  static char q3;
42  static char q4;
```

159

第8章 役割のわかる関数に分割する

```
43.
44.  void chg_make_question(void) {
45.    q1 = 'R';        ❷
46.    q2 = 'G';
47.    q3 = 'B';
48.    q4 = 'Y';
49.    puts("コンピュータが問題を出しました。");
50.  }
```

❶ 問題を憶えておく変数を大域変数として追記した（staticという修飾で、共有範囲をこのファイルの中に限定した）

❷ 大域変数の宣言は関数の定義の前に済んでいるので、ここでは大域変数に代入して問題を憶えるように変更した

　修正したら、もう一度ビルドしてみましょう。こんどはエラーが出なくなりビルドが成功しましたね。動作に変化がないか確認しておきましょう。

　もし、次のように**chg_make_question**関数の中で変数を定義したままにしていると、大域変数とは別に関数の中で新しい変数を定義したことになってしまいます。そして、このように書いてしまうと、関数の中の変数が使われ、同じ名前の大域変数の方は利用されませんから、他の関数にデータを伝えることはできません。

（期待通りに動作しない）color_hitting_game.c

```
static char q1;
static char q2;
static char q3;
static char q4;

void chg_make_question(void) {
  char q1 = 'R';        ❶
  char q2 = 'G';
  char q3 = 'B';
  char q4 = 'Y';
  puts("コンピュータが問題を出しました。");
}
```

❶ このように書いてしまうと、大域変数のq1とは別にこの関数の中でchar q1を定義したとみなされる

8.3.3　意味がわかる変数名に変える

　それでもまだ、**color_hitting_game**関数の処理は長いですね。次に目につくのは長いfor文です。このfor文のブロックの中の処理は、プレーヤーがゲームの予想を繰り返している部分、ゲームの「ターン」にあたります。ブロックの中の1ターン分の

160　第2部　プログラムの開発を体験しよう

長い処理を役割で分けて関数にする

処理を別関数に分ける前に、このfor文の変数を見直して、意味のわかる名前に変えておきましょう。

color_hitting_game.c

```
52. void color_hitting_game(void) {
53.   int player_win = 0;
54.
55.   chg_display_title();
56.   chg_make_question();
57.   for (int i = 0; i < 10; i++) {          ❶
58.     puts("予想を入力してください。");
```

❶ ゲームのターンを繰り返すfor文の始まり

for文の中で使っている変数iは、ターンを表しています。この変数の名前をターンの数とわかる名前に変えましょう。やはり**turn**の方がわかりやすいでしょう。同時に、**turn**の回数を表示できるよう、表示に使う関数も**puts**関数から**printf**関数に変更しましょう。

color_hitting_game.c

```
57.   for (int turn = 0; turn < 10; turn++) {          ❶
58.     printf("予想を入力してください。%d 回目\n", turn + 1);     ❷
```

❶ for文の変数iを**turn**に変えた
❷ メッセージに使うためにiを参照していたので**turn**に変えた

変数**turn**で使う値は 0 から始まって 10 より小さい間ですね。あれ、10 ってなんでしたっけ？ これはゲーム中にプレーヤーが予想できる回数でした。プログラムの中の数字になってしまうと、憶えていないとわからなくなってしまいます。もし、他にも別の意味で10がいくつも出てきたら、もっと混乱しそうです。そこで、この 10 に意味のわかる名前をつけましょう。変数名は、ターンの最大数（Maximum number of turns）から**max_turns**にしましょう。また、この変数の値 10 は決まった値で変更しません。このように決まった値を保持しておく変数は、定義のときに**const**修飾子をつけて、初期化したらその後は変更できない変数（つまり定数）にします。

color_hitting_game.c

```
57.   const int max_turns = 10;          ❶ ❷
58.   for (int turn = 0; turn < max_turns; turn++) {
59.     printf("予想を入力してください。%d 回目\n", turn - 1);
```

❶ ターン数の最大値の 10 を 意味のある名前max_turns に変えた
❷ const修飾子をつけて、初期化したら変更できない変数（つまり定数）の定義に

161

した

このように名前をつけて呼べるようにすると、値の意味がわかるようになります。同じ名前がプログラムのあちこちで使われていても、同じ数を表しているとわかります。また、あちこちで使っていても、値を変更したいときは、定義した場所を変更するだけで済みます。

問題のサイズを決めたとき、わたしたちは次のようにマクロを使って定義しました。

```
#define QSIZE (4)
```

この場合もマクロではなく、const修飾子をつけた変数を使うことができるのではないかと考える人がいるかもしれません。
実は、QSIZEはあとで配列というデータ構造の大きさを表すのに使おうと思っています。ところが、C言語では、配列の大きさを指定するのは定数でないとならないのです。つまり、次のように書く場合、QSIZEは変数にすることができないのです。

```
static char qx[QSIZE];
```

それで、問題のサイズにはconst修飾子つきの整数変数ではなく、マクロによる定数を使っています。

値に名前をつけただけですので、プログラムの動作は変わっていないはずですね。
みなさんも、修正したら、一度ビルドして実行して、動作に変化がないか確認してみましょう。

8.4 繰り返し処理の中を関数で構成する

for文の変数を見直したので、1回分のターンの処理を関数に分けましょう。

8.4.1 1ターン分の処理を使う処理を先に考える

このfor文の中の処理を眺めてみると、次のような処理をやっていることがわかります。

1. プレーヤーが予想を入力する
2. プレーヤーが入力した予想を表示する
3. プレーヤーが入力した予想が問題と合っているかどうか判定する
4. 判定結果を表示する
5. 判定結果に応じて繰り返しから抜けるかどうか判断する

しかし、それぞれの処理を理解していないと、すぐにはわからないかもしれません。こんなとき、それぞれの処理に名前がついていて、その名前で呼べたら、呼びやすくてわかりやすいですよね。前に、処理の塊を中括弧で囲んだものをブロックという話がありました。そしてブロックに名前をつけて呼べるようにするということは…

繰り返し処理の中を関数で構成する

…、そうです、ここも関数にするのがよさそうですね。

すでにある処理を関数に分けるときは、次の2つのことをやります。

- 分けたい処理を切り出して、関数にする
- もともと処理が書いてあった場所を、関数の呼び出しに置き換える

どんな関数に分ければよいかを考えるのは難しそうですね。こんなときは、先に「関数を使う」側、関数を利用する場面を考えてみるとよいです。使い方がよくわからないようなら、その関数の分け方や役割がまだよく整理できていないのです。そのまま関数を作りながら考えても、たいていはあまりうまくいきません。

それでは、先に挙げた5つの処理を2つの関数に分けましょう。前半の、プレーヤーが予想を入力し合っている数を調べるところまでを chg_play_turn 関数にしましょう。この関数の呼び出しに変えると、次のようになるでしょうか。

（検討中の段階の）color_hitting_game.c

```
const int max_turns = 10;
for (int turn = 0; turn < max_turns; turn++) {
  printf("予想を入力してください。%d 回目\n", turr + 1);

  chg_play_turn();        ❶
  puts("結果");
  printf("%d コ合っています。\n", matched);
  if (matched == QSIZE) {
    player_win = 1;
    break;
  }
}
```

❶ 予想を入力し、合っているか判定するところまでを chg_play_turn 関数の呼び出しに変えてみた

8.4.2 1ターン分を処理する関数を作る

chg_play_turn 関数を使う処理ができたので、その呼び出し方に合うように chg_play_turn 関数を作れそうです。しかし、この修正には困ったことがあります。何が問題かというと、入力した予想を判定した結果を憶えておく変数 matched を使いたいのですが、変数の定義も変数に値を代入することもできていないのです。結果を表示するには、chg_play_turn 関数を実行した結果を知る方法が必要なのです。

対応する方法は3つあります。

- 判定結果を憶えた変数 matched を大域変数にして関数の間で共有する

163

第8章 役割のわかる関数に分割する

- 判定結果を`chg_play_turn`関数の戻り値として呼び出した側に返す
- 判定結果を`chg_play_turn`関数の引数を使って呼び出した側に返す

　判定結果は判定した直後から結果の表示までの間しか使わないので、大域変数にしてずっと憶えておく必要はないでしょう。引数を使う方法は値を複数返すときには便利です。ですが、ここはひとつの値を返せばよいので、関数の戻り値を使うのがよさそうです。

　検討の結果、関数の戻り値を使うと決まりました。判定結果を`chg_play_turn`関数の戻り値として呼び出した側に返し、これを変数`matched`に代入するようにソースコードを直してみます。

　それでは、`chg_play_turn`関数を`color_hitting_game`関数の前に作りましょう。まず、`chg_play_turn`関数の外観を作ります。そして、`color_hitting_game`関数の中から1ターン分の処理を切り取ってこの関数の中に移動します。

color_hitting_game.c

```
52.  int chg_play_turn(void) {        ❶
53.    int matched = 0;               ❷
54.
55.    char t1 = get_trial_char();
56.    char t2 = get_trial_char();
57.    char t3 = get_trial_char();
58.    char t4 = get_trial_char();
59.    discard_inputs();
60.
61.    putchar(t1);
62.    putchar(t2);
63.    putchar(t3);
64.    putchar(t4);
65.
66.    if (q1 == t1) { matched += 1; }
67.    if (q2 == t2) { matched += 1; }
68.    if (q3 == t3) { matched += 1; }
69.    if (q4 == t4) { matched += 1; }
70.
71.    return matched;                ❸
72.  }
73.
74.  void color_hitting_game(void) {
75.  /* 略 */
```

❶ `chg_play_turn`関数を`int`型の関数（整数の値を返す関数）として作成した
❷ `chg_play_turn`関数の中で使う変数として別に用意した変数`matched`の定義
❸ 関数が返す値として、変数`matched`に憶えておいた値を返す

164　第2部 プログラムの開発を体験しよう

繰り返し処理の中を関数で構成する

次に、**chg_play_turn**関数を呼び出すように、**color_hitting_game**関数を修正しましょう。

color_hitting_game.c

```
74.  void color_hitting_game(void) {
75.    int player_win = 0;
76.
77.    chg_display_title();
78.    chg_make_question();
79.    const int max_turns = 10;
80.    for (int turn = 0; turn < max_turns; turn++) {
81.      printf("予想を入力してください。%d 回目\n", turn + 1);
82.
83.      int matched = 0;          ❶
84.      matched = chg_play_turn();      ❷
85.
86.      puts("結果");
87.      printf("%d コ合っています。\n", matched);
88.      if (matched == QSIZE) {
89.        player_win = 1;
90.        break;
91.      }
92.    }
93.    if(player_win) {
94.      puts("あなたの勝ちです。");
95.    } else {
96.      puts("残念！出題者の勝ちです。");
97.    }
98.    return;
99.  }
```

❶ **chg_play_turn**関数の戻り値を憶えておくための変数**matched**の定義
❷ **chg_play_turn**関数を呼び出して、その戻り値を変数**matched**に代入した

処理の一部を関数に分け、それを呼び出すように変えたので、プログラムの動作は変わっていないはずですね。みなさんも、修正したら、一度ビルドして実行して、動作に変化がないか確認してみましょう。

8.4.3　1ターン分の結果をチェックする処理を関数に分ける

最後に、**for**文の中の処理の後半の、判定結果の表示と繰り返しから抜けるかどうかの判断の部分を**chg_check_result**関数に分けましょう。

元の処理をこの関数の呼び出しに変えることを検討します。関数を呼び出す部分は、次のように作ればよさそうです。マッチしている数を表示するために、**chg_check_result**関数の引数で変数**matched**を渡しています。

165

第8章 役割のわかる関数に分割する

（検討中の段階の）color_hitting_game.c

```
int matched = 0;
matched = chg_play_turn();

/*  printf("%d コ合っています。\n", matched); */
/* if (matched == QSIZE) { */
/*    player_win = 1; */
/*      break; */
/* } */
chg_check_result(matched);   ❶❷
/* break;   ??   */  ❸
```

❶ 判定結果の表示と繰り返しから抜けるかどうかの判断の部分を chg_check_result 関数の呼び出しに変えてみた

❷ chg_check_result 関数に判定結果を渡すために、引数で変数 matched を渡した

❸ 繰り返しから抜ける処理の対処方法がわからなくなった

chg_check_result 関数の呼び出しに置き換えたら、繰り返しから抜ける方法をどう書けばよいかわからなくなってしまいました。このままでは、判定結果を使って繰り返し処理から抜け出せません。

ここは、判定結果で全部合っていたらプレーヤーの勝ちと判断して for 文の繰り返しから抜けたかったのですから、チェックした結果プレーヤーが勝ったかどうかがわかるようになっているとよいと思います。そこで、次のように chg_check_result 関数の戻り値で、勝ったかどうかを判断できるように処理を追加してみてはどうでしょうか。

（検討中の段階の）color_hitting_game.c

```
int matched = 0;
matched = chg_play_turn();

player_win = chg_check_result(matched);
if(player_win) {
  break;
}
```

それでは、この考えに沿って修正しましょう。まず、color_hitting_game 関数の前に chg_check_result 関数を追加します。そして、プレーヤーが勝ったかどうか調べる処理を color_hitting_game 関数から移動し、修正しましょう。

color_hitting_game.c

```
74. int chg_check_result(int matched) {
75.   puts("結果");
```

166　第2部 プログラムの開発を体験しよう

繰り返し処理の中を関数で構成する

```c
76.   printf("%d コ合っています。\n", matched);
77.   if (matched == QSIZE) {
78.     return 1;        ❶
79.   } else {
80.     return 0;        ❷
81.   }
82. }
83.
84. void color_hitting_game(void) {
85. /* 略 */
```

❶ 4個合っていたらプレーヤーが勝ったことを示す値1を返す
❷ そうでなかったら、プレーヤーはまだ勝っていないので値0を返す

そして、color_hitting_game関数は次のようになるでしょう。

color_hitting_game.c

```c
84.  void color_hitting_game(void) {
85.    int player_win = 0;
86.
87.    chg_display_title();
88.    chg_make_question();
89.    const int max_turns = 10;
90.    for (int turn = 0; turn < max_turns; turn++) {
91.      printf("予想を入力してください。%d 回目\n", turn + 1);
92.
93.      int matched = 0;
94.      matched = chg_play_turn();
95.
96.      player_win = chg_check_result(matched);     ❶
97.      if(player_win) {        ❷
98.        break;
99.      }
100.   }
101.
102.   if(player_win) {
103.     puts("あなたの勝ちです。");
104.   } else {
105.     puts("残念！出題者の勝ちです。");
106.   }
107.   return;
108. }
```

❶ プレーヤーが勝ったかどうかをchg_check_result関数の戻り値にして、変数player_winに憶えさせた
❷ 変数player_winの値が真ならばプレーヤーが勝ったとみなして繰り返しを抜ける

167

第8章 役割のわかる関数に分割する

chg_check_result関数は、プレーヤーが勝ったかどうかを調べて関数の戻り値に返します。その結果、変数player_winには、プレーヤーが勝ったかどうかが代入されます。処理に名前をつけて関数に分けたことで、このソースコードが次のように読めるようになったことがわかるでしょうか。

1. chg_play_turn関数で1回分のターンを実行して、その結果を変数matchedに憶えておく
2. chg_check_result関数で、変数matchedに憶えた値をチェックし、プレーヤーが勝ったかどうかを調べる
3. プレーヤーが勝っていたら、break文で繰り返しを抜ける

ここまでの作業で、for文の繰り返しの中の処理が短くなりました。そして、それぞれの処理に名前がついたので、何の処理をしているのかわかりやすくなりました。分ける前に比べると見通しがよくなりましたね。

8.4.4 勝ち負けの表示を関数に分ける

color_hitting_game関数の最後（102～107行目）に、勝ち負けを表示している処理がありますね。これも処理に名前をつけて関数に分けましょう。
color_hitting_game関数の前にchg_display_win_or_lose関数を追加して、処理を分けます。

color_hitting_game.c

```
84.  void chg_display_win_or_lose(int player_win) {    ❶
85.    if(player_win) {
86.      puts("あなたの勝ちです。");
87.    } else {
88.      puts("残念！出題者の勝ちです。");
89.    }
90.  }
91.
92.  void color_hitting_game(void) {
93.  /* 略 */
```

❶ プレーヤーの勝ち負けを引数で受け取って、結果を表示するchg_display_win_or_lose関数を作成し、color_hitting_game関数から勝ち負けを表示する処理を移動した

そして、この段階のcolor_hitting_game関数は次のようになるでしょう。

color_hitting_game.c

```
92.  void color_hitting_game(void) {
93.    int player_win = 0;
```

168　第2部 プログラムの開発を体験しよう

まとめ

```
94.
95.    chg_display_title();
96.    chg_make_question();
97.    const int max_turns = 10;
98.    for (int turn = 0; turn < max_turns; turn++) {
99.      printf("予想を入力してください。%d 回目\n", turn + 1);
100.
101.      int matched = 0;
102.      matched = chg_play_turn();
103.
104.      player_win = chg_check_result(matched);
105.      if(player_win) {
106.        break;
107.      }
108.    }
109.
110.    chg_display_win_or_lose(player_win);    ❶
111.    return;
112.  }
```

❶ プレーヤーの勝ち負けを表示する **chg_display_win_or_lose** 関数を使うことにした

みなさんも、修正が済んだらビルドして実行してみましょう。これまでの動作と変わっていないでしょうか。

ビルドしてエラーが出たり、動きが変わったりしているようなら、修正したところをよく見直してみましょう。

8.5 まとめ

途中で作業リストに追加した2つの作業ができましたので、作業リストをチェックして次に進みましょう。

> ▨▨ **色当てゲームのプログラムの作業リスト**
>
> ✓ プレーヤーがプログラムを起動する（動かす）
> ✓ プログラムは、ゲームの名前を表示し、プレーヤーにゲームを始める入力を促す
> ✓ プログラムは、新しいゲームを開始すると、問題を作成して、プレーヤーに予想の入力を促す
> ☐ プログラムは、問題を出すとき玉を1色につき1個しか使えない
> ✓ プレーヤーは、問題を予想し、予想（トライアル）を繰り返す
> ☐ プレーヤーが予想を入力すると、プログラムは入力内容を確認する（1回だけ

169

第8章 役割のわかる関数に分割する

できる）
- ☐ 入力内容を確認するとき、玉は1色につき1個しか使っていないことを確認する
- ☐ 入力内容におかしなところがあれば、プレーヤーに再入力を促す
- ☐ 入力内容がギブアップの場合は、プログラムの勝ちとし、ゲームを終了する
- ☐ 入力内容がおかしなところがなければ、入力内容をプレーヤーの予想とする
- ☐ プログラムは、問題と予想を比較して、当たり具合を確認する
- ☐ 問題と予想を比較して、色と場所が一致している場合は「白いピン」を表示する
- ☐ 問題と予想を比較して、色は一致しているが場所が異なる場合は「黒いピン」を表示する
- ✓ プログラムは、ゲームの勝ち負けを判定する
- ☐ 白いピンが4つになっていれば、プレーヤーの勝ちでゲームを終了する
- ✓ トライアルが10回目でなければ、トライアルを繰り返す
- ✓ トライアルが10回目でプレーヤーが勝っていないならば、プログラムの勝ちでゲームを終了する
- ✓ ゲームの名前のわかる関数を用意する
- ✓ 長い処理を役割で分けて名前をつけて関数にする

　できないことはまだたくさん残っていますね。ですが、色当てゲームとして一通りの動作ができるようになりました。

170　第2部 プログラムの開発を体験しよう

第9章 「新しい問題を自動で作成する」を作る

自分で作成したプログラムに決まった問題を出してもらっていても、なかなかゲーム気分は盛り上がらないですよね。ぼちぼち、プログラムに問題を出してもらってゲームとして楽しめるようにしたいところです。

9.1 プログラムが問題を作るための準備

プログラムに問題を出してもらうには、プログラムの中に今まで使っていない方法を取り入れる必要があります。まず、その新しい方法が使えるように準備しましょう。

9.1.1 問題を自動で作成する作業を作業リストに追加する

問題を自動で作成する作業には手間がかかりそうなので、あらかじめ作業リストに追加しておきます。

※ 色当てゲームのプログラムの作業リスト（一部）

（略）

- ✓ プログラムは、新しいゲームを開始すると、問題を作成して、プレーヤーに予想の入力を促す
- ☐ プログラムは、ゲームごとに新しい問題を自動で作成する
- ☐ プログラムは、問題を出すとき玉を1色につき1個しか使えない
- ✓ プレーヤーは、問題を予想し、予想（トライアル）を繰り返す

（略）

9.1.2 問題を自動で作るには乱数を使う

問題を自動で作るには、どんなことを考えればよいのでしょうか。この色当てゲームに使える色は6色で、わたしたちのプログラムでは「`'R'`、`'G'`、`'B'`、`'Y'`、`'M'`、`'C'`」という文字で表すことにしています。その中から、どれを選んだのかわからないように玉を選ぶ処理が必要です。もしこれが誰かに頼んでやってもらう仕事なら、その人に好きな玉を選んでもらい、それを憶えさせるようなものと考えてもよいでしょう。たとえばサイコロを振って決めてもらうとよいかもしれません。

同じようなことをプログラムにやらせたい場合には「乱数」を使います。乱数とは、次に何が出るかわからないような値を得る方法です。

171

第9章 「新しい問題を自動で作成する」を作る

　乱数にも何通りも種類があります。よく使われる乱数は、関数を呼び出したとき得られる数値が、それまでに返していた数値とは関係なく、一定の範囲の中から偏りなく得られるようになっています。このような乱数を「一様乱数」といいます。

　実は、プログラムでほんとうに一様な乱数を得るのは、人がサイコロを振るように簡単ではなく、かなり骨の折れる仕事なのです。そこで、通常は、だいたい一様とみなせるもので代替します。このような乱数は「疑似乱数」と呼ばれています。

　乱数を自分で用意するのは大変なので、C言語の標準ライブラリにあるrand関数を使うことにしましょう。

　rand関数は次のように使います。途中にsrandという関数も登場していますが、この関数を使う理由はあとで説明します。

　新しいプロジェクトを作って実験してみましょう。「**1.9.1 サンプルプロジェクトを作成する**」を参考にrandom_testプロジェクトを作り、random_test.cを次のように編集しましょう。

random_test.c　rand関数の使用例

```
#include <stdio.h>
#include <stdlib.h>        ❶
#include <time.h>          ❷

int main(void){
  int i;
  srand((unsigned)time(NULL));      ❸
  for(i=0; i<10; i++){
    printf("%d\n",rand());      ❹
  }
  return EXIT_SUCCESS;
}
```

❶ RAND_MAXはstdlib.hに定義されている
❷ 乱数の初期化に現在の時刻を得るtime関数を使うためにtime.hをインクルードした
❸ 疑似乱数をばらつかせるために、乱数を初期化するsrand関数に現在の時刻を与えている
❹ 乱数をひとつ得て、10進数として表示する（を10回繰り返した）

　time関数は、1970年1月1日の00:00:00から現在までの経過時間を秒単位で返す関数です。

　rand関数とRAND_MAXはstdlib.hに定義されています。rand関数は、0からRAND_MAXまでの範囲の任意の値を返します。このようにrand関数は負の値を扱わないので、返り値の型は「符号なし整数」を表すunsigned int型になっています。

プログラムが問題を作るための準備

（intを省略してunsignedと表すこともあります）。srand関数の引数も同様です。

　RAND_MAXの値を調べてみましょう。64ビットWindowsやMacでは0x7FFFFFFFでした。この0xで始まる表記は16進数の数値を表しています。これを10進数に直すと2147483647になります。つまり、rand関数は0から2147483647までの間の整数からひとつの値を返す関数ということになります。ただし、このrand関数は、何度実行しても同じ初期値から得られる乱数の列はいつも同じ数字の列になります。その問題を回避するためにsrand関数が用意されています。srand関数は、乱数の作成に使う初期値を与え、作成する乱数の列を変える働きがあります。この初期値のことを「乱数の種」と呼んだりします。初期値が同じ値にならないよう、乱数の種に現在の時刻を使うようにして、ばらつきを作っています。これがsrand関数に渡す初期値にtime関数の返す値を使っていた理由です。この関数を呼ぶ場合と呼ばない場合で、繰り返し実行した場合の結果の違いを確認してみるとよいでしょう。

　上記のサンプルをビルドして実行してみると、次のような結果になります。

10個の乱数を生成する

```
> random_test.exe enter
255442695
1485677733
1686173884
630359457
2057024335
1029107788
935035140
1956427099
1004293653
1895650044
```

　このままでは、色当てゲームで使うには都合よくありません。なぜなら、6つの値を別々の玉の色に対応づけたいからです。

9.1.3　剰余を使って問題に合う乱数に加工する

　さて、わたしたちの色当てゲームは、6種類の色を使うのですから、rand関数が返す0からRAND_MAXの間の値を、0から5の範囲の値になるように加工する必要がありますね。このようなときは「得られた値を6で割った余りによって分ける」方法がよく使われます。割り算した余りのことを「剰余」といい、C言語で剰余を求めるには、剰余演算子「%」を使います。

　新しいプロジェクトを作って実験してみましょう。「**1.9.1 サンプルプロジェクトを作成する**」を参考にmod_testプロジェクトを作り、mod_test.cを次のように編集しましょう。

173

第9章 「新しい問題を自動で作成する」を作る

mod_test.c 剰余演算子％の使用例

```c
#include <stdio.h>
#include <stdlib.h>

int main(void){
  int i = 10;
  int j = 3;
  int k = i / j;    ❶
  int l = i % j;    ❷
  printf("%d 割る %d は、%d 余り %d\n", i, j, k , l);    ❸
  return EXIT_SUCCESS;
}
```

❶ 変数iに憶えた値を変数jに憶えた値で割った商を変数kに憶えておいた
❷ 変数iに憶えた値を変数jに憶えた値で割った余りを変数lに憶えておいた
❸ 割り算の商と余りを説明する文を画面に表示した

ビルドして実行してみると、次のような結果になります。

10個の乱数を生成する

```
> mod_test.exe  enter
10 割る 3 は、3 余り 1
```

剰余演算子「%」を使うと除算の余りが得られることがわかります。

今度は、剰余演算子を使って、rand関数が返す乱数を0から5の範囲の値になるように rand_test.c を調整してみましょう。

random_test.c rand関数で 0 から 5 までの乱数を得る

```c
#include <stdio.h>
#include <stdlib.h>
#include <time.h>

int main(void){
  int i;
  srand((unsigned)time(NULL));
  for(i=0; i<10; i++){
    int j = rand() % 6;    ❶
    printf("%d\n", j);
  }
  return EXIT_SUCCESS;
}
```

❶ 乱数を6で割った余りを変数jに憶えた（0から5の間の値が得られる）

174　第2部 プログラムの開発を体験しよう

問題と予想の憶え方に配列を使う

これで、0から5までの任意の値を得る方法が確認できました。

9.2　問題と予想の憶え方に配列を使う

これまで問題と予想は1つずつ別々の変数に憶えていました。これを、配列に憶えるように変えてみましょう。処理も配列を活かしたものに変更します。

9.2.1　配列を使って問題の憶え方を変える

これまでのプログラムでは、次のように、文字型の大域変数を4つの文字のために直接書いて、問題を作る代わりにしていました。ソースコードを確認してみましょう。

color_hitting_game.c

```
39.  static char q1;        ❶
40.  static char q2;
41.  static char q3;
42.  static char q4;
43.
44.  void chg_make_question(void) {
45.    q1 = 'R';        ❷
46.    q2 = 'G';
47.    q3 = 'B';
48.    q4 = 'Y';
49.    puts("コンピュータが問題を出しました。");
50.  }
```

❶ 問題の4つの文字を憶えておくために4つの文字型の大域変数を使っていた
❷ 問題の4つの文字それぞれについて、個別に問題を憶える処理を書いていた

このまま使い続けることもできるのですが、いちいち4つの変数を個別に扱うのは、少し煩わしいですね。どうにかまとめて扱える方法が欲しいところです。特にそれぞれの変数に対して同じ処理を繰り返す場合には、いちいち同じ処理を繰り返し並べて書くことになり、for文のような繰り返し処理が使えないという不便さがあります。このあと問題をプログラムに作らせると、乱数を繰り返し使ったり、同じ色の玉があるかどうかを調べたりします。このときも問題の4つの変数をいちいち並べ立てるのは不便でしょう。関数の引数に問題のデータを渡したいときも、並べ立てるよりはまとまっていた方が都合がよいでしょう。

これまでのように文字型の値をひとつ憶えておく変数をいくつも使う代わりに、文字型の値を4つまとめて憶えておく変数があったらどうでしょうか。個々の変数に対して処理を書くのではなく、まとめられたひとつの変数の何番目という書き方ができるようになりそうです。繰り返し処理には、こちらの方が向いていそうな気がしませんか。そんなときのために、C言語には、まとめて格納できる変数として「配列」があ

175

第9章 「新しい問題を自動で作成する」を作る

ります。ここで使うのは文字型の値を憶えておく変数の集まった配列なので、「文字
型配列」「文字型の配列」などと呼びます。配列の要素数のことは「配列の大きさ」「配
列の長さ」と呼んでいます。

　まず、これまでの決まった問題を出す方法のまま、39行目以下の問題を出している
部分を配列に置き換えてみましょう。問題をまとめて憶えておくための文字型配列の
変数名を qx とすると、次のようになります。

color_hitting_game.c

```
39.  static char qx[4];    ❶
40.
41.  void chg_make_question(void) {
42.    qx[0] = 'R';    ❷
43.    qx[1] = 'G';
44.    qx[2] = 'B';
45.    qx[3] = 'Y';
46.    puts("コンピュータが問題を出しました。");
47.  }
```

❶ 問題の4つの文字を憶えておくために、文字型の配列の大域変数を使った
❷ 文字型の配列の最初の要素（0番目）に最初の玉の色を憶えさせた

　文字型の変数を使ったときと異なるのは、**char qx[4]** のように、変数名のあとに
[4] のように「[」と「]」（大括弧、ブラケット）を使った書き方をしていることでしょ
うか。これは、配列 qx には要素が4つあることを表しています。このとき、「配列 qx
の大きさは4」あるいは「配列 qx の長さは4」といいます。

　次に異なるのは、「**qx[0] = 'R';**」のように変数に値を憶えるところですね。この
配列は文字型の値を複数憶えておくことができるので、変数のどの場所に値を憶える
のか指定するためです。要素の位置を表すこの表記を「配列の添字（そえじ）」といい
ます。すでに気づいているでしょうが、配列の添字番号は「1」ではなく「0」から始ま
ります。配列の長さが4のときは、添字は「0」から「3」ということになります。これ
は、何番目の要素なのかではなく「先頭の要素からいくつ離れている要素なのか（先
頭からのオフセット）」を表していると考えるとわかりやすいでしょう。たとえば、先
頭から数えて3個目の要素は、先頭から2個分離れていますので、「qx[2]」と表します。

　実は、配列の添字を使って配列の中の要素の位置を計算するとき、添字は0から始め
た方が都合がよいのです。いまはピンとこないかもしれませんが、配列を使っている
うちにわかってきますので、いまはC言語の設計者たちの考えに従っておきましょう。

　ところで、この修正で使った配列の大きさ「4」は、問題と予想で使える玉の数と同
じですね。プログラムの中で数字になってしまうと、意味がわからなくなってしまい
ますので、名前をつけた値を使いましょう。すでに問題の玉の数には、プリプロセッ

176　第2部 プログラムの開発を体験しよう

サ命令の#defineを使ってQSIZEという名前をつけてありました。ここで使う配列の大きさの指定にもこのマクロ名を使いましょう。以下のように変更します。

color_hitting_game.c

```
39.  static char qx[QSIZE];     ❶
```

❶ #define命令を使って問題の玉の数につけていたQSIZEというマクロ名を使って配列の大きさを定義した

配列の大きさを省略できるとき

　配列を定義するときにあらかじめ初期値が決まっているならば、その初期値を使った「初期化リスト」で初期化する方法が使えます。初期化リストを使うとあらかじめ要素の数がわかるので、次のプログラムの例の「qx2[]」のように要素数を省いて書くこともできます。この書き方をすると、プログラムをビルドするときに、初期値の数を調べて配列の大きさを求めてくれます。つまり、初期化する配列の要素数が増えたり減ったりしても、その都度配列の要素数を調整しなくてもよくなります。

配列を定義するときに初期値を与える例

```
static char qx2[] = { 'R', 'G', 'B', 'Y'  };     ❶
```

❶ 初期化する場合に要素数を省略すると、要素の数に合わせて配列の要素数が自動で決まる

　配列の長さと初期値の数が異なる場合や、配列の特定の要素だけを初期化したい場合には、定義する配列の要素数は省略できません。

　問題を配列に憶えておくよう変更したので、プログラムの他の部分も、これに合わせて修正します。

color_hitting_game.c

```
49.  int chg_play_turn(void) {
50.    int matched = 0;
51.
52.    char t1 = get_trial_char();
53.    char t2 = get_trial_char();
54.    char t3 = get_trial_char();
55.    char t4 = get_trial_char();
56.    discard_inputs();
57.
58.    putchar(t1);
59.    putchar(t2);
60.    putchar(t3);
61.    putchar(t4);
```

第9章 「新しい問題を自動で作成する」を作る

```
62.
63.    if (qx[0] == t1) { matched += 1; }      ❶
64.    if (qx[1] == t2) { matched += 1; }
65.    if (qx[2] == t3) { matched += 1; }
66.    if (qx[3] == t4) { matched += 1; }
67.
68.    return matched;
69.  }
```

❶ 問題と予想を比較しているところについて、問題は配列の要素を参照するように
修正した

ここまで修正が済んだら、一度ビルドして実行してみましょう。
ビルドしてエラーが出たら、文字型変数から配列に変数名を変更した場所や、配列
の要素を表す「[」と「]」やその周囲を見直してみましょう。

9.2.2　配列を使って予想の憶え方を変える

問題を憶えるところを修正したプログラムを眺めてみると、プレーヤーの予想の方
も配列に変更したくなりますね。では、これもやってみましょう。

color_hitting_game.c

```
49.  int chg_play_turn(void) {
50.    int matched = 0;
51.
52.    char tx[QSIZE];             ❶
53.    tx[0] = get_trial_char();      ❷ ❸
54.    tx[1] = get_trial_char();
55.    tx[2] = get_trial_char();
56.    tx[3] = get_trial_char();
57.    discard_inputs();
58.
59.    putchar(tx[0]);             ❹
60.    putchar(tx[1]);
61.    putchar(tx[2]);
62.    putchar(tx[3]);
63.
64.    if (qx[0] == tx[0]) { matched += 1; }      ❺
65.    if (qx[1] == tx[1]) { matched += 1; }
66.    if (qx[2] == tx[2]) { matched += 1; }
67.    if (qx[3] == tx[3]) { matched += 1; }
68.
69.    return matched;
70.  }
```

178　第2部 プログラムの開発を体験しよう

❶ 予想を憶える変数を、文字型の配列変数に変更した（大きさの指定が QSIZE になっていることに注意）
❷ 変数 t1 を定義するのをやめて、前の行に定義した tx を使うようにした
❸ 文字型の配列の最初の要素（0番目）に最初の予想の文字入力を憶えさせた
❹ 予想を憶えた文字型の配列の最初の要素（0番目）を表示した
❺ 問題と予想の文字型の配列の最初の要素（0番目）同士を比較し、結果を matched に反映した

ここまで修正が済んだら、もう一度ビルドして実行しておきましょう。

9.2.3 配列と繰り返しを活かして処理を書き直す

いま修正した chg_play_turn 関数の中には、同じような処理を繰り返しているところがありますね。問題と予想を配列に憶えることにしたので、これらの処理は for 文を使った繰り返し処理で書き直せるようになりました。53行目以下を実際に書き直してみましょう。

color_hitting_game.c

```c
49. int chg_play_turn(void) {
50.   int matched = 0;
51.
52.   char tx[QSIZE];
53.   for(int i = 0; i < QSIZE; i++) {      ❶
54.     tx[i] = get_trial_char();     ❷
55.   }
56.   discard_inputs();
57.
58.   for(int i = 0; i < QSIZE; i++) {
59.     putchar(tx[i]);        ❸
60.   }
61.
62.   for(int i = 0; i < QSIZE; i++) {
63.     if (qx[i] == tx[i]) {
64.       matched += 1;       ❹
65.     }
66.   }
67.
68.   return matched;
69. }
```

❶ 配列の要素の0番目から QSIZE より小さい間（4なので整数なら3まで）繰り返す
❷ 予想の入力を、文字型の配列 tx の i 番目に憶える
❸ 文字型の配列 tx の i 番目の要素を表示する
❹ 問題の配列 qx の i 番目と予想の配列 tx の i 番目を比較した結果を matched に反

第9章 「新しい問題を自動で作成する」を作る

映した

ここまで修正が済んだら、もう一度ビルドして実行しておきましょう。

問題と予想を配列に憶えることで、変数の数が減りました。また、配列にしたことでプログラムの中で羅列していた処理を for 文を使って繰り返し処理で表すことができるようになりました。

9.3　色の重複がある問題を作る

ゲームで使える乱数を使ったり、問題や予想を配列変数に憶えられるようになったりしたので、これらを使ってプログラムに問題を出してもらえるようにしましょう。

最初は、問題の中の玉の色に重複があってもよいので、4つの乱数を使って問題を出せるようにしてみましょう。そのような段階であっても、色の重複がある問題を出すゲームとしてなら遊べるようになるはずです。そのあとで、色の重複がないように変更しましょう。

9.3.1　問題に使う乱数を準備する

乱数を使う準備を最初に済ませましょう。

まず、「乱数の種」に使う時刻を得る **time** 関数を使うために、ヘッダーファイル **time.h** をインクルードします。

color_hitting_game.c

```
11.  #include <stdio.h>
12.  #include <stdlib.h>
13.  #include <time.h>        ❶
```

❶ 「乱数の種」に使う時刻を得る **time** 関数を使うためにインクルードした

そして、ゲームの開始時に **srand** 関数を呼び出して、現在の時刻を「乱数の種」にして初期化しておきます。

color_hitting_game.c

```
90.  void color_hitting_game(void) {
91.    int player_win = 0;
92.
93.    srand((unsigned)time(NULL));      ❶
94.    chg_display_title();
95.    chg_make_question();
```

180　第2部 プログラムの開発を体験しよう

色の重複がある問題を作る

❶ 「乱数の種」に time 関数の返す時刻の値を使って乱数を初期化した

　これで、ゲームを実行するたびに異なる種を使うことになり、毎回異なる乱数の列が得られるようになりました。

9.3.2　乱数と色を対応づける

　rand 関数から得た乱数は数値です（さらに剰余をとって 0 から 5 までの整数にしたものですね）。色当てゲームでは、この数値を玉の色に対応づける必要があります。対応づけした結果は、問題の配列の要素として憶えさせておくことにしましょう。

　まず、問題を出すときは、玉を QSIZE 分（4つ）憶えさせるので、繰り返し処理を使って QSIZE 回、乱数を取得すればよいでしょう。処理の概略は次のようになるでしょう。色数を憶えていた変数も、const 修飾子を使って名前のついた定数にしておきました。

乱数と色の対応づけの繰り返し処理部分

```
static const int num_of_colors = 6;        ❶

void chg_make_question(void) {
  for(int i = 0; i < QSIZE; i++){           ❷
    int qn = rand() % num_of_colors;        ❸
    // ここでqnに対応する色を問題の配列の要素に憶えさせる
  }
}
```

❶ 問題に使える色数を名前のついた定数とした
❷ 問題に使う QSIZE 個の玉の色を得るために繰り返す
❸ 乱数を色数で割った余りを qn とする

　では、それぞれの色乱数から作った 0 から 5 の値を、色を表す文字に直す方法はどうしたらよいでしょうか。たとえば、if文による条件分岐を使うと次のようになるでしょう。

if文を使った乱数と色の対応づけの繰り返し処理部分

```
for(int i = 0; i < QSIZE; i++){
  int qn = rand() % num_of_colors;
  if(qn == 0) { qx[i] = 'R'; }              ❶
  else if(qn == 1) { qx[i] = 'G'; }
  else if(qn == 2) { qx[i] = 'B'; }
  else if(qn == 3) { qx[i] = 'Y'; }
  else if(qn == 4) { qx[i] = 'M'; }
  else if(qn == 5) { qx[i] = 'C'; }
```

181

第9章 「新しい問題を自動で作成する」を作る

```
      }
   }
```

❶ 変数qnが0のとき、qx[i]は'R'になる、そうでないときはelse節以降へ進む

　if文は、次のような構造をしていて、条件判断をして真（条件が成り立っている）か偽（成り立っていない）かで2つの処理に分岐するために使います。C言語では、条件式の部分に書かれた式の計算結果が、整数値の0になっていたら偽、0でない値ならば真と判断します。この判断の方法を「ゼロ、非ゼロ（ゼロは偽、非ゼロは真）」という言い方で区別している人も多いです。

if文の基本的な構造

```
if(条件式) {
   /* 条件式が成り立っているときの処理 */
} else {
   /* 条件式が成り立っていないときの処理 */
}

/* 複数の条件判断を続けて処理したいとき */
if(条件式1) {
   /* ... */
else if(条件式2) {
   /* ... */
else {
   /* ... */
}
```

　今回の対応づけは、どの整数値のときはどうするかという単純な比較が続くので、if文の条件分岐を使うとちょっと冗長な印象になりますよね。C言語には、このようなとき使える条件分岐として「switch文」があります。switch文を使うと、前のif文と同じ部分は次のように書けるでしょう。

switch文を使った乱数と色の対応づけの繰り返し処理部分

```
   for(int i = 0; i < QSIZE; i++){
      int qn = rand() % num_of_colors;
      switch(qn) {           ❶
      case 0: qx[i] = 'R'; break;     ❷ ❸
      case 1: qx[i] = 'G'; break;
      case 2: qx[i] = 'B'; break;
      case 3: qx[i] = 'Y'; break;
      case 4: qx[i] = 'M'; break;
      case 5: qx[i] = 'C'; break;
      }     ❹
   }
```

182　第2部 プログラムの開発を体験しよう

❶ 変数qnに入っている値を使って分岐処理を始める
❷ qnが0のときはcase 0:というラベルのある場所へジャンプする
❸ qxのi番目の要素を'R'にし、break文でswitch文の処理を抜ける
❹ switch文の処理を抜けるときにくる場所

　switch文は次のような構造をしています。if文が真偽を調べるのと異なり、整数値（や整数値になる式）がいくつなのかに応じて処理を分岐するために使います。**switch**のあとにつづく引数に渡された整数値を調べて、該当する「caseラベル」のある場所へ分岐します。caseラベルから続く処理の中に「break文」があれば、そこでswitch文を抜けます。break文がないと、その下にある次のcaseラベルの処理へと続きます。このしくみによって、複数の値とひとつの処理を対応づけられます。ただし、必要なbreak文を忘れてしまうと、想定しない結果を招くことにもなります。

switch文の基本的な構造

```
switch（整数値または式） {
case 値1:
  /* 値1 のときの処理 */
  break;
case 値2:
case 値3:
  /* 値2と値3 のときの処理 */
  /* break文がないので、下の値4の処理へ進む */
case 値4:
  /* 値4 のときの処理 */
  break;
default:
  /* どのcaseラベルにも当てはまらないときの処理 */
  break;
}
```

9.3.3　問題を作るためのデータと処理を分離する

　問題の作り方として、別の方法も考えてみましょう。たとえば、次のようなアイディアはどうでしょうか。

1. あらかじめ6色分の色の文字を憶えている文字型の配列を「問題の種」として用意しておく
2. 乱数から得られた値（0から5のはず）を、問題の種の配列の添字に使って文字を得る
3. その文字を問題の文字に使う

　このアイディアを図にすると次のようになるでしょう。

第9章 「新しい問題を自動で作成する」を作る

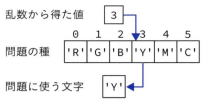

図9.1 乱数を添字として「問題の種」から文字を得るアイディア

この図に描いたアイディアに従ってプログラムのソースコードを書いてみると、次のようになりました。

「問題の種」を用意して、データと処理を分離する

```
static const char qseeds[] = {'R','G','B','Y','M','C'};   ❶
static const int num_of_colors = sizeof(qseeds)/ sizeof(qseeds[0]);
                                                           ❷
void chg_make_question(void) {
  for(int i = 0; i < QSIZE; i++){
    int qn = rand() % num_of_colors;
    qx[i] = qseeds[qn];   ❸❹
    }
  }
```

❶ 問題の種を憶えている文字型配列を用意した
❷ 問題の種の配列の要素数を求めて、それを色の数として憶えた（1行が長いので「=」のところで行を折り返している）
❸ 乱数から得た変数qnの値（0から5）を問題の種の配列の添字にして文字を得る
❹ 得た文字を問題のi番目の文字として憶える

　まず、変数 num_of_colors の値の求め方がこれまでとは変わっているので、説明しておきましょう。このアイディアでは、文字型の配列である「問題の種」を使います。もし、この配列の要素の数が求められれば、別に要素の数を憶えておく必要はなくなりますよね。そこで、「sizeof演算子」を使って配列の要素数を求めています。sizeof演算子は、引数に int や char などデータの「型」を渡すと、そのデータ型の使用する領域の大きさを返します。また、引数に変数名や定数名を渡すと、その変数名が使っている領域の大きさを返します。ここでは、sizeof(qseeds) で配列 qseeds の領域全体の大きさを求めています。その後にある sizeof(qseeds[0]) では、この配列の最初の要素を使って、要素1個分の領域の大きさを求めています。そして、sizeof(qseeds) / sizeof(qseeds[0]); では、配列全体の大きさを要素1個分の大きさで割って、この配列の要素数、つまりこの配列の中に含まれている色の数を求めています。このような書き方にしておけば、使う色の数が変わっても num_of_colors はその数をちゃんと計算して憶えていてくれます。

色の重複がある問題を作る

この「問題の種」から文字を得るアイディアは、それまでのアイディアとはどんなところが違っているのでしょうか。if文やswitch文を使う方法では、プログラムの条件部分に「どのような文字を使うか」が具体的に書いてありました。つまり、この方法は、処理とその判断に使うデータが一体になっています。ぱっと見てわかりやすいのがよいところですね。その代わり、たとえば使う色を変えたり、使う色の数を変えたりしたら、判断をしている処理はすべて修正することになります（プログラムによってはたくさんのファイルのあちこちを直すことになるでしょう）。それに対して「問題の種」から文字を得るアイディアは、問題の種というデータと、それを使った処理が分けられています。関数の中の処理を見てください。「問題の種」の場所は知る必要がありますが、そこにどんな種類のデータがいくつ含まれているのかという情報は使っていないことがわかります。この書き方をしていれば、問題で使う色や数を変えても「問題の種」のデータを直すだけで、関数の中の処理は変更する必要がありません。このような考え方は「データと処理の分離」とか「データに依存しない処理」と呼ばれています。

この説明だけでは、まだデータと処理を分離することにどんな旨味があるのかピンと来ないかもしれません。このあとのプログラムの中でも問題の種を使うことになるので、作業が進めばもう少し実感できるようになるでしょう。

配列の添字が0から始まると便利

少し前に、配列を初めて使うときに、添字は0から始まるという説明をしました。上のアイディアの中にも、0から始まった方が便利な事情が含まれています。

この問題を作るときのように剰余（割り算の余り）を使う場合、余りがないときも含めると取り得る値の範囲は0からになりますよね。しかも、6で割ったら余りの最大値は5です。要素数（配列の大きさ）が6の配列の添字と、6で割った余りの値の範囲が一致しているのがわかります。

添字が0から始まると、使うときにいちいち値のズレを調整する必要がなく、間違いにくくもなります。便利ですね。

9.3.4　新しい問題を自動で作成する

これまでの検討で、プログラムで問題を作成する方法がわかってきました。ここでは、最後に考えた「データと処理の分離」を活かした「問題の種」から文字を得るアイディアを採用したいと思います。

それでは、プログラムに問題を出してもらえるように、`chg_make_question`関数の周辺のソースコードを修正しましょう。

第9章 「新しい問題を自動で作成する」を作る

color_hitting_game.c

```
40. static char qx[QSIZE];
41. static const char qseeds[] = { 'R', 'G', 'B', 'Y', 'M', 'C' };
42. static const int num_of_colors = sizeof(qseeds)/ sizeof(qseeds[0]);
43.
44. void chg_make_question(void) {
45.   for (int i = 0; i < QSIZE; i++) {
46.     int qn = rand() % num_of_colors;
47.     qx[i] = qseeds[qn];
48.   }
49.
50.   puts("コンピュータが問題を出しました。");
51.
52.   /* 動作確認のためにしばらくは問題を表示する */
53.   for (int i = 0; i < QSIZE; i++) {        ❶
54.     putchar(qx[i]);
55.   }
56.   putchar('\n');
57. }
```

❶ 期待通り問題を出せているかテストするために、しばらく問題を表示しておく

ここまで修正が済んだら、もう一度ビルドして実行しておきましょう。

何度か実行してみて、毎回異なる問題が作成されていることを確認しておきましょう。問題を試すたびに、いちいち予想を入力していると大変ですから、「Ctrl-C（コントロールキーとCキーを同時に押す）」でプログラムの動作を中断して、繰り返し実行してみるとよいでしょう。

毎回異なる問題を作成しているか確認する

```
> color_hitting_game.exe enter
【色当てゲーム】
ゲームをはじめてください。
コンピュータが問題を出しました。
RRYY
予想を入力してください。1 回目
^C   ❶

> color_hitting_game.exe enter
【色当てゲーム】
ゲームをはじめてください。
コンピュータが問題を出しました。
YMGG
予想を入力してください。1 回目
^C   ❶
```

186　第2部 プログラムの開発を体験しよう

色の重複がある問題を作る

```
> color_hitting_game.exe enter
【色当てゲーム】
ゲームをはじめてください。
コンピュータが問題を出しました。
RRYM
予想を入力してください。1 回目
^C     ❶
```

❶ 「Ctrl-C（コントロールキーと C キーを同時に押す）」で処理を中断した

　プログラムが毎回異なる問題を作成していることが確認できたでしょうか。プログラムが問題を作ってくれるようになると、ゲームらしくなってきたし、楽しめるようにもなってきますね。

9.3.5　予想の入力チェックを見直す

　問題を作る処理と同じように色を扱っている関数が他にもありましたね。プレーヤーの予想の入力内容をチェックする **get_trial_char** 関数です。この関数は、いま次のようになっています。プログラムを見てみましょう。

color_hitting_game.c

```
17. char get_trial_char(void) {
18.   char ch;
19.   for (;;) {
20.     ch = getchar();
21.     if (ch == 'R' || ch == 'G' || ch == 'B'          ❶
22.       || ch == 'Y' || ch == 'M' || ch == 'C') {       ❶
23.       return ch;
24.     }
25.   }
26.   return ch;
27. }
```

❶ 入力した文字が赤、緑、……かどうかを調べている

　関数の中を見てみると、「**if (ch == 'R'**」のところで「入力した文字が **'R'** か……」などと入力された文字をチェックしています。論理和演算子を使ってそれぞれの条件で「どんな文字が使われているのか」を調べています。つまり、この関数の中でも使える色が何かという知識を使っている（この関数は使う色を知っている）ということになります。このような作りになっていると、使う色が変わるたびにこの関数も忘れずに修正しないと不整合が起きます。

　もう少し踏み込んでみましょう。調べている作業の中の「入力した文字が **'R'** か……」という処理ですが、これは「入力した文字は予想の入力に利用できる文字か」とい

187

第9章 「新しい問題を自動で作成する」を作る

うのは少し意味が違うのがわかるでしょうか。「入力した文字が `'R'` か……」という段階で「その文字が赤かどうか」ということを調べています。このとき「入力に使える文字かどうか」という意味合いは失われています。頭のなかで「`'R'` は入力に使える文字……」と「その文字が赤かどうか」とが紐づけられている人だけが、この意味がわかるのです。

　では、「入力に使える文字」と比較するとはどういうことでしょうか。そのためには、名前のついていない文字 `'R'` と比較するのではなく「入力に使える文字とわかる名前がついたデータ」と比較できればよいのではないでしょうか。このゲームで入力に使える文字とわかる名前がついたデータはなんでしょう。入力に使えるのは問題に使える文字と同じですから「問題の種」が使えそうですよね。ということは、入力文字をチェックする処理を「問題の種に使われているのと同じ文字かどうか調べる」と書き換えればよさそうです。

　この考えに従って、プログラムのソースコードを修正してみましょう。問題の種の配列を使いますので、この修正のためには、その定義は `get_trial_char` 関数よりも前に書いてある必要があります。そこで、40〜43行目にある問題の種の配列をこの関数の前に移動しましょう。ついでに、問題の配列やその大きさなど、プログラム全体で使いそうな定義をまとめて前の方へ移動しておきましょう。

color_hitting_game.c

```
15.  #define QSIZE 4
16.  static char qx[QSIZE];                                          ❶
17.
18.  static const char qseeds[] = { 'R', 'G', 'B', 'Y', 'M', 'C' };  ❶
19.  static const int num_of_colors = sizeof(qseeds)/ sizeof(qseeds[0]);
20.                                                                  ❶
21.
22.  char get_trial_char(void) {
23.  /* 略 */
```

❶ 問題を憶えておく配列の定義、問題の種とその数の定義を、`get_trial_char` 関数の定義よりも前に移動した

　次に、関数の中を見直しましょう。入力した文字を個別の文字と比較しているところを、配列 **qseeds** の要素ひとつひとつと比較すればよいですね。

入力した文字を問題の種と比較する (1)

```
if (ch == qseeds[0] || ch == qseeds[1] || ch == qseeds[2]    ❶
    || ch == qseeds[3] || ch == qseeds[4] || ch == qseeds[5]) { ❶
    return ch;
}
```

❶ 入力した文字を問題の種のひとつずつと比較して、いずれかと一致していればそ

188　第2部 プログラムの開発を体験しよう

色の重複がある問題を作る

の文字を返す

これでもよいですが、なんとなく冗長な印象です。それに、似た表記が多いので、添字の番号を間違えるかもしれません。配列 **qseeds** の0番目、1番目……と順番に比較すればよいのですから、繰り返し処理を使いたくなりますね。for文を使って書き直してみましょう。

入力した文字を問題の種と比較する（2）

```
for(int i=0; i < num_of_colors; i++) {     ❶
  if (ch == qseeds[i]) {
    return ch;
  }
}
```

❶ 入力した文字を問題の種のすべての文字と比較して、一致している文字があればその文字を返す

こうしておけば、予想入力のチェックに問題と同じデータを使うことがプログラムからもわかるようになりますね。また、問題に使う文字が変わっても、その数が変わっても、この関数は修正しなくて済みます。

それでは、この方法を使って、プログラムの25〜28行目のソースコードを修正しましょう。

color_hitting_game.c

```
15. #define QSIZE 4
16. static char qx[QSIZE];
17.
18. static const char qseeds[] = { 'R', 'G', 'B', 'Y', 'M', 'C' };
19. static const int num_of_colors = sizeof(qseeds)/ sizeof(qseeds[0]);
20.
21. char get_trial_char(void) {
22.   char ch;
23.   for (;;) {
24.     ch = getchar();
25.     for (int i = 0; i < num_of_colors; i++) {
26.       if (ch == qseeds[i]) {
27.         return ch;
28.       }
29.     }
30.   }
31.   return ch;
32. }
```

ここまで修正が済んだら、ビルドして実行しましょう。問題も自動で作成され、予

189

第9章 「新しい問題を自動で作成する」を作る

想の入力もこれまでと同じようにチェックできているでしょうか。

9.4　問題を自動で作成するバージョンを確認する

最初のバージョンからかなり変更しましたので、ここまでに作成した色当てゲームのプログラムのソースコード全体を眺めてみましょう。最初のバージョンと比べてみると、処理を関数に分けて名前をつけたところが増えていて、何をしているプログラムかわかりやすくなっています。

color_hitting_game.c

```
11.  #include <stdio.h>
12.  #include <stdlib.h>
13.  #include <time.h>
14.
15.  #define QSIZE 4
16.  static char qx[QSIZE];
17.
18.  static const char qseeds[] = { 'R', 'G', 'B', 'Y', 'M', 'C' };
19.  static const int num_of_colors = sizeof(qseeds)/ sizeof(qseeds[0]);
20.
21.  char get_trial_char(void) {
22.    char ch;
23.    for (;;) {
24.      ch = getchar();
25.      for (int i = 0; i < num_of_colors; i++) {
26.        if (ch == qseeds[i]) {
27.          return ch;
28.        }
29.      }
30.    }
31.    return ch;
32.  }
33.
34.  void discard_inputs(void) {
35.    for (; getchar() != '\n';) {
36.      /* do nothing */
37.    }
38.  }
39.
40.  void chg_display_title(void) {
41.    puts(" 【色当てゲーム】 ");
42.    puts("ゲームをはじめてください。  ");
43.  }
44.
45.  void chg_make_question(void) {
46.    for (int i = 0; i < QSIZE; i++) {
```

190　第2部 プログラムの開発を体験しよう

問題を自動で作成するバージョンを確認する

```
47.      int qn = rand() % num_of_colors;
48.      qx[i] = qseeds[qn];
49.    }
50.
51.    puts("コンピュータが問題を出しました。");
52.
53.    /* 動作確認のためにしばらくは問題を表示する */
54.    for (int i = 0; i < QSIZE; i++) {
55.      putchar(qx[i]);
56.    }
57.    putchar('\n');
58.  }
59.
60.  int chg_play_turn(void) {
61.    int matched = 0;
62.
63.    char tx[QSIZE];
64.    for (int i = 0; i < QSIZE; i++) {
65.      tx[i] = get_trial_char();
66.    }
67.    discard_inputs();
68.
69.    for (int i = 0; i < QSIZE; i++) {
70.      putchar(tx[i]);
71.    }
72.
73.    for (int i = 0; i < QSIZE; i++) {
74.      if (qx[i] == tx[i]) {
75.        matched += 1;
76.      }
77.    }
78.
79.    return matched;
80.  }
81.
82.  int chg_check_result(int matched) {
83.    puts("結果");
84.    printf("%d コ合っています。\n", matched);
85.    if (matched == QSIZE) {
86.      return 1;
87.    } else {
88.      return 0;
89.    }
90.  }
91.
92.  void chg_display_win_or_lose(int player_win) {
93.    if (player_win) {
94.      puts("あなたの勝ちです。");
```

第9章 「新しい問題を自動で作成する」を作る

```c
 95.    } else {
 96.      puts("残念！出題者の勝ちです。");
 97.    }
 98.  }
 99.
100.  void color_hitting_game(void) {
101.    int player_win = 0;
102.
103.    srand((unsigned) time(NULL));
104.    chg_display_title();
105.    chg_make_question();
106.    const int max_turns = 10;
107.    for (int turn = 0; turn < max_turns; turn++) {
108.      printf("予想を入力してください。%d 回目\n", turn + 1);
109.
110.      int matched = 0;
111.      matched = chg_play_turn();
112.
113.      player_win = chg_check_result(matched);
114.      if (player_win) {
115.        break;
116.      }
117.    }
118.
119.    chg_display_win_or_lose(player_win);
120.    return;
121.  }
122.
123.  int main(void) {
124.    // setvbuf(stdout, NULL, _IONBF, 0);
125.    color_hitting_game();
126.    return EXIT_SUCCESS;
127.  }
```

9.5　まとめ

これで、ゲームごとに新しい問題を自動で作成できるようになりました。作業リストをチェックして次に進みましょう。

▨ 色当てゲームのプログラムの作業リスト（一部）

（略）

✓ プログラムは、新しいゲームを開始すると、問題を作成して、プレーヤーに予想の入力を促す

✓ プログラムは、ゲームごとに新しい問題を自動で作成する

192　第2部 プログラムの開発を体験しよう

まとめ

- ❏ プログラムは、問題を出すとき玉を1色につき1個しか使えない
- ✓ プレーヤーは、問題を予想し、予想（トライアル）を繰り返す

（略）

9

第10章 「問題を出すとき玉を1色につき 1個しか使えない」を作る

この色当てゲームのルールには、プログラムが出す問題は、使える玉の色が決まっているだけではなく、玉は1色につき1個しか使えないという制限がありました。問題をプログラムに自動で作成してもらえるようになったので、次の作業には「プログラムは、問題を出すとき玉を1色につき1個しか使えない」を選びましょう。

10.1 色の重複を調べる

これまでに作ったプログラムでは、色の重複を許す問題を出していました。この場合、前に選んだ玉の色にかかわらず、6色の中から好きな色を選べました。今度は前に選んだ玉と重複しているかどうか調べなくてはなりません。そこで、先に重複の調べ方から考えてみましょう。

10.1.1 色の重複の調べ方を考える

問題の玉の色の重複をチェックするには、どんな方法があるでしょうか。思いつく方法をいくつか挙げてみましょう。

1. 問題の色をひとつ決めるとき、次の色がこれまでに選んだ前の色と同じだったら新しい色を選び直す
2. まず問題の全部の色を決めて、その中に同じ色が含まれていたなら全体を作り直す
3. 最初の色を決めたら、次は残りの色から選ぶ。その次はすでに選んだ2色を除いた色から選ぶ

とりあえず、3つぐらい考えてみました。他にもあるかもしれませんね。同じ色にならないならばどの方法でもよいと思いますが、3つのうち、ひとつだけ他の方法とは考え方が違っているのがわかりますか。

実は、3番目の方法だけが、同じ色を選ぶことがなく、選び直したり作り直したりしない方法になっています。これは、なかなか面白そうな方法じゃないでしょうか。その代わり作るときにはちょっと工夫がいる感じがしますね。どんな風に処理したらよいか考えてみましょう。

1. 乱数を使って、0から5までの中からひとつの値を選ぶことで色をひとつ決める
2. 残りの5色から1色を選ぶことになるので、0から4までの乱数を使う
    — 問題の種を、元の6色から使った1色を抜いた5色にしておいて、そこから選ぶ

194　第2部 プログラムの開発を体験しよう

色の重複を調べる

3. 残りの4色から1色を選ぶのに、0から3までの乱数を使う
— 問題の種は、さっき減らした5色から更に1色減らして4色にしておき、そこから選ぶ

　求める乱数の範囲は、1回毎に1ずつ減らしていけばよさそうです。繰り返しの部分だけをプログラムに直してみましょう。

繰り返しながら乱数の範囲を1ずつ減らす

```
for (int i = 0, int len = qseeds_size; i < QSIZE; i++, len--) { ❶ ❷
    /* i は問題の配列の添字             0, 1, 2, 3 */
    /* len は種を調べる配列の長さ（範囲）  6, 5, 4, 3 */
    qx[i] = /* i番目のために選んだ文字 */
}
```

❶ 整数変数 i は、0 から QSIZE（実際は4）まで1ずつ増える
❷ 整数変数 len は、問題の種の長さから1ずつ減る

　少し for 文が複雑になりましたので、説明しましょう。for 文の引数は、; で区切られた3つの部分からできているのでしたね。この for 文の初期化の部分では、int i = 0, int len = qseeds_size と2つの文をカンマで区切って並べています。ひとつ目は問題の配列添字の0番目から始めることを表し、2つ目は種から値を得る選択肢の数 len を問題の種の数から始めることを表していますね。真ん中の繰り返し条件の部分は、i < QSIZE となっていますので、問題の長さより小さい間（0からですから問題の長さ分）繰り返します。最後の変化式の部分は、繰り返す間に変化させたい変数とその変化の度合いを書きます。この for 文では、i++, len-- となっていますので、for 文のブロックを処理した後で、i を1増やし、len を1減らします。

　i++ はインクリメント演算子を使って変数 i が憶えている値を1ずつ増やしていますね。その後に続く len-- はその逆で、変数 len が憶えている値を1ずつ減らします。同じ処理は、len = len - 1 のように書くこともできます。「=」は代入の意味でしたね。この場合「len - 1 を計算した結果を新しい len にする」という意味になります。これと同じことを C 言語では len-- のように書くことができるのです。この「--」のことを「デクリメント演算子」と呼びます。プログラムの中では、1減らす、ひとつ分戻るといったことはよくやる操作ですので、便利な演算子ですね。

10.1.2　色の重複を調べる方法を実験する

　問題を作るための繰り返し処理の作り方はわかりました。次に考えるのは、使った色は省いて、残りの色が入っている配列から選ぶというところです。この「使った色を省く」というところが、ちょっと難しいですね。どうしたらよいでしょうか。たとえば、次のようなことが考えられそうではないですか。

195

第10章 「問題を出すとき玉を1色につき1個しか使えない」を作る

- すでに選んだ色かどうか調べて、別の色を選ぶ
- すでに選んだ色を省いた配列を作って、それを使う

　ひとつ目の別の色を選ぶ方法は、わかりやすいようですが、その代わりどの色が選ばれたのか憶えておいたり、調べたりしないとできません。2つ目の方法では、1文字選ぶごとに新しい配列を作らなければなりません。どちらもあまり効率がよさそうな感じはしませんね……。

　うーん……、あぁ！こんな方法はどうでしょうか。

　新しく配列を作る代わりに、使っている配列の要素を変更して調整するのです。選んだ色を取り除く代わりに、選んだ色を憶えている配列の要素を、別の色で置き換えるのです。置き換える色は、候補に残っている範囲の中で最後の要素にします。この要素は、何もしないと変数 len の値が1減るときに候補の範囲を外れてしまいます。そこで、取り除きたい色を憶えている場所を、この候補に残っている色で置き換えてしまうのです。そうすれば、変数 len の値が1減ったとき、添字が0から len の値の範囲の配列の要素には、まだ使っていない色だけが含まれるようになります。

　まだわかりにくいかもしれませんね。どのように配列の要素を操作して色を選ぶ範囲を狭めていくのか、図に表してみました。図を見ながら考えを整理してみてください。説明が少し長いかもしれませんが、1段階ずつ、ゆっくり順番に見ていけば、きっとわかると思います。

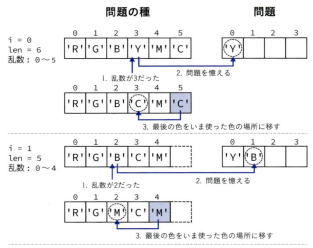

図10.1　6色から重複なくランダムに4色選ぶ方法（その1）

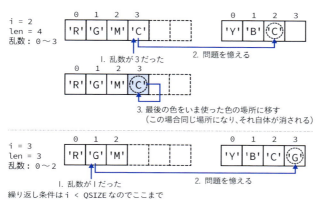

図10.2　6色から重複なくランダムに4色選ぶ方法（その2）

いかがでしょうか。この方法なら、効率よく6色から重複なくランダムに4色選ぶことができそうだと思いませんか。

10.2　色の重複のない問題を作る

なかなか面白いアイディアを思いつきました。せっかく思いついたので、この方法を使って色の重複のない問題を出せるようにしてみましょう。

10.2.1　問題の種の変更を避けたい

実は、この方法にはひとつ制約がありますが、気づいたでしょうか。この方法は「問題の種の配列を書き換えてしまっている」のです。何度もゲームを繰り返すようにしたとき、問題の種が壊れてしまっていては、次のゲームの問題を出すときに困りますね。また、予想の入力のチェックにも問題の種を使いたいかもしれません。やはり、書き換えてしまうのはあまり得策ではないようです。

さて、どうやって解決しましょうか。もし、問題を作るときに使う配列が、問題の種そのものではなく、問題の種の「複製」だったらどうでしょう。複製なら書き換えてしまっても元の問題の種に影響しませんね。

では、問題の種を複製する方法を考えてみましょう。わたしたちが今まで学んできた方法だと、for文で繰り返す処理が使えそうです。問題の種の配列の要素をひとつずつ複製したい配列の要素へ代入するわけです。

第10章 「問題を出すとき玉を1色につき1個しか使えない」を作る

問題の種を配列の要素ごとに複製する

```
static const char qseeds[] = { 'R', 'G', 'B', 'Y', 'M', 'C' };
static const int num_of_colors = sizeof(qseeds)/sizeof(qseeds[0]);

/* 略 */

  char wk_qseeds[num_of_colors];      ❶ ❷
  for (int i = 0; len < num_of_colors; i++) {    ❸
    wk_qseeds[i] = qseeds[i];      ❹
  }
```

❶ 文字型の配列を用意した（書き換える配列なのでconst修飾していない）
❷ 配列の初期値がないので、要素数としてnum_of_colorsを使って領域の大きさを指定した
❸ 配列の要素数分繰り返した
❹ 複製する配列の要素に、問題の種の同じ添字の要素を代入した

　これでうまくいきそうです。ですがこの処理、ぱっと見て配列を複製している処理だとわかるでしょうか。もちろん、処理の意味を読み解けばわかるでしょう。ですが、もっとよい方法がありましたよね。それは処理に名前をつけてわかりやすくする方法、つまり関数にすることです。

　嬉しいことに、みなさんが作らなくてもC言語の標準ライブラリが似たような関数をあらかじめ用意してくれています。memcpyという、メモリ上の連続した領域をコピーする関数です。配列もメモリ上に連続して確保された領域なので、配列の複製にもこの関数が使えます。

問題の種を複製するのにmemcpy関数を使う

```
#include <string.h>      ❶

static const char qseeds[] = { 'R', 'G', 'B', 'Y', 'M', 'C' };
static const int num_of_colors = sizeof(qseeds)/sizeof(qseeds[0]);

/* 略 */

  char wk_qseeds[num_of_colors];      ❷
  memcpy(wk_qseeds, qseeds, sizeof(qseeds));      ❸ ❹
```

❶ memcpy関数の宣言が書いてあるヘッダーファイルstring.hを指定した
❷ 複製する配列wk_qseedsを定義した
❸ memcpy関数を使って、文字型配列qseedsからwk_qseedsへqseedの大きさ分、配列の要素をコピーした
❹ sizeof演算子に配列型の変数を渡すとメモリ上で必要とする大きさ（バイト数）が得られる

198　第2部　プログラムの開発を体験しよう

色の重複のない問題を作る

memcpy 関数は、3つの引数を持ちます。ひとつ目は複製先のメモリ上の領域の先頭の位置、2つ目は複製元の先頭の位置です。3つ目の引数はコピーするメモリ上の領域の大きさです。位置？　さて「位置」とはなんでしょうか。

10.2.2　領域の複製にはポインタを使う

領域の位置を表す方法は、これまで使ったことがありませんでした。ここで少し説明しておきましょう。

コンピュータのメモリ上の位置を表すには「アドレス」を使います。C言語では、アドレスを憶える変数は、整数や文字を憶える変数と区別して「ポインタ変数」と呼んでいます。そうするとアドレスとポインタは同じもののように思えます。位置を示すという意味では同じです。しかし、ポインタは「整数型のポインタ」というように、指している領域のデータの型を伴います。ポインタを次へ進めると、指している領域のデータ型の大きさの分だけアドレスが進みます。たとえば、ポインタが指している領域のデータが整数なら整数の大きさ分、データが文字なら文字の大きさ分進むのです。そして、ポインタ変数に格納されているアドレスを変更するだけで異なる領域を読み書きできるようになるので、ひとつのポインタ変数を使って多くの領域を操作できるようになります。

ポインタが定数で定義されていれば「ポインタ定数」になります。ポインタ定数の場合、ポインタで指す位置、つまり憶えているアドレスは変えられません。

ポインタ変数は、アドレスだけでなく、そのアドレスに憶えている（あるいはこれから憶える）データの型も表しています。たとえば、文字型のポインタが指しているアドレスの位置には文字型のデータがあります。もし整数型のポインタが定義されていれば、その変数が指しているアドレスには整数型のデータがあります。

ポインタ変数を定義するには、変数の型の後ろに「間接参照演算子 *」を書いて、元の変数の型に対するポインタ型として定義します。たとえば指している領域が文字型なら char* ch のように char*（文字型のポインタ）を使って定義します。このとき char * ch や char *ch のように、スペースが入る位置が変わってもかまいません。

ポインタではない変数の位置（アドレス）を取得するには、変数名の前に「アドレス演算子 &」をつけます。

アドレス演算子が使えるのは、メモリ上に領域が割り当てられている変数だけです。

変数の位置をポインタ変数に憶える

```
char ch = 'c';
char* pch = &ch;      ❶ ❷

int i = 12;
int* pi = &i;         ❸ ❹
```

10

199

❶ 文字型ポインタ変数pchを定義した
❷ 文字型変数chのアドレスを&演算子を使って取得し、変数pchを初期化した
❸ 整数型ポインタ変数piを定義した
❹ 整数型変数iのアドレスを&演算子を使って取得し、変数piを初期化した

メモリ上の領域のイメージを模式した図で表すと、次の図のようになります。

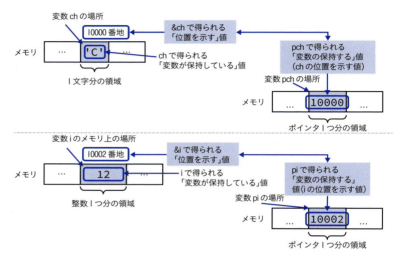

図10.3　ポインタ変数と変数の関係

　では、ポインタ変数や、ポインタが指す領域の値はどうやって操作するのでしょうか。これまで代入は、変数に値を憶えるために使っていました。それに対して、ポインタ変数が憶えることができるのはメモリ上の領域のアドレスですから、ポインタ変数に値を代入することは、ポインタで指しているアドレスを変える（違う場所を指す）ことを意味します。また、ポインタが指しているアドレスにある領域に文字や整数を憶えさせたり、値を変えたりするには、ポインタ用の書き方を使って通常の変数と区別します。

ポインタ自身の操作とポインタの指す領域の操作の例

```
char ch1 = 'c';
char ch2 = 'd';
char* pch = &ch1;

pch = &ch2;        ❶
putchar(*pch);     ❷
*pch = 'e';        ❸
```

❶ 文字型ポインタ変数pchに、文字型変数ch2の位置を代入して書き換えた

❷ 変数pchが指している変数ch2の値を間接参照演算子*を使って参照し、文字'd'が表示される
❸ 変数pchが指している変数ch2の値を書き換えた（ch2は文字'e'を憶えている）

メモリ上の領域のイメージを模式した図で表すと、次の図のようになります。

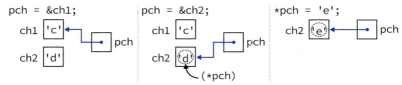

図10.4　ポインタ変数を使って変数の値を操作する

それでは、配列の場合はどうなるのでしょうか。文字型の配列qseedsを使って考えてみましょう。

qseedsは文字型の変数の集まった配列ですから、要素ひとつずつは文字型の変数と同じとみなせますね。たとえば、配列qseedsの3番目の要素（添字は0から数えるので実際は4つ目ですね）はqseeds[3]で、この要素だけに着目すると1文字分のデータ'B'を憶えている領域になっています。ここで、1文字分の文字型の領域を指すポインタ変数を用意して、この要素のアドレスを取得すれば、この要素の位置を憶えることができますね。

配列の要素のアドレスとポインタの例

```
static const char qseeds[] = { 'R', 'G', 'B', 'Y', 'M', 'C' };

char ch = qseeds[3];        ❶
char* pch = &qseeds[3];     ❷
```

❶ 文字型配列qseedsの（0から数えて）3番目の要素を変数chに代入した
❷ 文字型配列qseedsの3番目の要素のアドレスをポインタ変数pchに代入した

そして、ここはちょっと特別なのですが、配列の名前を使うとその配列の先頭の要素のアドレスを指すのと同じ効果があります。つまり、配列名は、配列の開始位置、配列の先頭のアドレスを表す表記方法として使うことができるのです。次の例では、pchとpch2は、同じアドレスを取得することになります。プログラムの中では配列の先頭を参照することが多いので、このような対応づけをしてプログラムを書きやすくしてあるのです。

配列の先頭要素のアドレスと配列のアドレスの例

```
static const char qseeds[] = { 'R', 'G', 'B', 'Y', 'M', 'C' };

char* pch = &qseeds[0];      ❶
char* pch2 = qseeds;         ❷ ❸
```

第10章 「問題を出すとき玉を1色につき1個しか使えない」を作る

❶ 文字型配列qseedsの先頭の要素のアドレスをポインタ変数pchに代入した
❷ 文字型配列qseedsのアドレスをポインタ変数pch2に代入した
❸ pchとpch2はどちらも先頭の要素のアドレスを指している

　配列とポインタ変数の関係がわかったところで、今度はmemcpy関数のプロトタイプ宣言を見てみましょう。関数のプロトタイプ宣言は、関数が異なるファイルに定義してある場合や、同じファイルの中でも後ろの方に定義してあるときに、その関数を使う側の処理にあらかじめどんな関数なのか知らせるために使います。関数の定義からブロックを取り除いたものと考えてもよいでしょう。これまでも使っていた**stdio.h**などのヘッダーファイル（拡張子が**.h**のファイル）には、この関数プロトタイプ宣言が列挙してあります。ヘッダーファイルをインクルードすることで、自分が定義したのではない別の関数が定義済みであるとわかるようになるのです。memcpy関数のプロトタイプ宣言は、**string.h**の中を探すと見つかります。次に示したのは、**string.h**の中にあるmemcpyの宣言を説明のために見やすくしたものです。

memcpy関数のプロトタイプ宣言

```
void* memcpy (void* dest, const void* src, size_t n);
```

　少し説明がいるでしょうか。**void***型は、**char***型と似ていますね。同じようにアドレスを示すポインタ型なのですが、特定のデータ型を表していません。使う方が扱いたいのがどのような型のポインタかわからないので、どの型のポインタでも扱えるよう**void***型となっているのです。**size_t**型は、**sizeof**演算子の結果を表す符号なし（負の数にならない）整数を表す型です。

　このプロトタイプ宣言を踏まえて、もう一度memcpy関数を使って複製するプログラムを見てみましょう。

問題の種を複製するのにmemcpy関数を使う（再掲）

```
#include <string.h>

static const char qseeds[] = { 'R', 'G', 'B', 'Y', 'M', 'C' };
static const int num_of_colors = sizeof(qseeds)/sizeof(qseeds[0]);

/* 略 */

  char wk_qseeds[num_of_colors];
  memcpy(wk_qseeds, qseeds, sizeof(qseeds));    ❶ ❷
```

❶ wk_qseedsとqseedsは、それぞれの配列の開始位置を表している
❷ sizeof演算子に配列型の変数を渡すとメモリ上で必要とする大きさ（バイト数）が得られる

　これまでの説明から、memcpy関数に渡している引数は、文字型の配列**wk_qseeds**

と qseeds の先頭のアドレスということがわかりますね。

配列の添字よりもポインタの方が柔軟

　ポインタが使えるようになると、配列を添字を使って操作するよりも簡便に操作できるようになります。

　プログラムの中で配列の添字を使って配列を操作しようとすれば、その場その場で配列名と添字を書かなければならないでしょう。いったんポインタ変数で配列を参照すれば、そのポインタ変数が憶えているアドレスを操作するだけで配列の内部を自在に動けるようになります。配列名を使っていないのに配列を操作できるようになるのです。

　そのときに使う、ポインタ変数に憶えている値に整数を足したり引いたり、2つのポインタ変数を比較するといった演算を「ポインタ算術」と呼びます。

　ポインタ変数に整数を足すと、ポインタ変数が指している領域の大きさに整数を掛けた分だけ（配列であれば整数で示す要素数分だけ）、ポインタ変数が指すアドレスが後ろへ移動します。アドレスで1進むのではなく、ポインタが指している型のサイズ分だけアドレスが進むというのが便利な点です。いちいちどんなサイズのデータなのかを意識しなくても次の要素へ進むことができるのです。この操作を「ポインタを進める」といいます。同様にポインタ変数から整数を引くと前に移動します。この操作を「ポインタを戻す」といいます。また、ポインタ変数と別のポインタ変数を比較すると、同じ要素を指しているかどうか調べることができます。

配列をポインタを使って操作する

```c
#include <string.h>

static const char qseeds[] = { 'R', 'G', 'B', 'Y', 'M', 'C' };

/* 略 */
  char ch;
  char* pch = qseeds;
  pch++;                 ❶
  ch = *pch;             ❷
  ch = *(pch + 2);       ❸
```

❶ 文字型のポインタをインクリメントすると、文字型1文字分アドレスが進む
❷ ここでは、0から数えて1番目の要素の値 'G' が得られる
❸ ここでは、現在の位置からさらに2要素分進んだ要素の値 'B' が得られる

　もし、この例で使う配列名が変わったとしても、あちこちで使っている配列の名前を直さずに、変数 'pch' への代入だけを修正すれば済みますね。

203

第10章 「問題を出すとき玉を1色につき1個しか使えない」を作る

10.2.3 色の重複のチェックをプログラムに組み込む

問題の種から重複なく問題の長さの色をランダムに選ぶ方法がわかりましたので、これをプログラムに組み込みましょう。

まず、`memcpy`関数を使うために`string.h`をインクルードします。

color_hitting_game.c

```
11. #include <stdio.h>
12. #include <stdlib.h>
13. #include <string.h>        ❶
14. #include <time.h>
15.
16. #define QSIZE 4
17. static char qx[QSIZE];
18.
19. static const char qseeds[] = { 'R', 'G', 'B', 'Y', 'M', 'C' };
20. static const int num_of_colors = sizeof(qseeds)/sizeof(qseeds[0]);
```

❶ `memcpy`関数を使うために`string.h`をインクルードした

次に、問題を表示している処理を分けましょう。これまでは`chg_make_question`関数の中で問題を表示していました。

color_hitting_game.c

```
46. void chg_make_question(void) {
47.   for(int i = 0; i < QSIZE; i++) {
48.     int qn = rand() % num_of_colors;
49.     qx[i] = qseeds[qn];
50.   }
51.
52.   puts("コンピュータが問題を出しました。");
53.
54.   /* 動作確認のためにしばらく問題を表示する */
55.   for(int i = 0; i < QSIZE; i++) {        ❶
56.     putchar(qx[i]);                       ❶
57.   }                                       ❶
58.   putchar('\n');                          ❶
59. }
```

❶ 問題を表示している処理

この処理を、`chg_display_question`関数として`chg_make_question`関数の前に定義しましょう。

204　第2部 プログラムの開発を体験しよう

色の重複のない問題を作る

color_hitting_game.c

```
53: void chg_make_question(void) {
54:   char wk_qseeds[num_of_colors];        ❶
55:   memcpy(wk_qseeds, qseeds, sizeof(qseeds));    ❷
56:   for (int i = 0, len = num_of_colors; i < QSIZE; i++, len--) {   ❸
57:     unsigned int r = rand() % len;       ❹
58:     qx[i] = wk_qseeds[r];              ❺
59:     wk_qseeds[r] = wk_qseeds[len - 1];      ❻
60:   }
61:
62:   puts("コンピュータが問題を出しました。");
63:
64:   /* 動作確認のためにしばらくは問題を表示する */
65:   chg_display_question();            ❼
66: }
67:
68: int chg_play_turn(void) {
69: /* 略 */
```

❶ 問題の種の複製を作成するための文字型配列を定義した
❷ 配列の要素を変更できるよう、問題の種を複製した
❸ 1文字決まるごとに乱数の範囲を1減らすので、変数lenで範囲を1ずつ減らしながら処理を進める
❹ 乱数を求め、現在のlenの長さで剰余を取ることで、len範囲で得られる整数に変換している
❺ 乱数が指したr番目の色の文字を、問題のi番目の文字にした
❻ 使った色の文字の場所に、最後の文字を移した
❼ chg_display_question関数を使って問題を表示した（もともとここにあった表示処理は、chg_display_question関数に移動した）

主な処理は、これまでに検討した処理を組み込んだものです。みなさんも処理の内容をひとつずつ確認しておきましょう。

さぁ、この修正によって、色当てゲームの問題は玉の色に重複がなくなったはずです。ここまで修正が済んだら、ビルドして実行してみましょう。

問題は色が重複なく作成され、予想の入力もこれまでと同じように動作しているでしょうか。何度か実行してみて、毎回色の重複がない問題が作成されていることを確認しておきましょう。問題の確認だけを繰り返したいときは「Ctrl-C」キーでプログラムの動作を中断するとよいのでしたね。

ビルドするときは、必ずプログラムを中断または停止しましょう。入力待ちのままビルドすると、`cannot open output file color_hitting_game.exe: Permission denied` というエラーになります。

第10章 「問題を出すとき玉を1色につき1個しか使えない」を作る

毎回色の重複のない問題を作成しているか確認する

```
> color_hitting_game.exe  enter
【色当てゲーム】
ゲームをはじめてください。
コンピュータが問題を出しました。
RGYM ❶
予想を入力してください。1 回目
^C

> color_hitting_game.exe  enter
【色当てゲーム】
ゲームをはじめてください。
コンピュータが問題を出しました。
YMGC ❶
予想を入力してください。1 回目
^C

> color_hitting_game.exe  enter
【色当てゲーム】
ゲームをはじめてください。
コンピュータが問題を出しました。
RCYB ❶
予想を入力してください。1 回目
^C
```

❶ 色が重複していないことを確認した

　実は、色の重複がない方が予想するのは簡単になります。1色選ぶと次に使える色の候補が1色減るからです。ですが、色の重複のない問題を作る方法を考えるのは、ちょっと難しくて頭の体操のようでした。

　一般に、プログラムを作るとき、データは条件をつけて選び出すことが多いです。そのため、データの選び方や都合のよいデータの保存方法は、目的に応じてたくさん考えられてきました。ソフトウェアを開発する世界では、処理に応じて工夫したデータの持たせ方を「データ構造」、処理を工夫して実行する方法を「アルゴリズム」と呼んでいます。

10.3　問題の表示はデバッグのときだけにする

　やっと、使う玉の色に重複がない問題を自動で作成できるようになりましたね。ところで、問題が期待通りかどうかを確認するのには、どんなやり方を使っていたでしょうか。プログラムを確認してみましょう。

206　第2部 プログラムの開発を体験しよう

color_hitting_game.c

```
62.    puts("コンピュータが問題を出しました。");
63.
64.    /* 動作確認のためにしばらくは問題を表示する */
65.    chg_display_question();      ❶
66.  }
67.
68.  int chg_play_turn(void) {
69.  /* 略 */
```

❶ chg_display_question関数を使って問題を表示した

　そうですね。**chg_display_question**関数を使って問題を表示していました。しかし、この方法、たしかに問題は確認できますが、予想するプレーヤーにも問題がバレバレになってしまいますね。かといって、プログラムをテストするときとゲームをやるときで、いちいちこの行を編集してビルドし直していては、手間もかかるし、間違いの元にもなります。どうすれば、都合よく問題を表示したりやめたりができるようになるでしょうか。わたしが思いついたのは、次のような方法でした。

- プログラムを動かすときに、条件によって動かし方を変える
- プログラムを修正しないで、問題を表示する版と表示しない版を作る

　ひとつ目は、プログラムを動かすときに引数を渡す方法で、「コマンドライン引数」と呼ばれています。

コマンドラインを指定してプログラムを起動する例

```
> color_hitting_game.exe -debug  enter   ❶
```

❶ コマンドラインに–debugという引数を渡した

　ここで使った「debug」は「デバッグ」と読みます。バグは小さな小さな虫のことですが、転じてソフトウェアの不具合（欠陥や障害）を指すことばになりました。デバッグとはバグを取り除くという意味で、ソフトウェアの開発やテストではソフトウエアの不具合を取り除く作業を指します。

　コマンドラインから渡されたこのような引数は**main**関数が受け取ります。ということは、プログラムを動かす人は、コマンドライン引数の有無や引数の違いでプログラムの動作を変えられるわけです。なかなかよい方法なのですが、コマンドライン引数を使うプログラムを作るときは、文字列へのポインタの配列というものを扱いま

第10章 「問題を出すとき玉を1色につき1個しか使えない」を作る

す。うーん、ちょっと複雑そうですね。少し勉強が必要です。[1]

　2つ目の方法は、ソースコード上にビルド方法の指示を記述しておく方法で、条件ビルド（条件コンパイル）と呼ばれています。次の例のように#ifdef DEBUGと書いておくと、DEBUGというシンボルが定義されているときは、あとに続く#endifまでの範囲がビルドの対象になります。ここで使っている#ifdef命令は、これまでに登場していた#includeや#defineと同じプリプロセッサ命令の仲間です。

条件ビルドの例

```
#ifdef DEBUG        ❶
/*  デバッグのときだけ使いたいコード  */
#endif /*  DEBUG  */     ❷
```

❶ #ifdef命令を使って、DEBUGが定義されていたときにだけビルドする範囲を開始した
❷ #endif命令は、条件つきビルドの終わりを表す

　これで、条件が成り立っているときは、問題を表示し、そうでないときは問題は表示しない2通りのプログラムを作ることができそうです。DEBUGの定義には次のように#define命令が使えます。

マクロ名DEBUGを定義する（実際はこのようには作らない）

```
#define DEBUG        ❶
#ifdef DEBUG
/*  デバッグのときだけ使いたいコード*/
#endif /*  DEBUG  */
```

❶ #define命令を使って、DEBUGを値のないマクロ名として定義した

　これでよさそうに思えます。ところが、これではいちいち#define DEBUGを書いたり消したりすることになりますよね。それでは、便利になった感じがあまりしません。ソースコードをいちいち書き換えずに定義する方法があると良いのですが……。

　こういった事情に応えるため、プリプロセッサは、コマンドラインでマクロを定義できるようになっています。ビルド環境のプロパティを使って、実行時に渡すマクロをプリプロセッサに定義してみましょう。

1. 開発環境の左側にあるプロジェクト・エクスプローラーで、プロジェクト名の

1 コマンドライン引数の使い方は、「19.8. スコアファイル名を指定して実行する」で学びます。

208　第2部 プログラムの開発を体験しよう

color_hitting_gameを選ぶ
2. プロジェクト名を右クリックして、ポップアップメニューの一番下から「プロパティー」を選択し、プロパティダイアログを表示する
3. 左側のメニューツリーから「C/C++ビルド ＞ 設定」を開く
4. 右上の「構成の管理」のプルダウンメニューから「Debug」を選ぶ
5. 右側のペインの「ツール設定」タブを選択し、「GCC C Compiler ＞ プリプロセッサー」を選ぶ[2]

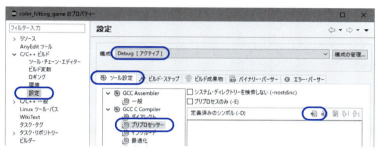

図10.5　プリプロセッサーの定義済みシンボルを開く

6. 「定義済みのシンボル」欄の上部のアイコンから「追加（＋のついたノートのアイコン）」をクリックする
7. シンボルを追加するダイアログが開くので、DEBUGと入力して「OK」をクリックする

図10.6　定義済みシンボルにDEBUGを追加する

8. 設定が追加できていることを確認する

---

2 ビルド環境では「プリプロセッサ」を「プリプロセッサー」と表記しています。

第10章 「問題を出すとき玉を1色につき1個しか使えない」を作る

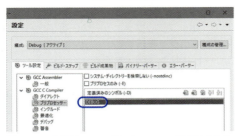

図10.7　定義済みシンボルにDEBUGが追加された

9. 設定できていることが確認できたら「適用」をクリックする
10. 次の図のような「いますぐリビルドしますか？」というダイアログが表示される

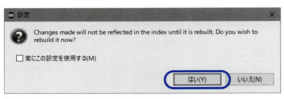

図10.8　再ビルドを確認するダイアログ

11. 「はい」をクリックすると、バックグラウンドで再ビルドする
12. 「適用して閉じる」をクリックして設定ダイアログを閉じる

　この設定によって、ソースコード上に`#define DEBUG`を書いたのと同じことができるようになっています。
　では、開発構成の違いで動作が変わることを実際に確かめてみましょう。プログラムのソースコードの問題を表示するところを条件コンパイルするように修正します。

color_hitting_game.c

```
62.     puts("コンピュータが問題を出しました。");
63.
64. #ifdef DEBUG           ❶
65.     chg_display_question();
66. #endif // DEBUG        ❷
67. }
68.
69. int chg_play_turn(void) {
70. /* 略 */
```

❶ DEBUGが定義されていたときだけコンパイルする範囲の始まりを指定した
❷ 条件ビルドの範囲の終わり

　修正したら、保存します。

先に、問題を表示する版であるDebug版を確認しましょう。

開発環境の左上のハンマーのアイコンの右そばにある小さな「▼」のアイコンをクリックすると、開発構成のリストがプルダウンします。そこから「Debug」を選びます。

図10.9　Debug版をアクティブにする

ソースコードを更新しているので、選択すると再ビルドが始まります。コンソールを確認しましょう。

-DDEBUGつきでビルドされていることを確認する

```
コンソール
gcc -std=c99 -DDEBUG -O0 -g3 -Wall -c -fmessage-length=0 -o
"src\\color_hitting_game.o" "..\\src\\color_hitting_game.c"
gcc -o color_hitting_game.exe "src\\color_hitting_game.o"

02:16:09 Build Finished (took 4s.26ms)
```

gccというコマンドが-DDEBUGというオプションつきで実行されているのが確認できますか。「-D」はシンボルを定義する（Defineする）オプションで、プログラム中に`#define DEBUG`と書くのと同じ効果があります。

実行して、問題が表示されているか確認しましょう。ディレクトリの移動がわかりやすいよう、わたしの環境での実行結果を示します。

Debug版では問題が表示されているのを確認する

```
kuboaki@JAKE10 C:\Users\kuboaki
> cd \cbook\color_hitting_game\Debug  enter

kuboaki@JAKE10 C:\cbook\color_hitting_game\Debug
> color_hitting_game.exe  enter
【色当てゲーム】
ゲームをはじめてください。
コンピュータが問題を出しました。
RCBG   ❶
予想を入力してください。1 回目
^C
```

❶ 問題が表示されている

確かに、問題が表示されていますね。

こんどは、問題が表示されない、Release版の方を確認しましょう。
　開発環境の左上のハンマーのアイコンの右そばにある小さな「▼」のアイコンをクリックすると、開発構成のリストがプルダウンします。そこから「Release」を選びます。

図10.10　Release版をアクティブにする

　こんども、選択すると再ビルドが始まります。コンソールを確認しましょう。**gcc**というコマンドが、こんどは**-DDEBUG**というオプションなしで実行されているのが確認できますか。ビルドでエラーが発生したら、「**for**文を追加したらエラーが発生した」を参照して、プロジェクトのプロパティで「すべての構成」に対して「C99モード」に設定できているか確認しましょう。

-DDEBUGなしでビルドされていることを確認する

```
コンソール
gcc -std=c99 -O3 -Wall -c -fmessage-length=0 -o "src\\color_
hitting_game.o" "..\\src\\color_hitting_game.c"
gcc -o color_hitting_game.exe "src\\color_hitting_game.o"

02:31:31 Build Finished (took 983ms)
```

　実行する前に、Release版の実行プログラムがあるディレクトリへ移動します。

Release版の実行プログラムがあるディレクトリへ移動する

```
kuboaki@JAKE10 C:\cbook\color_hitting_game\Debug
> cd ..\Release enter  ❶
```

❶ Release版のディレクトリへ移動した

「**..**」は、現在のディレクトリの親を表す記法です。ここでは**Debug**ディレクトリの親なので**color_hitting_game**ディレクトリを指します。「現在位置の親」のように、現在の場所を基準にしたディレクトリの位置を表すのに使うので「相対ディレク

トリ」と呼びます。ドライブ名やルートディレクトリから始めて途中のすべての階層のディレクトリを辿って表す場合は「絶対ディレクトリ」と呼びます。

実行して、こんどは問題が表示されて「いない」ことを確認しましょう。

Release 版では問題が表示されていないことを確認する

```
kuboaki@JAKE10 C:\cbook\color_hitting_game\Release
> color_hitting_game.exe enter
【色当てゲーム】
ゲームをはじめてください。
コンピュータが問題を出しました。
予想を入力してください。1 回目
^C
```

確かに、問題が表示されていないことが確認できましたね。

条件コンパイルを使うことで、ソースコードは変更しないまま、2種類の実行プログラムを作れるようになりました。
これで、みなさんが開発しているときには問題が表示された状態で実行できますし、実際に色当てゲームをやるときには問題が表示されない状態で実行できるようになりました。

10.4　まとめ

問題を出すときに玉の色を1色につき1個しか使えないという条件を満たした問題を出せるようになりました。
開発用と実際にゲームをやるときで別の動作をするプログラムを作れるようにもなりました。
作業リストをチェックして次に進みましょう。

色当てゲームのプログラムの作業リスト（一部）

（略）

- ✓ プログラムは、新しいゲームを開始すると、問題を作成して、プレーヤーに予想の入力を促す
- ✓ プログラムは、ゲームごとに新しい問題を自動で作成する
- ✓ プログラムは、問題を出すとき玉を1色につき1個しか使えない
- ✓ プレーヤーは、問題を予想し、予想（トライアル）を繰り返す

（略）

213

第11章 「プログラムはプレーヤーの 予想入力を確認する」を作る

「問題を出すとき玉を1色につき1個しか使えない」を作ったので、次は「プレーヤーが予想を入力すると、プログラムは入力内容を確認する」を作りましょう。

　　この作業は、「6.1 プレーヤーに予想の入力を促す」で「1回だけできる」としていた項目でしたね。作業名がちょっと長かったので「プログラムはプレーヤーの予想入力を確認する」に変えました。「入力内容を確認するとき、玉は1色につき1個しか使っていないことを確認する」と「入力内容におかしなところがあれば、プレーヤーに再入力を促す」は、この作業の一部と考えられそうなので、まとめて作業しましょう。これらも作業名が長かったので、それぞれ「予想入力は1色につき1個しか使えないことを確認する」「入力内容がおかしければプレーヤーに再入力を促す」という作業名に変更しました。

▨▨ 色当てゲームのプログラムの作業リスト（一部）

（略）

- ✓ プログラムは、ゲームごとに新しい問題を自動で作成する
- ✓ プログラムは、問題を出すとき玉を1色につき1個しか使えない
- ✓ プレーヤーは、問題を予想し、予想（トライアル）を繰り返す
- ❑ プログラムはプレーヤーの予想入力を確認する
- ❑ 予想入力は1色につき1個しか使えないことを確認する
- ❑ 入力内容がおかしければプレーヤーに再入力を促す

（略）

11.1　予想入力は1色につき1個しか使えないことを確認する

まず、プレーヤーの入力を確認する方法を考えましょう。

11.1.1　予想入力の取得方法を見直す

入力を確認する手順にはどのようなものがあるでしょうか。すぐに思いつくところで、次の2通りの方法を考えてみました。

- 1文字入力するごとに、それまでの入力と重複していないか確認する（1文字ごとにチェック）
- プレーヤーには1回分の予想の4文字を入力してもらい、それから同じ色を使って

214　第2部 プログラムの開発を体験しよう

いないか確認する（あとでチェック）

「1文字ごとにチェックする方法」は、プレーヤーが1文字入力すると、プログラムはすぐに確認した結果を返してくれるので、なかなか親切そうです。これに対して「あとでチェックする方法」は、プレーヤーが入力中はどんな文字を入力したのか調べません。もし入力に間違いがあっても、すぐにはわからないですね。

では、こんどは、みなさんがこのゲームのプレーヤーになったつもりで考えてみてください。「1文字ずつチェックする方法」を使っているときは、次のようになるでしょう：

1.　ひとつ目の色を決めた
2.　2つ目の色を選んだ
3.　2つ目の色がひとつ目と違うことを確認した
4.　3つ目を選ぼうとしたとき、最初の色を変えたくなった
5.　しかし、ひとつ目と2つ目は確認済みなので、プログラムからその色は使えないといわれた
6.　そこで、残った色から選ぶことにした

どうでしょう。ちゃんと重複を調べてくれますが、1度入力を決めてしまうと、後から変更できません。このゲームの入力として使うのにはちょっと不便ではないでしょうか。

では、「あとでチェックする方法」を使っている場合も考えてみましょう：

1.　ひとつ目の色を決めた
2.　2つ目の色を選んだ
3.　2つ目の色がひとつ目と違うことを確認した
4.　3つ目を選ぼうとしたとき、最初の色を変えたくなった
5.　2文字消して（またはカーソルを戻して）、ひとつ目の文字を変更した
6.　4つ目まで決めたら、エンターキーで予想入力を確定した
7.　プログラムは入力内容を確認した
8.　色の重複が見つかったので、プレーヤーに再入力を促した

この方法は、入力に色の重複が見つかったら4文字すべてを入力し直すことになります。これは一見、前の方法よりも不便そうに思えます。しかし、このゲームの入力としては、確定するまでは入力した値を変更できる方が、入れ直す不便さに勝ると思いませんか。

「あとでチェックする方法」は、4つすべて入力するまでプレーヤーの入力は定まりません。つまり、それまではプレーヤーがどの色を何番目に入力するか変更できると

第11章 「プログラムはプレーヤーの予想入力を確認する」を作る

いうことです。このように、プログラムの入出力処理には、利用している人が入力中の状態（プログラムから見ると入力待ちの状態）と、入力が終わってプログラムに渡すタイミングがあります。入力が終わってプログラムに渡すタイミングのことを「入力を確定する」といいます。このゲームにおける2つの入力方法の違いは、入力の確定に関する考え方の違いだったといえるでしょう。そして、検討の結果、このゲームに都合がよいのは、4つまとめて入力を確定し、それまでは色が変えられる方法だったというわけです。

11.1.2 これまでの処理方法は使えるか確認する

色当てゲームの入力では、先にまとめて入力し、あとでチェックする方法がプレーヤーにとって便利だということがわかりましたので、この方法で入力するプログラムを作ってみましょう。

これまで使っていた入力処理を見てみましょう。ゲームを進める `chg_play_turn` 関数は次のような処理をしていました。

color_hitting_game.c

```
69.  int chg_play_turn(void) {
70.    int matched = 0;
71.
72.    char tx[QSIZE];
73.    for (int i = 0; i < QSIZE; i++) {
74.      tx[i] = get_trial_char();        ❶
75.    }
76.    discard_inputs();        ❷
77.
78.    /* 略 */
```

❶ 予想の入力を、文字型の配列txのi番目に憶える
❷ 不要な入力を読み捨てる

そして、`get_trial_char`関数と`discard_inputs`関数は、次のようなものでした。

color_hitting_game.c

```
19.  static const char qseeds[] = { 'R', 'G', 'B', 'Y', 'M', 'C' };
20.  static const int num_of_colors = sizeof(qseeds)/sizeof(qseeds[0]);
21.
22.  char get_trial_char(void) {
23.    char ch;
24.    for (;;) {
25.      ch = getchar();
26.      for (int i = 0; i < num_of_colors; i++) {
27.        if (ch == qseeds[i]) {
```

216 第2部 プログラムの開発を体験しよう

```
28.        return ch;
29.      }
30.    }
31.  }
32.  return ch;
33. }
34.
35. void discard_inputs(void) {
36.   for (; getchar() != '\n';) {
37.     /* do nothing */
38.   }
39. }
```

これらのソースコードを見てみると、これまでは次のような処理を繰り返しています。

1. 1文字入力する
2. それが配列 qseeds の中の文字のいずれかと一致するかどうか調べる
3. 一致していたら、入力文字として返す
4. 残りの文字を読み捨てる

つまり、これまでの処理方法は、1文字ごとに処理しては入力値として確定しているので、確定した文字は後から変更できません。この方法では、4つの入力をプレーヤーにまとめて入力してもらうことはできそうにありませんね。これまでの入力処理のソースコードは、だいぶ見直さなくてはならないようです。

11.1.3　確定するまでは変更できる入力方法を調べる

では、どのようにすれば、入力が確定するまでの間、プレーヤーが入力内容を変更できるようになるのでしょうか。そのためには、キーボードからの入力を1文字ずつ取り込むのではなく、1行ずつ入力してみたらどうでしょう。C言語の標準ライブラリを調べてみると、1文字入力の getchar 関数の仲間で、1行入力の fgets 関数があります。この関数は、ファイルやキーボードからの入力を配列に格納してくれます。

キーボードから1行入力する処理を実験してみましょう。「**1.9.1 サンプルプロジェクトを作成する**」を参考に fgets_test プロジェクトを作ります。「**for文を追加したらエラーが発生した**」を参照して、プロジェクトのプロパティで「Language standard」を「C99」に設定しておきましょう。

fgets_test.c を編集して次のように入力します。

fgets_test.c　fgets 関数を使ってキーボードから1行読み込む

```
#include <stdio.h>
#include <stdlib.h>
```

第11章 「プログラムはプレーヤーの予想入力を確認する」を作る

```
int main(void) {
  // setvbuf(stdout, NULL, _IONBF, 0);
  char buf[10];            ❶
  const int size = sizeof(buf);   ❷
  fgets(buf, size, stdin);    ❸ ❹
  puts(buf);
  fgets(buf, size, stdin);       ❺
  puts(buf);
  return EXIT_SUCCESS;
}
```

❶ バッファの大きさは10
❷ `sizeof`演算子に配列名を渡すと、配列の大きさが得られる（この例では10）
❸ `stdin`は標準入力（キーボードからの入力）を表すデバイスファイル名
❹ 配列にナル文字を格納する分を確保するため、読み込めるのは配列の大きさより1文字少ない9文字まで
❺ もう1度読み込んだらどうなるか確認してみた

　`fgets`関数を呼び出すと、キーボードからの入力は、改行するまではライブラリのなかで保持されています。入力中は、カーソルキーやバックスペースキーなどを使って、文字列を編集できます。読み込む文字数の最大長が文字型配列の大きさより1だけ少なくなるのは、この関数が、読み込んだ文字並びの最後に文字列終端文字「\0（ナル文字）」を追加するためです。C言語では、ナル文字で終わっている文字型配列を「文字列」と呼んでいます。

　そして、最後に入力した改行文字「\n」もこの配列に格納した文字並びの末尾（配列の最後ではなく、ナル文字が追加される前）に格納されています。

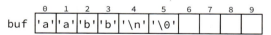

図11.1 `fgets`関数の入力には改行とナル文字が追加される

　もし、改行文字を受け取る前に配列がいっぱいになった場合は、そこまでを入力とします。このときは、まだ改行文字を受け取っていないので、`fgets`関数は処理を終了しますが、残りの文字と改行文字はまだライブラリの中に保持されていて、次の`fgets`関数の呼び出しのときに読み込まれます。

図11.2 入力が長いときは改行を待たず、次の入力に回す

予想入力は1色につき1個しか使えないことを確認する

　ビルドして実行して、入力の長さや改行の入力によって、処理がどのように変化するか確認してみましょう。

fgets関数を使ってキーボードから1行読み込む

```
kuboaki@JAKE10 C:\cbook\fgets_test\Debug
> fgets_test.exe enter
aabbcc      ❶
aabbcc      ❷
            ❸
ccdd        ❹
ccdd

kuboaki@JAKE10 C:\cbook\fgets_test\Debug
> fgets_test.exe enter
aabbccddeeff   ❺
aabbccdde      ❻
eff            ❼

kuboaki@JAKE10 C:\cbook\fgets_test\Debug
```

❶ 最大長（このサンプルでは9文字）より短い文字列を入力した
❷ その文字列から改行を除いた文字が得られた
❸ 読み込んだ文字列に含まれている改行文字が出力されている
❹ もう1度実行したら、同じように読み込めた
❺ 最大長より長い文字列を入力した
❻ 最大長まで読み込んだところで打ち切られた
❼ 次の読み込みで入力された文字列の残った分が改行まで読み込まれた

　読み込める最大長よりも短い文字並びを入力して確定した（改行を入力した）場合と、読み込める最大長よりも長い文字並びを入力して確定した場合で、処理が異なっていることがわかるでしょうか。

> **fgets関数とgets関数の違い**
>
> 　みなさんの中には、1文字入力のgetchar関数に対応する1行入力の関数はgets関数ではないのか？と思った人もいるかもしれません。推察通り、getsという関数があります。ところが、この関数には問題があります。入力した文字列の長さが受け取る側の文字列配列の大きさより大きいと、隣のデータ領域を壊してしまうのです。そのため、C言語の標準規格のひとつで2011年に策定された規格「C11」では「非推奨」になっています。
>
> 　fgets関数も、gets関数と同じように1行読み込みの関数なのですが、こちらは、読み込みに使う文字型配列の長さも引数で指定し、指定した長さを超えて読

み込まないように作られています。

11.1.4 入力から不要な文字を取り除く

さて、取得した入力結果には改行文字が含まれていますが、改行文字は予想の入力ではないので削りたいところです。そこで、改行文字の格納されている場所（入力された文字の最後）を調べて、そこをナル文字で置き換え文字列を切り詰めます。最後の文字が格納されている場所を調べるために、`strchr`関数を使ってみましょう。この関数の引数は、ナル文字で終わっている文字型配列（つまり文字列ですね）と、その中から探したい文字を受け取ります。ナル文字になるまでの間に、探したい文字が見つかれば、その文字の位置を示すポインタを返します。見つからなければどこも指していないことを表すナルポインタ（`NULL`）を返します。

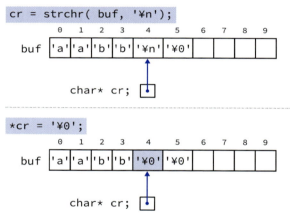

図11.3 strchr関数を使って改行文字を探しナル文字に置き換える

先程作成したCプロジェクト「fgets_test」のfgets_test.cを修正して、strchr関数の動作を確認してみましょう。

fgets_test.c strchr関数を使って入力から改行文字を削る

```
#include <stdio.h>
#include <stdlib.h>
#include <string.h>     ❶

int main(void) {
  // setvbuf(stdout, NULL, _IONBF, 0);
  char buf[10];
  char* cr;
  const int size = sizeof(buf);
  fgets(buf, size, stdin);
```

予想入力は1色につき1個しか使えないことを確認する

```c
  cr = strchr(buf, '\n');        ❷
  if(cr != NULL) {               ❸
   *cr = '\0';                   ❹
  }
  puts(buf);
  fgets(buf, size, stdin);
  cr = strchr(buf, '\n');        ❺
  if(cr != NULL) {
   *cr = '\0';
  }
  puts(buf);
  return EXIT_SUCCESS;
}
```

❶ strchr関数を使うためにstring.hをインクルードした
❷ 入力の中から改行文字を探してそのアドレスを得る
❸ NULLでなければ改行文字のアドレスがわかった
❹ 見つかったアドレスが指す場所にナル文字を代入することによって、文字列から改行文字を削った
❺ もう1度読み込んだらどうなるか確認してみた

　ビルドして実行してみましょう。改行文字があれば削られることや、改行文字が含まれない入力の場合は入力に変化がないことを確認しましょう。

strchr関数を使って入力から改行文字を削る

```
kuboaki@JAKE10 C:\cbook\fgets_test\Debug
> fgets_test.exe enter
aabbcc
aabbcc    ❶
ccdd
ccdd

kuboaki@JAKE10 C:\cbook\fgets_test\Debug
> fgets_test.exe enter
aabbccddeeff
aabbccdde
eff
```

❶ 改行文字を削った分、実行結果の改行が減っている

「すべてのものはファイルである」という考え方

　fgets関数の名前が**f**から始まっているのは、この関数が標準ライブラリのなかでもファイルの読み書きをする関数の仲間であることを表しています。どうしてファイルの読み書きの関数がキーボードからの入力に使えるのでしょうか。こ

221

第11章 「プログラムはプレーヤーの予想入力を確認する」を作る

のことには、「Unix」というオペレーティング・システムの入出力の考え方が影響しています。Unixでは、プリンタへの出力、キーボードからの入力や画面への表示、のちにはネットワークの通信も、ファイルへの読み書きと同じように捉えようとしました。ファイルと同じように扱えるならば、ファイルと同じような処理でプログラムを作ることができると考えたわけです。この考え方は「すべてのものはファイルである（Everything is a file）[1]」と呼ばれていて、他のOSにも影響を与えています。

　そして、C言語はUnixを作るために開発されたプログラミング言語なので、C言語の標準ライブラリ関数の中にも高水準入出力という関数群が用意されています。`fgets`、`puts`、`getchar`などの関数も高水準入出力関数の仲間で、`stdio.h`に宣言されています。プログラムを起動すると、キーボードからの入力や画面への表示を抽象化した、標準入力（stdin）、標準出力（stdout）、標準エラー出力（stderr）が使えるようになり、これらは「標準入出力」と呼ばれています。標準入出力を使うことで、ファイルから読むようにキーボードから入力したり、ファイルへ書くように画面へ出力したりできるようになっているわけです。

11.1.5　入力した文字数を確認する

　1行ごとに入力する方法がわかったので、次は入力した予想の文字数を確認する方法を考えてみましょう。

　1行入力の場合、入力される文字の数は、入力が確定したときまで決まりません。それでは、問題の長さより長いか短いかわからないですね。そこで、入力された文字数が長い場合や短い場合を調べるようにしましょう。ソースコードを見ながら調べる方法を考えてみましょう。

　新しいプロジェクトを作って実験してみましょう。「1.9.1 サンプルプロジェクトを作成する」を参考に`answer_test`プロジェクトを作ります。「for文を追加したらエラーが発生した」を参照して、プロジェクトのプロパティで「Language standard」を「C99」に設定しておきましょう。

　`answer_check_test.c`を次のように編集しましょう。

　何か処理をするなら、処理の内容がわかる名前で関数を作るのでしたね。使う側から見るとどんな関数名がよさそうでしょうか。入力の長さが妥当かどうかを確認する関数ですから、`chg_input_length_is_valid`関数としましょう。使う側から考えるために、呼び出す側の処理、ここでは`main`関数を先に作ります。そして、真偽を

---

[1] Everything is a file https://en.wikipedia.org/wiki/Everything_is_a_file

返す関数にしたいので、関数の型（戻り値の型）を「C99」以降で使える**bool**型にしましょう。**stdbool.h**をインクルードすれば、**bool**型の関数や変数を使えるようになります。**chg_input_length_is_valid**関数はまだ仮の実装にしておきます。

answer_check_test.c　先に関数を使う部分を作る

```
#include <stdio.h>
#include <stdlib.h>
#include <string.h>
#include <stdbool.h>      ❶

bool chg_input_length_is_valid(const char* buf) {       ❷
  return false;       ❸
}

int main(void) {
  // setvbuf(stdout, NULL, _IONBF, 0);
  char buf[10];
  char* cr;
  const int size = sizeof(buf);
  fgets(buf, size, stdin);
  cr = strchr(buf, '\n');
  if(cr != NULL) {
   *cr = '\0';
  }
  puts(buf);
  if(chg_input_length_is_valid(buf)) {      ❹ ❺
    puts("入力は妥当です");
  } else {
    puts("入力に不正があります");
  }
  return EXIT_SUCCESS;
}
```

❶ **bool**型を使うために、**stdbool.h**をインクルードした
❷ **chg_input_length_is_valid**関数は、文字列（の先頭のアドレス）を引数として受け取る
❸ 真偽を返す関数にするので、仮で偽（0）を返すように作っておく
❹ **chg_input_length_is_valid**関数を呼び出して使う処理を書いた
❺ 関数の引数に、文字列（の先頭のアドレス）を渡した

　これで、**chg_input_length_is_valid**関数を呼び出して使う方法が決まりました。この呼び出しに合うよう、**chg_input_length_is_valid**関数の処理を作りましょう。文字列の長さを調べるには**strlen**関数を使います。**strlen**関数は、引数に文字列（ナル文字で終わっている文字型配列）を受け取り、その長さを返してくれます。

第11章 「プログラムはプレーヤーの予想入力を確認する」を作る

answer_check_test.c　入力の長さを確認する

```c
#include <stdio.h>
#include <stdlib.h>
#include <string.h>
#include <stdbool.h>

#define QSIZE 4

bool chg_input_length_is_valid(const char* buf) {
  size_t length = strlen(buf);       ❶

  if (length < QSIZE) {       ❷
    puts("入力が短かすぎます");
    return false;       ❸
  }
  if (length > QSIZE) {       ❷
    puts("入力が長すぎます");
    return false;       ❸
  }
  return true;       ❹
}

int main(void) {
  /* 略 */
}
```

❶ strlen関数を使って、渡された文字列の長さを求めた
❷ 文字列の長さが期待した長さかどうか確認した
❸ 短い、長い場合には、偽を返す
❹ ちょうど問題の長さだったので、真 (0でない値としての1) を返す

　ビルドして実行して、長さを変えて結果が変わることを確認しましょう。

入力の長さを確認する

```
kuboaki@JAKE10 C:\cbook\answer_check_test\Debug
> answer_check_test.exe [enter]
aaaa [enter]
aaaa
入力は妥当です
kuboaki@JAKE10 C:\cbook\answer_check_test\Debug
> answer_check_test.exe [enter]
aaaaaa [enter]
aaaaaa
入力が長すぎます
入力に不正があります
```

224　第2部 プログラムの開発を体験しよう

予想入力は1色につき1個しか使えないことを確認する

```
kuboaki@JAKE10 C:\cbook\answer_check_test\Debug
> answer_check_test.exe enter
saa enter
saa
入力が短かすぎます
入力に不正があります
```

　これで、入力した文字数を確認できるようになりました。文字数以外の確認について先に考えておきたいので、色当てゲームに組み込むのはもう少し待ってください。

文字列と文字型配列

　これまで、文字列を表すには「"」で囲んで表現する方法を使ってきましたが、この表現は、長さが決まっていてナル文字で終わっている文字型配列のことなのです。つまり、

```
char qseeds[] = { 'R', 'G', 'B', 'Y', 'M', 'C', '\0' };
```

は次のように書くこともできます。

```
char qseeds[] = "RGBYMC";
```

　また、文字型配列と文字列の違いも気をつけておきましょう。文字型配列は必ずしもナル文字で終わっていません。次の2つの配列が異なっていることがわかるでしょうか。

```
char qseeds[] = { 'R', 'G', 'B', 'Y', 'M', 'C' };      ❶
```

❶ 長さ6の文字型配列だが、文字列としての長さは調べられない

```
char qseeds2[] = { 'R', 'G', 'B', 'Y', 'M', 'C', '\0' };      ❶
```

❶ 長さ7の配列で、長さ6の文字列

　C言語の提供する標準ライブラリ関数には文字列を扱うものが多数あります。文字列を扱う関数は、ほとんどが文字の並びがナル文字で終わっていることを期待して作られています。これらの関数を誤ってナル文字のない文字型配列に対して使うと、プログラムは簡単に暴走してしまいますので、注意しましょう。

11.1.6　使える文字だけかどうかを確認する

　こんどは、入力された文字が使える文字だけかどうか確認しましょう。どのような文字が何色で、どんな文字が使えるのかは、すでに「問題の種 qseeds」として定義して、これまでも利用していましたね。

入力に使える「問題の種」の定義

```
static const char qseeds[] = { 'R', 'G', 'B', 'Y', 'M', 'C' };
```

225

第11章　「プログラムはプレーヤーの予想入力を確認する」を作る

```
static const int num_of_colors = sizeof(qseeds)/sizeof(qseeds[0]);
```

　プレーヤーが入力に使える文字もこれと同じですので、入力文字を1文字ずつ**qseeds**に含まれているかどうか調べればよさそうです。文字列に含まれている文字を調べるのには**strchr**関数が使えそうです。ですが、**strchr**関数が受け取るのは、文字列つまりナル文字で終わっている文字型配列でした。**qseeds**は文字型の配列ですが、ナル文字では終わっていませんから**strchr**関数が使えないですね。そこで、メモリ上の決まった範囲を調べることができる**memchr**関数を代わりに使います。これらの関数の違いは、ナル文字で終わっている文字列を対象としているか、長さの決まっている領域を対象とするかです。

memchr関数

```
void* memchr(const void* buffer, int ch, size_t n);    ❶
```

❶ **buffer**で示すアドレスから**n**バイト分の領域の中に**ch**に指定した文字がないか探す

　memchr関数を使えば問題の種を利用できそうですね。調べる手順を考えましょう。次のようにしてみたらどうでしょうか。

使えない文字が含まれているか調べる手順

1. 使えない文字を見つけたら登録する文字型配列**illegal_chars**を用意し、ナル文字で初期化しておく
2. 入力文字から1文字取り出し、大文字に変換する
3. **qseeds**に含まれているかどうか調べる
4. 含まれていない文字なら、**illegal_chars**に追加されている文字か調べる
5. まだ**illegal_chars**に追加されていない文字なら追加する
6. 上記手順を入力文字がなくなるまで繰り返す
7. 使えない文字が溜まっていたら、それを表示して、偽を返す
8. 使えない文字が溜まっていなかったら、真を返す

　図にすると、次のようになるでしょうか。

226　第2部　プログラムの開発を体験しよう

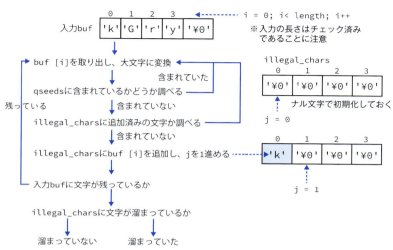

図11.4 memchr関数を使って入力に使える文字かどうか確認する

配列のすべての要素をあらかじめ決まった値で初期化する場合には、次のような書き方が使えます。

配列を決まった値で初期化する

```
char illegal_chars[QSIZE] = { '\0' };    ❶
```

❶ 文字型配列変数 illegal_chars の各要素をナル文字で初期化した

文字型の変数や定数を大文字に変換するには、**toupper**という関数を使います。[2] この関数を使うには、**ctype.h**をインクルードする必要があります。

文字を大文字に変換する

```
#include <ctype.h>     ❶

// ...
char ch = 'c';
char ch2 = toupper(ch);    ❷
// ...
```

❶ toupper関数を使うためにctype.hをインクルードした
❷ 文字型変数ch2の値は、cを大文字にしたCになる

---

[2] 小文字に変換する tolower 関数もあります。

第11章 「プログラムはプレーヤーの予想入力を確認する」を作る

　考えた手順と調べた関数を使って、使える文字だけかどうか調べる関数を、**answer_check_test.c**に追加してみましょう。関数名は、**chg_input_chars_is_valid**にしましょう。

answer_check_test.c　入力が使える文字だけか確認する

```c
#include <stdio.h>
#include <stdlib.h>
#include <string.h>
#include <stdbool.h>
#include <ctype.h>              ❶

#define QSIZE 4

static const char qseeds[] = { 'R', 'G', 'B', 'Y', 'M', 'C' };
static const int num_of_colors = sizeof(qseeds)/sizeof(qseeds[0]);

bool chg_input_chars_is_valid(const char* buf) {
  size_t length = strlen(buf);

  char illegal_chars[QSIZE] = { '\0' };        ❷ ❸
  int j = 0;
  for (size_t i = 0; i < length; i++) {        ❹
    char ch = toupper(buf[i]);                 ❺
    if (memchr(qseeds, ch, num_of_colors) == NULL) {        ❻
      if (memchr(illegal_chars, buf[i], QSIZE) == NULL) {   ❼
        illegal_chars[j++] = buf[i];           ❽
      }
    }
  }
  if (strlen(illegal_chars) > 0) {             ❾
    printf("使えない文字\"%s\"が含まれています。\n", illegal_chars);    ❿
    return false;
  }
  return true;
}

bool chg_input_length_is_valid(const char* buf) {
  /* 略 */
}

int main(void) {
  // setvbuf(stdout, NULL, _IONBF, 0);
  char buf[10];
  char* cr;
  const int size = sizeof(buf);
  fgets(buf, size, stdin);
  cr = strchr(buf, '\n');
```

228　第2部　プログラムの開発を体験しよう

予想入力は1色につき1個しか使えないことを確認する

```
  if(cr != NULL) {
   *cr = '\0';
  }
  puts(buf);
  if(chg_input_length_is_valid(buf)      ⓫
     && chg_input_chars_is_valid(buf)) {        ⓬ ⓭
    puts("入力は妥当です");
  } else {
    puts("入力に不正があります");
  }
  return EXIT_SUCCESS;
}
```

❶ toupper関数を使うためにctype.hをインクルードした
❷ 使えない文字を溜めておく文字型配列illegal_charsを用意した
❸ 入力の長さはchg_input_length_is_valid関数でQSIZEであるとチェック済みなので、この配列の長さは問題の長さと同じにした
❹ 入力文字を1文字ずつ調べる
❺ 入力文字を大文字に変換する
❻ 変換した文字がqseedsに含まれているか調べる
❼ qseedsに文字が含まれていなかったら、illegal_charsに含まれているか調べる
❽ illegal_charsにまだ含まれていない文字だったら、illegal_charsに追加する
❾ illegal_charsに1文字以上登録されていたら、メッセージを表示する
❿ printf関数の書式文字列の中ほどの「\」は文字列中に「"」を含めるためのエスケープ文字
⓫ 文字の長さが合っていたら真を返す
⓬ 使える文字だけが含まれていたら真を返す
⓭ 論理演算子&&は、両端の項がどちらも真のとき真を返す

　メッセージを表示するときには、「使えない文字"s"が含まれています。」のように、文字列の中にダブルクォーテーション「"」を含みたいときがあります。しかし、C言語では、ダブルクォーテーションは文字列の開始と終了を表す区切り文字になっています。そのため、このまま文字列の中に書いてしまうと、文字列の終わりと区別できなくなってしまいます。そこで、文字列中にダブルクォーテーションを含みたいときは、「\"」のように書いて、文字列の終わりではなく、文字列中の文字のひとつとして使っていることがわかるようにします。このように元の文字がプログラム中で持つ働きを取り消すことを「エスケープする」といいます。その働きのために使う文字をエスケープ文字といいます。C言語のエスケープ文字は欧米の環境ではバックスラッシュ「\」です。日本語の環境では「\」の文字コードに半角の円記号が割り当てられているため、「円記号」が表示されます。

229

第11章 「プログラムはプレーヤーの予想入力を確認する」を作る

　また、このサンプルプログラムの**main**関数後半部分をみると、if文の条件判断部分（括弧の中）に、次のような論理演算子**&&**を使っています。

```
chg_input_length_is_valid(buf) && chg_input_chars_is_valid(buf)
```

　これは、**chg_input_length_is_valid**関数を呼び出した結果が真で、かつ**chg_input_chars_is_valid**関数の結果も真なら、この式全体が真になるという意味です。その他の論理演算子については、**「表7.1 論理演算子の一覧」**を参照してください。

　ビルドして実行して、入力に使えない文字が含まれていないか調べられることを確認しましょう。

入力に使えない文字が含まれていないか確認する

```
kuboaki@JAKE10 C:\cbook\answer_check_test\Debug
> answer_check_test.exe enter
abcd enter
abcd
使えない文字"ad"が含まれています。 ❶
入力に不正があります

kuboaki@JAKE10 C:\cbook\answer_check_test\Debug
> answer_check_test.exe enter
rgby enter
rgby
入力は妥当です

kuboaki@JAKE10 C:\cbook\answer_check_test\Debug
> answer_check_test.exe enter
mmcc enter
mmcc
入力は妥当です ❷

kuboaki@JAKE10 C:\cbook\answer_check_test\Debug
> answer_check_test.exe enter
aaxx enter
aaxx
使えない文字"ax"が含まれています。 ❸
入力に不正があります
```

❶ 使えない文字がメッセージに表示されている
❷ 使える文字の重複にはまだ対応できていない
❸ 使えない文字が重複していてもメッセージではまとめて表示されている

　使えない文字が含まれていると、メッセージが表示されます。また、使えない文字

230　第2部 プログラムの開発を体験しよう

が重複していても、メッセージではまとめて表示されています。ですが、使える文字の重複はまだ対応できていません。

それでも、これで入力した文字に使えない文字が含まれていないことを確認できるようになりました。色当てゲームに組み込むのはもう少し待って、最後に、使える色の重複を確認する方法を考えましょう。

11.1.7 使える文字の重複を確認する

予想入力の取得方法を考えたときに複数の方法を比べたように、重複を調べる方法も、1通りではなく、いくつか考えられると思います。たとえば次のような考えがあるでしょう。

- 入力した文字を同じ文字が含まれないように複製し、複製した配列の長さが入力文字数より小さいなら、重複があるとする
- 入力した文字が問題の種のどの文字か探し、その文字を使っている数をカウントする

最初の方法の手順は、次のようになるでしょう。

1. 複製用の文字列配列を用意して初期化しておく
2. いくつ使ったか憶えておくカウンタを初期化する
3. 入力文字が複製用の配列に含まれていないか調べ、ないときは追加し、カウンタを増やす
4. 入力文字がなくなるまで繰り返す

2番目の方法の手順は、次のようになるでしょう。

1. 問題の種の文字ごとの出現頻度を憶えておく整数値の配列を用意して初期化しておく
2. 入力文字が問題の種のどの文字か探す
3. 見つかった文字のポインタと問題の種の先頭のポインタの差をとる
4. ポインタの差はそのポインタ型のデータの大きさに基づく要素の数の差になる
5. 出現頻度を憶えておく配列の同じ要素の添字位置のカウンタを増やす

これまでに、文字型配列に文字が含まれていることを調べるのに memchr 関数が使えることがわかっているので、どちらの方法もこれを使えば実現できそうです。最初の方法は、入力の文字に重複があることはわかりますが、どの文字がいくつ重複しているかを調べるのが難しいですね。2番目の方法は、どの文字がいくつ重複しているかわかります。2番目の方法の方が、重複に関する情報が少し詳しいので、この方法を使ってみることにしましょう。

231

図にすると、次のようになるでしょうか。

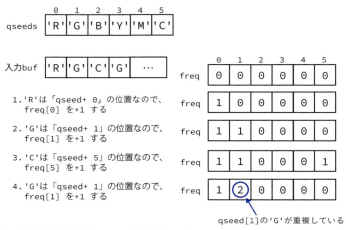

図11.5　出現頻度を憶えることで重複を調べる

考えた手順を使って、入力文字の重複を調べるプログラムを、`answer_check_test.c`に追加してみましょう。関数名は、`chg_input_chars_is_no_dup`にしましょう。

answer_check_test.c　使っている色の重複を確認する
```c
#define QSIZE 4

static const char qseeds[] = { 'R', 'G', 'B', 'Y', 'M', 'C' };
static const int num_of_colors = sizeof(qseeds)/sizeof(qseeds[0]);

bool chg_input_chars_is_no_dup(const char* buf) {
  size_t length = strlen(buf);

  int freq[num_of_colors];       ❶
  memset(freq, 0, sizeof(int) * num_of_colors);    ❷

  for (size_t i = 0; i < length; i++) {    ❸
    char* offset = memchr(qseeds, toupper(buf[i]), num_of_colors);  ❹
    if (offset != NULL) {
      int idx = offset - qseeds;    ❺
      freq[idx]++;    ❻
    }
  }

  bool ret = true;
  for (int i = 0; i < num_of_colors; i++) {
```

予想入力は1色につき1個しか使えないことを確認する

```c
      if (freq[i] >= 2) {          ❼
        printf("同じ文字\"%c\"が%d回使われています\n", qseeds[i], freq[i]);
        ret = false;
      }
    }
  return ret;
}

bool chg_input_chars_is_valid(const char* buf) {
  /* 略 */
}

bool chg_input_length_is_valid(const char* buf) {
  /* 略 */
}

int main(void) {
  // setvbuf(stdout, NULL, _IONBF, 0);
  char buf[10];
  char* cr;
  const int size = sizeof(buf);
  fgets(buf, size, stdin);
  cr = strchr(buf, '\n');
  if(cr != NULL) {
   *cr = '\0';
  }
  puts(buf);
  if (chg_input_length_is_valid(buf)
    && chg_input_chars_is_valid(buf)
    && chg_input_chars_is_no_dup(buf)) {          ❽
    puts("入力は妥当です");
  } else {
    puts("入力に不正があります");
  }
  return EXIT_SUCCESS;
}
```

❶ 出現頻度を憶えておく整数型配列 freq を用意した
❷ memset 関数を使って、freq の要素を0で初期化した
❸ すべての入力文字について調べる
❹ 入力文字を大文字に変換し、それが問題の種に含まれている位置を調べた
❺ 配列を指すポインタの差を使って、問題の種の何番目かを求めた
❻ 出現頻度の配列の同じ添字番号の場所のカウントを増した
❼ 出現頻度が2以上の文字は重複があるので、メッセージを表示する
❽ 使っている色の重複を確認する条件判断を追加した

　初期化に使っている memset 関数は、次のようなものです。

233

第11章 「プログラムはプレーヤーの予想入力を確認する」を作る

memset関数

```
void* memset(void* buffer, int ch, size_t n);    ❶
```

❶ **buffer**で示すアドレスからnバイト分の領域に値**ch**を格納する

ビルドして実行して、入力に重複した文字が含まれていることが調べられることを確認しましょう。

入力に重複した文字が含まれていないか確認する

```
kuboaki@JAKE10 C:\cbook\answer_check_test\Debug
> answer_check_test.exe enter
RGBY enter
RGBY
入力は妥当です

kuboaki@JAKE10 C:\cbook\answer_check_test\Debug
> answer_check_test.exe enter
rrbb enter
rrbb
同じ文字"R"が2回使われています
同じ文字"B"が2回使われています
入力に不正があります

kuboaki@JAKE10 C:\cbook\answer_check_test\Debug
> answer_check_test.exe enter
rgmg enter
rgmg
同じ文字"G"が2回使われています
入力に不正があります

kuboaki@JAKE10 C:\cbook\answer_check_test\Debug
> answer_check_test.exe enter
CCCy enter
CCCy
同じ文字"C"が3回使われています
入力に不正があります

kuboaki@JAKE10 C:\cbook\answer_check_test\Debug
> answer_check_test.exe enter
MMMM enter
MMMM
同じ文字"M"が4回使われています
入力に不正があります
```

重複した文字が見つかると、メッセージが表示されるのが確認できましたか。

234 第2部 プログラムの開発を体験しよう

これで、1行単位でプレーヤーが修正しながら入力できる方法と、入力文字について確認したかった、長さが正しいこと、使える文字だけが含まれていること、入力文字に重複がないことのすべてを確認する方法が手に入りました。

ですが、まだ色当てゲームには組み込めていません。そうです、まだ実験が終わったところだったのですね。

複数の選択肢から選べてこそ実力

プログラムを作るときは、なにか方法を思いついたら、すぐに「これだ！」と決めつけて作ってしまいがちです。あるいは、よいかどうかわからないので「ひとまず作ってみて、それから考えよう」となりがちです。しかし、そのようにして1度作り始めてしまうと、なかなか他の方法に変えることはできなくなりますね。「もう、ここまで作っちゃったし……」などと思ってしまい、他にもっとよい方法があるかもしれないと思っても、いまさら変えられないや……と考えてしまうことが多いでしょう。そして、ちょっと後悔しながらも「これだって、ちゃんと動くし……」と、自分を正当化してみたくなったりします。

では、後悔しないためには、どうすればよいのでしょうか。

試す前によく考える……？ はい、それもよい考えですね。ですが、作ったことがないものや、使ったことがない方法だったら、よく考えようとしても、わからないことが多くて考えられないのが実際ではないでしょうか。やはり、試してみたり、すでにあるものを真似てみたりするところから始めるのが無難です。つまり、思いつく方法や、調べて見つけた方法を試してみることは、問題解決の選択肢を得るための方法なのです。しかも、新しく試すということは、知っている方法で済ませずに、新しいことを学ぶ機会にもなっているのです。

さて、大事なのはここからです。

新しいことを試してうまく動いてくれると、「これでいけそうじゃね？」と思ってしまい、そのまま試した延長で作り込んでいってしまうのですね……。これは、いただけません。そうです、みなさんはまだいろいろと試している最中なのです。「お、いけそう！」と思っても、それはまだ選択肢のひとつが好感触だっただけです。最低でも、あとひとつか2つの方法を試して、比較した方がよいでしょう。そして、その中からよいと思うものを選ぶのです。それから、もともと作りたかったプログラムに戻って、選んだ方法を組み込むのです。

まとめると、

1. 複数の選択肢を試す（使えるようにする）
2. そのときの事情に合うものを選ぶ（最上ではなく最善を選ぶ）

第11章 「プログラムはプレーヤーの予想入力を確認する」を作る

> **3. 本来のプログラムに適用する（実際に使うのは、わかってから）**
>
> これがプログラムを上手に作る人が使っているやり方です。

11.2 入力内容がおかしければプレーヤーに再入力を促す

前の節の実験で、プレーヤーの入力の確認方法は手に入りました。こんどはこれらを使ってプレーヤーの入力がおかしいときは、再入力を促す部分を作りましょう。

11.2.1 プレーヤーの予想入力処理を見直す

これまでの色当てゲームのプレーヤーの予想の処理で、予想の入力は文字型配列 **tx**に、**get_trial_char**関数を使って1文字ずつ入力していました。まずこれを **fgets** 関数を使って1行入力に書き直しましょう。

answer_check_test.cの**main**関数から1行入力の部分を持ってきて**chg_input_answer**関数とし、**chg_play_turn**関数の前に定義しましょう。そして、**chg_play_turn**関数の処理のうち**get_trial_char**関数と**discard_inputs**関数を使って作っていた入力部分を、**chg_input_answer**関数を使うように修正しましょう。

color_hitting_game.c

```
69. void chg_input_answer(char buf[], int size) {    ❶ ❷ ❸
70.   char* cr;
71.
72.   fgets(buf, size, stdin);
73.   cr = strchr(buf, '\n');
74.   if(cr != NULL) {
75.     *cr = '\0';
76.   }
77. }
78.
79. int chg_play_turn(void) {
80.   int matched = 0;
81.
82.   char tx[QSIZE+10];                    ❹
83.   const int size = sizeof(tx);
84.   chg_input_answer(tx, size);           ❺
85.   puts(tx);            ❻
86.
87.   for (int i = 0; i < QSIZE; i++) {
88.     if (qx[i] == tx[i]) {
89.       matched += 1;
90.     }
```

236　第2部 プログラムの開発を体験しよう

入力内容がおかしければプレーヤーに再入力を促す

```
91.    }
92.    return matched;
93. }
```

❶ 1行入力用の chg_input_answer 関数を作った
❷ char buf[] は配列を渡す意味を強調したポインタ引数の書き方
❸ 引数には配列へのポインタが渡るため、配列の大きさがわかるよう size を渡している
❹ 予想入力用の文字型配列 tx は、1行入力時に長めに入力できるよう余裕を持たせた
❺ 1行入力処理を呼ぶと、tx に予想入力が得られる
❻ 入力結果は文字列に変わったので、表示に使う方法を for 文から puts 関数に変更した

　まだ、入力内容の確認は追加していませんが、ここまでの修正を1度ビルドして、動作を確認しましょう。

1行入力が試せるか確認する

```
> color_hitting_game.exe enter
【色当てゲーム】
ゲームをはじめてください。
コンピュータが問題を出しました。
RCMG
予想を入力してください。1 回目
RRRR enter
RRRR
結果
1 コ合っています。
予想を入力してください。2 回目
RCBBBB enter
RCBBBB
結果
2 コ合っています。
予想を入力してください。3 回目
rgbykc enter
rgbykc
結果
0 コ合っています。
予想を入力してください。4 回目
RCMG enter
RCMG
結果
4 コ合っています。
あなたの勝ちです。
```

237

第11章 「プログラムはプレーヤーの予想入力を確認する」を作る

　　紙面では現れていませんが、入力中に文字を削除したり、カーソルキーで移動して編集できたりすることが確認できたでしょうか。まだ、入力内容の確認は組み込めていませんが、これまでの1文字入力よりもだいぶ入力しやすくなったことがわかるでしょう。

11.2.2　入力内容の確認処理を追加する

　　こんどは、入力内容の確認処理を組み込みましょう。**answer_check_test.c** の **main** 関数では、入力内容を確認したらプログラムを終了していました。しかし、色当てゲームではまだプレーヤーのターンの途中ですので、入力内容に問題があったからといってプログラムを終了するわけにはいきませんね。ここは、内容を確認して妥当であるときは答え合わせに進み、入力に不正があった場合には再び入力を促すのがよいのではないでしょうか。

　　このように、ある条件が成り立つ間繰り返す処理を作る場合に、C言語では「while文」をよく使います。使い方は、次のようなものです。

while文の使い方

```
const int score_max = 1000;
int score = 100;
while(score > 10) {         ❶
  int gain = play_turn();
  if((score + gain) >= score_max) {   ❷
    score = score_max;        ❸
    break;        ❹
  } else  {
    score += gain;
  }
}
```

❶ 整数値 score が10より大きな間繰り返す
❷ 整数値 gain とそのときの score の合計が score_max 以上になるかどうか調べる
❸ 合計が score_max 以上になるときは、score を score_max にする
❹ while文のブロックの中で break 文が実行されると、その場所から繰り返しを脱出する

　　while文のパラメータはひとつです。このパラメータは繰り返しの継続条件で、変数、計算の結果、条件式などが入ります。ここに書いてある条件判断の結果が真の間、あとに続くブロックの処理を実行します。この例の場合では、整数の変数 **score** が10より大きな間 **play_turn** 関数を呼び、その結果を **gain** に格納します。もし、現在の **score** に **gain** を足したものがスコアの最大値 **score_max** 以上になるようなら、**score** を **score_max** にし、break文でこのwhile文の繰り返しから脱出します。また、

238　第2部 プログラムの開発を体験しよう

gainが負であるとscoreは減り、その結果scoreが10以下になると、繰り返し処理を抜けます。

このwhile文を使って入力処理部分を修正した場合のプログラムを示すと、次のような感じになるでしょう。

（検討中の）入力内容が不正だったとき再入力を促す処理の流れ

```
int chg_play_turn(void) {
  int matched = 0;

  char tx[QSIZE+10];
  const int size = sizeof(tx);
  while(true) {      ❶ ❷
    chg_input_answer(tx,size);

    if (chg_input_length_is_valid(tx)
      && chg_input_chars_is_valid(tx)
      && chg_input_chars_is_no_dup(tx)) {
      break;      ❸
    } else {
      puts("再入力してください");
    }
  }
  ❹
```

❶ 妥当な入力が得られるまで入力処理を繰り返す
❷ while文は、引数の中の式や値が真の間繰り返すので、trueの場合、無限に繰り返す
❸ 入力内容が妥当なときは、break文で繰り返し処理を抜ける
❹ while文をbreak文で抜けるとwhile文のあとの処理へ進む

処理の流れがわかるでしょうか。まず、**chg_input_answer**関数でプレーヤーの予想入力を受け付けます。その後、**chg_input_length_is_valid**関数で入力の長さを確認し、**chg_input_chars_is_valid**関数で使えない文字が含まれていないか確認し、**chg_input_chars_is_no_dup**関数で入力に重複がないことを確認します。いずれも問題がなければ、break文で繰り返しを抜けます。そうでなければ「再入力してください」というメッセージを表示して、再び予想の入力を受け付けに戻ります。

まず、これらの関数で**bool**型を使うので、**stdbool.h**をインクルードしておきます。また、**toupper**関数を使うので、**ctype.h**もインクルードしておきましょう。

color_hitting_game.c

```
11.   #include <stdio.h>
12.   #include <stdlib.h>
```

第11章 「プログラムはプレーヤーの予想入力を確認する」を作る

```
13.  #include <string.h>
14.  #include <stdbool.h>     ❶
15.  #include <ctype.h>       ❷
16.  #include <time.h>
```

❶ bool 型を使うために、stdbool.hをインクルードした
❷ toupper 関数を使うためにctype.hをインクルードした

　次に、answer_check_test.cから、chg_input_chars_is_no_dup、chg_input_chars_is_valid 、chg_input_length_is_validの各関数を持ってきて、chg_input_answer 関数の定義の前に挿入しましょう。

color_hitting_game.c

```
71.  bool chg_input_chars_is_no_dup(const char* buf) {        ❶
72.    size_t length = strlen(buf);
73.
74.    int freq[num_of_colors];
75.    memset(freq, 0, sizeof(int) * num_of_colors);
76.
77.    for (size_t i = 0; i < length; i++) {
78.      char* offset = memchr(qseeds, toupper(buf[i]), num_of_colors);
79.      if (offset != NULL) {
80.        int idx = offset - qseeds;
81.        freq[idx]++;
82.      }
83.    }
84.
85.    bool ret = true;
86.    for (int i = 0; i < num_of_colors; i++) {
87.      if (freq[i] >= 2) {
88.        printf("同じ文字\"%c\"が%d回使われています\n", qseeds[i], freq[i]);
89.        ret = false;
90.      }
91.    }
92.    return ret;
93.  }
94.
95.  bool chg_input_chars_is_valid(const char* buf) {        ❷
96.    size_t length = strlen(buf);
97.
98.    char illegal_chars[QSIZE] = { '\0' };
99.    int j = 0;
100.   for (size_t i = 0; i < length; i++) {
101.     char ch = toupper(buf[i]);
102.     if (memchr(qseeds, ch, num_of_colors) == NULL) {
103.       if (memchr(illegal_chars, buf[i], QSIZE) == NULL) {
104.         illegal_chars[j++] = buf[i];
```

240　第2部 プログラムの開発を体験しよう

```
105.        }
106.      }
107.    }
108.    if (strlen(illegal_chars) > 0) {
109.      printf("使えない文字\"%s\"が含まれています\n", illegal_chars);
110.      return false;
111.    }
112.    return true;
113. }
114.
115. bool chg_input_length_is_valid(const char* buf) {    ❸
116.    size_t length = strlen(buf);
117.
118.    if (length < QSIZE) {
119.      puts("入力が短かすぎます");
120.      return false;
121.    }
122.    if (length > QSIZE) {
123.      puts("入力が長すぎます");
124.      return false;
125.    }
126.    return true;
127. }
128.
129. void chg_input_answer(char buf[], int size) {
130.    char* cr;
131.
132.    fgets(buf, size, stdin);
133.    cr = strchr(buf, '\n');
134.    if(cr != NULL) {
135.      *cr = '\0';
136.    }
137. }
```

❶ chg_input_chars_is_no_dup 関数全体を answer_check_test.c からコピーして挿入した

❷ chg_input_chars_is_valid 関数全体を answer_check_test.c からコピーして挿入した

❸ chg_input_length_is_valid 関数全体を answer_check_test.c からコピーして挿入した

　これらの処理は、まだ呼び出して使ってはいませんが、組み込んだところで、1度ビルドできるか確認しておきましょう。

　組み込みに問題がないことが確認できたら、**chg_play_turn**関数の144行目以降を修正しましょう。

第11章 「プログラムはプレーヤーの予想入力を確認する」を作る

color_hitting_game.c

```
139. int chg_play_turn(void) {
140.   int matched = 0;
141.
142.   char tx[QSIZE+10];
143.   const int size = sizeof(tx);
144.   while(true) {              ❶
145.     chg_input_answer(tx, size);
146.
147.     if (chg_input_length_is_valid(tx)
148.       && chg_input_chars_is_valid(tx)
149.       && chg_input_chars_is_no_dup(tx)) {
150.       break;          ❷
151.     } else {
152.       puts("再入力してください");     ❸
153.     }
154.   }
155.   ❹
156.   for (int i = 0; i < QSIZE; i++) {
157.     if (qx[i] == tx[i]) {
158.       matched += 1;
159.     }
160.   }
161.
162.   return matched;
163. }
```

❶ 妥当な入力が得られるまでwhile文で無限回繰り返す
❷ 入力内容が妥当なときは、break文で繰り返し処理を抜ける
❸ 入力内容が不正なときは、再入力を促す
❹ while文をbreak文で抜けると、while文のあとの処理へ進む

修正できたらビルドして、動作を確認しましょう。

入力内容を調べられるようになったか確認する

```
> color_hitting_game.exe enter
【色当てゲーム】
ゲームをはじめてください。
コンピュータが問題を出しました。
YMBC
予想を入力してください。1 回目
aaassss enter
入力が長すぎます
再入力してください
sss enter
入力が短かすぎます
```

242　第2部 プログラムの開発を体験しよう

入力内容がおかしければプレーヤーに再入力を促す

```
再入力してください
rrrr enter
同じ文字"R"が4回使われています
再入力してください
rgby enter
結果
0  コ合っています。
予想を入力してください。2  回目
TMCB enter
使えない文字"T"が含まれています
再入力してください
YMCB enter
結果
2  コ合っています。
予想を入力してください。3  回目
YMBC enter
結果
4  コ合っています。
あなたの勝ちです。
```

　どうでしょうか。入力中に文字の修正はできましたか。入力が正しければゲームの
判定へ進み、入力がおかしい場合にはメッセージが表示され、再入力を促されるよう
になったでしょうか。

11.2.3　小文字の入力も判定するよう修正する

　もう一度実行して見てみましょう。これまでの修正で、使える色の文字であれば小
文字でも受け付けるようにしましたので、小文字で入力してみてください。

小文字は入力できるが、期待通りに判定されない

```
> color_hitting_game.exe enter
【色当てゲーム】
ゲームをはじめてください。
コンピュータが問題を出しました。
GMYB
予想を入力してください。1  回目
aaddee enter
入力が長すぎます
再入力してください
aadd enter
使えない文字"ad"が含まれています
再入力してください
gbcr enter  ❶
結果
0  コ合っています。
予想を入力してください。2  回目
```

243

第11章 「プログラムはプレーヤーの予想入力を確認する」を作る

```
gmyb enter    ❷
0  コ合っています。
予想を入力してください。3 回目
GMyb enter    ❸
2  コ合っています。
予想を入力してください。4 回目
^C
```

❶ gは合っているはずだが、合っていると判定していない
❷ 4つとも合っているはずだが、合っていると判定できていない
❸ 2文字大文字に変えると、そこだけ合っていると判定される

　どうでしょう。入力は受け付けられるようになっていますが、判定が期待通りでないことがわかります。

　chg_play_turn関数の中で、問題と予想が合っているか判定している部分の処理を見てみましょう。

color_hitting_game.c

```c
156.   for (int i = 0; i < QSIZE; i++) {
157.     if (qx[i] == tx[i]) {        ❶
158.       matched += 1;
159.     }
160.   }
```

❶ 2つの配列の同じ添字の場所の文字が等しいか比較している

　問題**qx**と 予想**tx**の2つの文字型配列の同じ添字の位置にある文字が等しいかどうか比較していますね。入力に使える文字を確認するまでは、プレーヤーには大文字で入力してもらい、一致している場合を合っていると判定していました。そのため、この処理でもかまわなかったのです。しかし、いまは入力内容を確認するようになり、小文字も受け付けるようにしたので、小文字で入力した場合に一致していないと判定されてしまっているのですね。さすがにプレーヤーは納得できないでしょう。

　そこで、この処理を見直して、大文字でも小文字でも合っていると判定するように修正しましょう。**toupper**関数を使えばよいですね。

color_hitting_game.c

```c
156.   for (int i = 0; i < QSIZE; i++) {
157.     if (qx[i] == toupper(tx[i])) {        ❶
158.       matched += 1;
159.     }
160.   }
```

244　第2部 プログラムの開発を体験しよう

❶ 予想の文字を大文字に変換してから問題の文字と等しいか比較している

　修正したら、ビルドして実行してみましょう。

小文字でも正しく判定されることを確認する

```
> color_hitting_game.exe  enter
【色当てゲーム】
ゲームをはじめてください。
コンピュータが問題を出しました。
MGBR
予想を入力してください。1 回目
aaddee  enter
入力が長すぎます
再入力してください
aadd  enter
使えない文字"ad"が含まれています
再入力してください
mcyg  enter    ❶
結果
1  コ合っています。
予想を入力してください。2 回目
mgbr  enter    ❷
結果
4  コ合っています。
あなたの勝ちです。
```

❶ 小文字のmが合っていると判定できている
❷ すべて小文字でも、合っていると判定できている

　これで、使える色の文字であれば、大文字でも小文字でも受け付けられ、正しく判定されるようになりましたね。

11.3　まとめ

　ここまでの修正で、「予想入力は1色につき1個しか使えないことを確認する」と「入力内容がおかしければプレーヤーに再入力を促す」という作業ができました。そして、これらの作業ができたので、元になった「プレーヤーが予想を入力すると、プログラムは入力内容を確認する」もできあがったといえるでしょう。作業リストをチェックして次へ進みましょう。元のリストにあった「入力内容におかしなところがなければ、入力内容をプレーヤーの予想とする」も、ここまでの修正で達成できていますのでチェックしておきましょう。

第11章 「プログラムはプレーヤーの予想入力を確認する」を作る

色当てゲームのプログラムの作業リスト（一部）

（略）

- ✓ プログラムは、ゲームごとに新しい問題を自動で作成する
- ✓ プログラムは、問題を出すとき玉を1色につき1個しか使えない
- ✓ プレーヤーは、問題を予想し、予想（トライアル）を繰り返す
- ✓ プログラムはプレーヤーの予想入力を確認する
- ✓ 予想入力は1色につき1個しか使えないことを確認する
- ✓ 入力内容がおかしければプレーヤーに再入力を促す
- ☐ 入力内容がギブアップの場合は、プログラムの勝ちとし、ゲームを終了する
- ✓ 入力内容におかしなところがなければ、入力内容をプレーヤーの予想とする

（略）

246　第2部　プログラムの開発を体験しよう

第12章 「ギブアップの場合はプログラムの勝ちとする」を作る

作業リストから「入力内容がギブアップの場合は、プログラムの勝ちとし、ゲームを終了する」を取り上げましょう。

これを作っておけば、プレーヤーの入力待ちが繰り返されている途中でもゲームを正常に終了できるようになります。作業名が長いので「ギブアップの場合はプログラムの勝ちとする」に変えました。

▨ 色当てゲームのプログラムの作業リスト（一部）

（略）

- ✓ 予想入力は1色につき1個しか使えないことを確認する
- ✓ 入力内容がおかしければプレーヤーに再入力を促す
- ☐ ギブアップの場合はプログラムの勝ちとする
- ✓ 入力内容におかしなところがなければ、入力内容をプレーヤーの予想とする

（略）

12.1 ギブアップを判別できるようにする

ギブアップするには、プレーヤーからプログラムへギブアップの意思を伝える必要があります。あらかじめギブアップ用の入力文字を決めておき、ギブアップする場合には、予想入力中にその文字を受け付けたらギブアップの処理をすることにしましょう。

「ギブアップ（Give up）」ですから G がよさそうですが、すでに「緑」の文字として使われています。代わりに、ギブアップしてゲームを終了するということで、「終了する（Quit）」から Q としましょう。予想の入力のときに、色の文字ではなく Q が入力されたときは、ゲームを終了してプレーヤーの負けつまりプログラムの勝ちとしましょう。

まず、プレーヤーが予想を入力するときに、入力の先頭の文字が Q かどうかを調べ、終了するかどうかを返す chg_input_is_quit 関数を chg_input_answer 関数の前に追加しましょう。

color_hitting_game.c

```
129. bool chg_input_is_quit(const char* buf) {
130.     if(toupper(buf[0]) == 'Q') {        ❶
```

247

第12章 「ギブアップの場合はプログラムの勝ちとする」を作る

```
131.      return true;
132.    } else {
133.      return false;
134.    }
135. }
136.
137. void chg_input_answer(char buf[], int size) {
138.    /* 略 */
```

❶ 先頭の文字がQまたはqかどうか調べる

　次に考えるのは、ゲームのターンを進めているときの変化です。これまでゲームの途中には、プレーヤーがすべての色と場所を当てて勝った場合と、まだ当てていない色や場所があってゲームが継続中の場合がありました。つまり、最終ターンまで当てられない場合を、プレーヤーが負けたとみなしていたわけです。ところがギブアップが追加されると、ゲームの途中でもプレーヤーが負ける場合が生じます。そこで、**chg_play_turn**関数と**chg_check_result**関数の処理を見直して、プレーヤーの負け、プレーヤーの勝ち、ゲームの途中が判別できるような工夫が必要になります。このような複数の状態を区別するとき便利なのが「列挙型」です。

　C言語の列挙型は、整数型の定数を名前をつけて列挙したものです。使う値は、コンパイラが与えてくれるものを使うことも、明示的に初期値を与えることもできます。たとえば、次の例は服のサイズを表した列挙型**size**を定義しています。

列挙型sizeを定義した例

```
enum size { x-small, small, medium, large, x-large };      ❶
```

❶ x-small ……x-largeを列挙定数とする列挙型sizeを定義した

　キーワード**enum**に続く名前を「列挙型のタグ」といいます。上の例では**size**がタグです。ブロックの中に並べられている**x-small**、**large**といった名前は「列挙定数」といいます。列挙定数は、**int**型を使う場面で利用できます。初期化しない定数には、整数値が自動的に割り当てられます。次のように、列挙定数に初期値を与えることもできます。

```
enum size { x-small = 10, small = 20, medium = 30, large = 40,
x-large = 50 };      ❶
```

❶ 列挙定数に明示的に初期値を与えた

　この列挙型を追加して、ゲームのターンを進めているときの状況を表してみましょう。**chg_play_turn**関数の中で使いたいので、**chg_play_turn**関数の前に定義し

248　第2部 プログラムの開発を体験しよう

ギブアップのときにゲームを終了させる

ます。

color_hitting_game.c

```
147.  enum chg_game_state {
148.    chg_state_PLAYING, chg_state_PLAYER_WIN, chg_state_PLAYER_LOSE  ❶
149.  };
150.
151.  int chg_play_turn(void) {
152.  /* 略 */
```

❶ ゲームのターンを進めているときの状態を表す列挙型 chg_game_state を定義した

12.2　ギブアップのときにゲームを終了させる

ギブアップしたときは予想を入力せずに終了します。chg_input_is_quit 関数を使ってギブアップすると確認したら、予想内容を確認せずに入力待ちから抜けるようにできるか、考えてみます。

（検討中の）ギブアップのときは予想入力から抜ける処理

```
int chg_play_turn(void) {
  int matched = 0;

  char tx[QSIZE+10];
  const int size = sizeof(tx);
  while(true) {
    chg_input_answer(tx, size);

    if (chg_input_is_quit(tx)) {
      break;           ❶
    }

    if (chg_input_length_is_valid(tx)
      && chg_input_chars_is_valid(tx)
      && chg_input_chars_is_no_dup(tx)) {
      break;
    } else {
      puts("再入力してください");
    }
  }

  for (int i = 0; i < QSIZE; i++) {      ❷
    if (qx[i] == toupper(tx[i])) {
      matched += 1;
    }
```

249

第12章 「ギブアップの場合はプログラムの勝ちとする」を作る

```
  }

  return matched;
}
```

❶ ギブアップしているときは、予想内容の確認をせずに繰り返し処理を抜ける
❷ ここで、問題と予想を比較しようとしている（これはうまくいかない）

この考え方では、入力の繰り返し処理を抜けたあと、問題と予想を比較してしまっています。予想は入力できていませんから、これでは困りますね。どうやら、**chg_play_turn**関数やその前後の処理には見直しが必要そうです。

ゲームの全体の処理の流れを決めているのは、**color_hitting_game**関数のターンを繰り返しているfor文です。現在は、次のように**chg_play_turn**関数を呼び出した結果、返される色と場所が合っている玉の数を、**chg_check_result**関数を使って全部の数かどうか調べています。

ゲームのターンの繰り返し処理の部分

```
void color_hitting_game(void) {
/* 略 */
  const int max_turns = 10;
  for (int turn = 0; turn < max_turns; turn++) {
    printf("予想を入力してください。%d 回目\n", turn + 1);

    int matched = 0;
    matched = chg_play_turn();        ❶

    player_win = chg_check_result(matched);    ❷
    if (player_win) {
      break;
    }
  }
/* 略 */
}
```

❶ 色と場所が合っている玉の数を得ている
❷ 色と場所が合っている玉の数から勝敗を判断している

しかし、ギブアップを受け付ける場合、色の数がいくつかだけではゲームの途中なのかギブアップしているのかは、判断できません。そこで、先程追加した列挙型**chg_game_state**を使って、ターンの状態を判断してゲームの進行を変えられないか、次のように考えてみました。ですが、実際に修正するのはちょっと待ちます。この通りにできるかどうか他の関数の処理を見直して、それから修正しましょう。

ゲームのターンの繰り返し処理を見直す

```
void color_hitting_game(void) {
```

250　第2部 プログラムの開発を体験しよう

ギブアップのときにゲームを終了させる

```c
enum chg_game_state game_state = chg_state_PLAYING;

srand((unsigned) time(NULL));
chg_display_title();
chg_make_question();
const int max_turns = 10;
for (int turn = 0; turn < max_turns; turr++) {
  printf("予想を入力してください。%d 回目\n", turn + 1);

  game_state = chg_play_turn();            ❶
  if (game_state == chg_state_PLAYER_WIN
    || game_state == chg_state_PLAYER_LOSE) {   ❷
    break;
  }
}

chg_display_win_or_lose(game_state);         ❸
return;
}
```

❶ chg_play_turn関数がターンの結果どの状態にあるのかを返す
❷ プレーヤーが勝ちまたは負けのときは、ターンの繰り返しを抜ける
❸ ゲームの状態を使って、勝ち負けを表示する

game_stateの比較には論理和演算子の「||」を使っています。この比較によって、「プレーヤーの勝ち（chg_state_PLAYER_WIN）または負け（chg_state_PLAYER_LOSE）のいずれかの場合は処理を抜ける」という場合を判断しています。

また、この変更には、chg_play_turn関数を修正して、合っている色を調べて勝ち負けを判定しておく必要があります。そこで、chg_check_result関数の戻り値を変更して、ゲームの途中でも、プレーヤーが勝っているのか、まだゲームは継続するのかを判断して、状態を返すようにします。また、このchg_check_result関数はchg_play_turn関数から使うことになるので、chg_play_turn関数の定義の後ろから、chg_play_turn関数の前に移動します。
移動したら、次のように修正しましょう。

color_hitting_game.c

```c
151.  enum chg_game_state chg_check_result(const char tx[]) {    ❶ ❷ ❸
152.    int matched = 0;
153.
154.    for (int i = 0; i < QSIZE; i++) {      ❹
155.      if (qx[i] == toupper(tx[i])) {
156.        matched += 1;
157.      }
158.    }
```

251

第12章 「ギブアップの場合はプログラムの勝ちとする」を作る

```
159.
160.   puts("結果");
161.   printf("%d コ合っています。\n", matched);
162.   if (matched == QSIZE) {
163.     return chg_state_PLAYER_WIN;        ❺
164.   } else {
165.     return chg_state_PLAYING;           ❺
166.   }
167. }
168.
169. int chg_play_turn(void) {                ❻
170. /* 略 */
```

❶ chg_check_result関数をゲームの状態を返す関数に変更した
❷ 受け取る予想入力は、この関数の中ではtxという名前の文字型配列として扱う
❸ txは、この関数の中では書き換えたりしないのでconst宣言をつけておく
❹ for文を使ってプレーヤーの勝ちかどうかを調べる繰り返し処理全体を、chg_play_turn関数（168〜172行目）から削除し、ここに移動した
❺ プレーヤーの勝ちかどうかで、ゲームの状態を返すように変更した
❻ chg_check_result関数をchg_play_turn関数より先に定義した

　そして、chg_play_turn関数は、chg_check_result関数を使うように変更します。このとき、chg_play_turn関数の型もchg_game_state型にして、ギブアップしているときとゲーム中のとき、プレーヤーが勝ったときを返せるようにします。

color_hitting_game.c

```
169. enum chg_game_state chg_play_turn(void) {      ❶
170.   char tx[QSIZE + 10];
171.   const int size = sizeof(tx);
172.   while (true) {
173.     chg_input_answer(tx, size);
174.
175.     if (chg_input_is_quit(tx)) {
176.       return chg_state_PLAYER_LOSE;            ❷
177.     }
178.
179.     if (chg_input_length_is_valid(tx)
180.       && chg_input_chars_is_valid(tx)
181.       && chg_input_chars_is_no_dup(tx)) {
182.       break;
183.     } else {
184.       puts("再入力してください");
185.     }
186.   }
187.
188.   return chg_check_result(tx);                  ❸
```

252　第2部 プログラムの開発を体験しよう

```
189.  }
190.
191.  void chg_display_win_or_lose(int player_win) {
192.  /* 略 */
```

❶ chg_play_turn関数をゲームの状態を返す関数に変更した
❷ chg_input_is_quit関数を使って、ギブアップしているときはchg_state_
　 PLAYER_LOSEを返す
❸ chg_check_result関数を使ってプレーヤーが勝っているかどうか調べて、そ
　 の状態を返す（ここにあった処理はchg_check_result関数に任せたので削除
　 した）

　chg_input_is_quit関数が真を返す場合は、プレーヤーがギブアップした場合な
ので、このときは、chg_state_PLAYER_LOSEを返します。そうでないときは、予
想入力を受け付けている場合なので、内容を確認して、必要ならば再入力を促してい
ます。内容が確認できた場合には、chg_check_result関数を使って、プレーヤー
が勝っているかどうかを調べて、その結果を返します。

　勝ち負けを表示するchg_display_win_or_lose関数も、状態を使って表示する
よう引数を変更します。このとき、出題された問題も一緒に表示できるとよいですよ
ね。問題の表示に使う関数chg_display_questionはすでに作ってあるので、これ
を使えばできそうです。

color_hitting_game.c

```
191.  void chg_display_win_or_lose(enum chg_game_state game_state) {   ❶
192.    if (game_state == chg_state_PLAYER_WIN) {      ❷
193.      puts("あなたの勝ちです。");
194.    } else {                                        ❷
195.      puts("残念！出題者の勝ちです。");
196.    }
197.    chg_display_question();      ❸
198.  }
199.
200.  void color_hitting_game(void) {
201.  /* 略 */
```

❶ chg_display_win_or_lose関数をゲームの状態を受け取る関数に変更した
❷ ゲームの状態がchg_state_PLAYER_WINならばプレーヤーの勝ち、それ以外
　 はプレーヤーの負けを表示する
❸ 最後に出された問題を表示する

　ゲームの状態がchg_state_PLAYER_WINならばプレーヤーの勝ちです。そうでな
い場合、つまり、chg_state_PLAYER_LOSEならばプレーヤーがギブアップの場合、
chg_state_PLAYINGならばゲームの終わりまでプレーヤーがすべて当てられなかっ

第12章 「ギブアップの場合はプログラムの勝ちとする」を作る

た場合なので、いずれにせよプレーヤーの負けを表示します。

　最後に、color_hitting_game関数を修正しましょう。ゲームの状態を憶えておく変数を定義し、初期値をゲーム中を示すchg_state_PLAYINGにしておきます。そして、chg_state_PLAYER_WINかchg_state_PLAYER_LOSEならばゲームは終わりなので、ターンの繰り返しから脱出します。

color_hitting_game.c

```
200. void color_hitting_game(void) {
201.   enum chg_game_state game_state = chg_state_PLAYING;      ❶
202.
203.   srand((unsigned) time(NULL));
204.   chg_display_title();
205.   chg_make_question();
206.   const int max_turns = 10;
207.   for (int turn = 0; turn < max_turns; turn++) {
208.     printf("予想を入力してください。%d 回目\n", turn + 1);
209.
210.     game_state = chg_play_turn();      ❷
211.     if (game_state == chg_state_PLAYER_WIN      ❸
212.       || game_state == chg_state_PLAYER_LOSE) {      ❸
213.       break;
214.     }
215.   }
216.
217.   chg_display_win_or_lose(game_state);      ❹
218.   return;
219. }
```

❶ ゲームの状態を憶えておく変数を定義し、初期値をゲーム中を示すchg_state_PLAYINGにした

❷ chg_play_turn関数がターンごとのゲームの状態を返すようになったので、これを憶える

❸ chg_state_PLAYER_WINかchg_state_PLAYER_LOSEならばゲームは終わりなので、break文を使って繰り返しから脱出する

❹ 勝ち負けの判定処理にはゲームの状態を渡すようにした

12.3　ギブアップの動作を確認する

　かなり大幅に修正が必要になりましたので、修正後のソースコードを示します。みなさんもソースコードを確認しましょう。

color_hitting_game.c

```
129. bool chg_input_is_quit(const char* buf) {
```

254　第2部 プログラムの開発を体験しよう

ギブアップの動作を確認する

```c
130.    if(toupper(buf[0]) == 'Q') {
131.      return true;
132.    } else {
133.      return false;
134.    }
135.  }
136.
137.  void chg_input_answer(char buf[], int size) {
138.    char* cr;
139.
140.    fgets(buf, size, stdin);
141.    cr = strchr(buf, '\n');
142.    if(cr != NULL) {
143.      *cr = '\0';
144.    }
145.  }
146.
147.  enum chg_game_state {
148.    chg_state_PLAYING, chg_state_PLAYER_WIN, chg_state_PLAYER_LOSE
149.  };
150.
151.  enum chg_game_state chg_check_result(const char tx[]) {
152.    int matched = 0;
153.
154.    for (int i = 0; i < QSIZE; i++) {
155.      if (qx[i] == toupper(tx[i])) {
156.        matched += 1;
157.      }
158.    }
159.
160.    puts("結果");
161.    printf("%d コ合っています。\n", matched);
162.    if (matched == QSIZE) {
163.      return chg_state_PLAYER_WIN;
164.    } else {
165.      return chg_state_PLAYING;
166.    }
167.  }
168.
169.  enum chg_game_state chg_play_turn(void) {
170.    char tx[QSIZE + 10];
171.    const int size = sizeof(tx);
172.    while (true) {
173.      chg_input_answer(tx, size);
174.
175.      if (chg_input_is_quit(tx)) {
176.        return chg_state_PLAYER_LOSE;
177.      }
```

12

255

第12章 「ギブアップの場合はプログラムの勝ちとする」を作る

```
178.
179.     if (chg_input_length_is_valid(tx)
180.       && chg_input_chars_is_valid(tx)
181.       && chg_input_chars_is_no_dup(tx)) {
182.       break;
183.     } else {
184.       puts("再入力してください");
185.     }
186.   }
187.
188.   return chg_check_result(tx);
189. }
190.
191. void chg_display_win_or_lose(enum chg_game_state game_state) {
192.   if (game_state == chg_state_PLAYER_WIN) {
193.     puts("あなたの勝ちです。");
194.   } else {
195.     puts("残念！出題者の勝ちです。");
196.   }
197.   chg_display_question();
198. }
199.
200. void color_hitting_game(void) {
201.   enum chg_game_state game_state = chg_state_PLAYING;
202.
203.   srand((unsigned) time(NULL));
204.   chg_display_title();
205.   chg_make_question();
206.   const int max_turns = 10;
207.   for (int turn = 0; turn < max_turns; turn++) {
208.     printf("予想を入力してください。%d 回目\n", turn + 1);
209.
210.     game_state = chg_play_turn();
211.     if (game_state == chg_state_PLAYER_WIN
212.       || game_state == chg_state_PLAYER_LOSE) {
213.       break;
214.     }
215.   }
216.
217.   chg_display_win_or_lose(game_state);
218.   return;
219. }
220.
221. int main(void) {
222.   // setvbuf(stdout, NULL, _IONBF, 0);
223.   color_hitting_game();
224.   return EXIT_SUCCESS;
225. }
```

256　第2部 プログラムの開発を体験しよう

ギブアップの動作を確認する

修正が確認できたらビルドしてみましょう。修正箇所が多いので、エラーがたくさん出るかもしれません。

たとえば、**chg_game_state** の定義の最後に「**;**」を忘れて次のように書いてしまっていたとしましょう。

```
enum chg_game_state {
  chg_state_PLAYING, chg_state_PLAYER_WIN, chg_state_PLAYER_LOSE
}     ❶
```

❶ enum の定義の最後の「}」のあとに、宣言の終わりには必要な「;」が抜けている

ビルドすると、次のようなエラーメッセージが出力されます。

```
コンソール
..\src\color_hitting_game.c:150: error: two or more data types in
declaration of `chg_check_result'
```

まず、メッセージが指摘している行番号は、「**;**」を忘れている行のあとの **chg_check_result** の冒頭部分になっているのに注意しましょう。

そして、ちょっとこのエラーメッセージからでは、エラーの原因は前の行の最後だとはわからないと思います。もし、エラーが見つかったら、その行だけでなく、前の行の終わりや「{」と「}」の対応関係などを確認してみるとよいでしょう。

このような間違いをすべて修正して、ビルドが成功したら、動作を確認しましょう。

ゲームをギブアップして中断できるか確認する

```
> color_hitting_game.exe enter
【色当てゲーム】
ゲームをはじめてください。
コンピュータが問題を出しました。
BRMC
予想を入力してください。1 回目
BRCM enter
結果
2 コ合っています。
予想を入力してください。2 回目
q enter    ❶
残念！出題者の勝ちです。
BRMC
```

❶ qを入力したら、ギブアップしてゲームを中断できた

257

第12章 「ギブアップの場合はプログラムの勝ちとする」を作る

中断したい場所でqを入力したら、ゲームが中断され、出題者の勝ちになったでしょうか。また、そうでない場合のゲームは、これまで通り実行できているでしょうか。

12.4 まとめ

「入力内容がギブアップの場合は、プログラムの勝ちとし、ゲームを終了する」ことができるようになりました。ここで、いったん作業リスト全体を確認して次へ進みましょう。

▨ 色当てゲームのプログラムの作業リスト

- ✓ プレーヤーがプログラムを起動する（動かす）
- ✓ プログラムは、ゲームの名前を表示し、プレーヤーにゲームを始める入力を促す
- ✓ プログラムは、新しいゲームを開始すると、問題を作成して、プレーヤーに予想の入力を促す
- ✓ プログラムは、ゲームごとに新しい問題を自動で作成する
- ✓ プログラムは、問題を出すとき玉を1色につき1個しか使えない
- ✓ プレーヤーは、問題を予想し、予想（トライアル）を繰り返す
- ✓ プログラムはプレーヤーの予想入力を確認する
  （プレーヤーが予想を入力すると、プログラムは入力内容を確認する）
- ✓ 予想入力は1色につき1個しか使えないことを確認する
  （入力内容を確認するとき、玉は1色につき1個しか使っていないことを確認する）
- ✓ 入力内容がおかしければプレーヤーに再入力を促す
- ✓ ギブアップの場合はプログラムの勝ちとする
  （入力内容がギブアップの場合は、プログラムの勝ちとし、ゲームを終了する）
- ✓ 入力内容におかしなところがなければ、入力内容をプレーヤーの予想とする
- ❑ プログラムは、問題と予想を比較して、当たり具合を確認する
- ❑ 問題と予想を比較して、色と場所が一致している場合は「白いピン」を表示する
- ❑ 問題と予想を比較して、色は一致しているが場所が異なる場合は「黒いピン」を表示する
- ✓ プログラムは、ゲームの勝ち負けを判定する
- ❑ 白いピンが4つになっていれば、プレーヤーの勝ちでゲームを終了する
- ✓ トライアルが10回目でなければ、トライアルを繰り返す
- ✓ トライアルが10回目でプレーヤーが勝っていないならば、プログラムの勝ちでゲームを終了する
- ✓ ゲームの名前のわかる関数を用意する
- ✓ 長い処理を役割で分けて名前をつけて関数にする

258 　第2部 プログラムの開発を体験しよう

第13章 「問題と予想を比較して、当たり具合を確認する」を作る

問題と予想を比較して、色と場所が一致している場合は「白いピン」、色が一致しているが場所が異なる場合は「黒いピン」を表示する機能を作りましょう。

　ここまでに作った数当てゲームでは、予想を入力すると色と場所が合っている数をメッセージにして表示していました。ですが、決めたルールでは、問題と予想を比較して、色と場所が一致している場合（ヒット）は「白いピン」、色が一致しているが場所が異なる場合（ブロー）は「黒いピン」を表示することになっています。次は、この機能を作ってみましょう。

13.1　ヒットとブローの数を調べる

　白いピンと黒いピンでヒットとブローを表示するには、ヒットとブローの数を調べる必要がありますね。ピンで表示する前に、ヒットとブローの数を調べて表示できるように修正してみましょう。この判定を担当するのは、**chg_check_result**関数ですね。

　これまでと異なり、こんどは色と場所が合っている場合と色は合っているが場所が違う場合の数を憶えておく変数が必要になりますね。それぞれを整数変数**hit**と**blow**としましょう。そして、予想を1文字ずつ確認していきます。色と場所が合っている場合には**hit**をカウントアップし、そうでない場合には、その予想の文字が問題の中で使われているかどうか調べ、使われていたら**blow**をカウントアップします。

　この考えに沿って、ソースコードを修正しましょう。

color_hitting_game.c

```
151. enum chg_game_state chg_check_result(const char tx[]) {
152.   int hit = 0;      ❶
153.   int blow = 0;     ❷
154.
155.   for (int i = 0; i < QSIZE; i++) {
156.     char txc = toupper(tx[i]);      ❸
157.     if (qx[i] == txc) {
158.       hit += 1;      ❹
159.     } else {
160.       if (memchr(qx, txc, QSIZE) != NULL) {      ❺
161.         blow += 1;
162.       }
163.     }
164.   }
165.
```

259

第13章 「問題と予想を比較して、当たり具合を確認する」を作る

```
166.    printf("結果: %d ヒット、 %d ブロー。\n", hit, blow);    ❻
167.    if (hit == QSIZE) {
168.      return chg_state_PLAYER_WIN;
169.    } else {
170.      return chg_state_PLAYING;
171.    }
172.  }
```

❶ 色と場所が合っている場合の数を憶える整数変数hitを定義した
❷ 色は合っているが場所が違う場合の数を憶える整数変数blowを定義した
❸ 予想txのi番目の文字を大文字に変換した文字をtxcとした
❹ txcを問題の文字と比較し、色と場所が合っている場合はhitをカウントアップする
❺ memchr関数がナルポインタを返さなかった場合には、予想txのi番目の文字は問題の中で使われているのでblowをカウントアップする
❻ ヒットとブローの数を表示するように結果の表示を変更した

修正できたら、ビルドして動作を確認しましょう。

ヒットとブローを表示できるか確認する

```
> color_hitting_game.exe  enter
【色当てゲーム】
ゲームをはじめてください。
コンピュータが問題を出しました。
BYRM
予想を入力してください。1 回目
RCBM  enter
結果: 1 ヒット、 2 ブロー。
予想を入力してください。2 回目
MRYB  enter
結果: 0 ヒット、 4 ブロー。
予想を入力してください。3 回目
MRBY  enter
結果: 0 ヒット、 4 ブロー。
予想を入力してください。4 回目
BRMY  enter
結果: 1 ヒット、 3 ブロー。
予想を入力してください。5 回目
BYRM  enter
結果: 4 ヒット、 0 ブロー。
あなたの勝ちです。
BYRM
```

　ターンが進むたびに、ヒットとブローの数が表示されるようになったでしょうか。また、これまで通りに予想を入力したり、中断したりできるか確認しておきましょう。

260   第2部 プログラムの開発を体験しよう

制御コードとエスケープシーケンス

13.2 制御コードとエスケープシーケンス

ヒットとブローの数は表示できるようになりましたが、それぞれ「白いピン」と「黒いピン」を表示するということなので、求められている動作とは違い、ちょっと物足りないですね。なにか、画面に色をつけて結果を表示する方法を考える必要がありそうです。画面に表示する文字を変化させる方法はあるのでしょうか。

13.2.1 C言語の制御コード

これまでのプログラムの中で表示に使っていた文字には、「R」のような表示できる文字と、改行文字（\n）のように目には見えないのに表示するときに効果がある文字、ナル文字（\0）のように特別な意味がある文字がありました。改行文字やナル文字はそのまま表現することが難しいので、C言語では、\ 文字と他の文字の組み合わせを使って特別な意味のある文字を表すことにしています。このような役割をする「\」を「エスケープ文字」、エスケープ文字から始まる文字の並びを「エスケープシーケンス」と呼んでいます。C言語のプログラムでよく使うエスケープシーケンスには次のようなものがあります。

表13.1　C言語でよく使うエスケープシーケンス

シーケンス	意味
\a	ビープ音を鳴らす。アラートの**a**
\b	直前の文字を消す。バックスペースの**b**
\n	次の行の先頭へ移動する。ニューラインの**n**
\r	行の先頭に戻る。キャリッジリターンの**r**
\t	決まった桁位置へ移動する。水平タブの**t**
\0	ナル文字
\nnn	8進数で表した文字コード。nnnは任意の8進数
\xnn	16進数で表した文字コード。nnは任意の16進数

すでに使っているものもありましたね。これらのエスケープシーケンスは、使用する端末やアプリケーションの設定や解釈によって効果が変わります。たとえば「'\a'」を出力しても必ず音が鳴るとは限りません。

13.2.2 ANSI エスケープシーケンスのCSIコード

C言語が提供するエスケープシーケンスを使った方法を見てみましたが、まだ色を表示する方法は見つかりませんでした。実は、コンソールアプリケーションでもう少し表示を工夫できるよう「ANSIエスケープシーケンス[1]」というものも用意されています。

---

1 ANSI escape code　https://en.wikipedia.org/wiki/ANSI_escape_code

261

第13章 「問題と予想を比較して、当たり具合を確認する」を作る

ANSIエスケープシーケンスを使うと、画面の表示の制御と、色の調整ができます。画面の制御に使うエスケープシーケンスは「Control Sequence Introducer（CSI）コード」と呼ばれています。

ANSIエスケープシーケンスのCSIコードのエスケープシーケンスは、次のような要素で構成されています。

図13.1　ANSIエスケープシーケンスのCSIコードの構成

CSIコードのエスケープ文字は、8進数表記で「`'\033'`」、16進数表記で「`'\x1b'`」です。いちいちこのように書くと見づらくなるので、説明上は上の図の「エスケープ文字」の部分を「ESC」と表記することが多いです。次に「[」（左大括弧）が続きます。そのあとにセミコロンで区切られたパラメータが続きます。最後にそのシーケンスを識別するコマンド文字がきます。

新しいプロジェクトを作って実験してみましょう。**「1.9.1 サンプルプロジェクトを作成する」**を参考に`csi_test`プロジェクトを作り、`csi_test.c`を次のように編集しましょう。

画面の表示をすべて消去するには「`ESC[2J`」を使います。カーソルを10行目の5桁目に移動するには「`ESC[10;5H`」を使います。

csi_test.c　画面の表示をすべて消去する

```c
#include <stdio.h>
#include <stdlib.h>

int main(void) {
  puts("なにかキーを押すと画面を消します");
  (void) getchar();
  printf("\033[2J");         ❶
  printf("\033[10;5H");      ❷
  printf("10行5桁目にカーソルを移動\n");

  return EXIT_SUCCESS;
}
```

❶　全画面を消去する
❷　10行5桁目にカーソルを移動する

制御コードとエスケープシーケンス

　残念なことに、このプログラムを実行しても、コマンドプロンプトやEclipseのコンソールは、ANSIエスケープシーケンスを期待通りに処理できないようです。

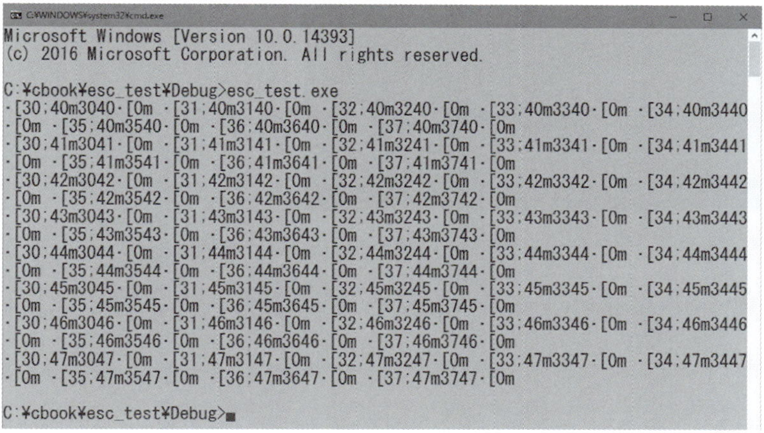

図13.2　コマンドプロンプトでANSIエスケープシーケンスを表示した例

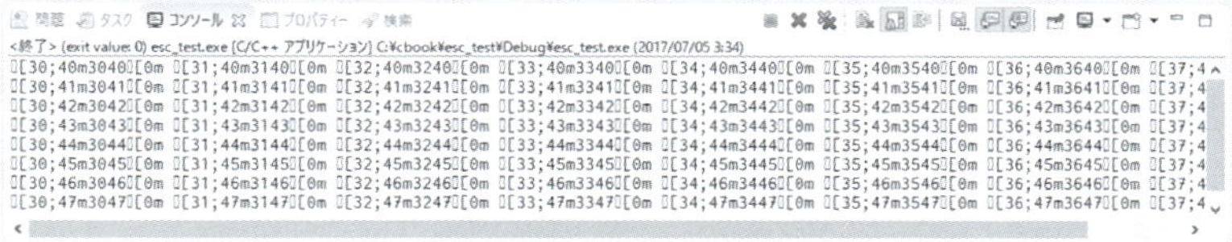

図13.3　EclipseのコンソールでANSIエスケープシーケンスを表示した例

　期待通りの表示に実行できるよう、みなさんも、今後は**「別のコンソールアプリケーションを試す」**で紹介した「ConEmu」のようなANSIエスケープシーケンスに対応しているコンソールアプリケーションを使うことにしましょう。

　「ConEmu」を実行する前と後の画面を比較すると、次のように画面の表示がクリアされて、カーソルが指定の位置に移動するのがわかります。

図13.4　画面を消去する前の表示

図13.5　画面を消去したあとの表示

ANSIエスケープシーケンスのCSIコードには、次のようなものがあります。表の中の「ESC」は**図13.1**で説明したANSIエスケープシーケンスのエスケープ文字を表しています。各シーケンスのパラメータ値を表すところは「**x**」と「**y**」で表しています。

表13.2　ANSIエスケープシーケンスのCSIコード（一部）

シーケンス	意味
ESC[xA	カーソルを上にx移動する
ESC[xB	カーソルを下にx移動する
ESC[xC	カーソルを右にx移動する
ESC[xD	カーソルを左にx移動する
ESC[xE	カーソルをx行下の先頭に移動する
ESC[xF	カーソルをx行上の先頭に移動する
ESC[xG	左端を1として、カーソルを行の左端からx桁目に移動する
ESC[x;yH	左上を1,1として、カーソルを上端からx行、左端からy桁の場所に移動する
ESC[xJ	xが0だとカーソルより後ろの画面を消去、1だとカーソルより前の画面を消去、2だと画面全体を消去する
ESC[xK	xが0だとその行のカーソルより後を消去、1だとその行のカーソルより前を消去、2だとその行全体を消去する
ESC[xm	SGRコマンド（後述）

13.2.3　ANSIエスケープシーケンスのSGRコード

ANSIエスケープシーケンスのCSIコードの中でも、画面に表示する文字や背景の色を変更するために使うシーケンスを「Select Graphic Rendition（SGR）コマンド」といいます。SGRコマンドのコマンド文字は**m**です。

新しいプロジェクトを作って実験してみましょう。「**1.9.1 サンプルプロジェクトを作成する**」を参考に`sgr_test`プロジェクトを作り、`sgr_test.c`を次のように編集しましょう。

文字の色を赤に変えるには「ESC[31m」を使います。背景色を青に変えるには「ESC[44m」を使います。組み合わせて使うときは「ESC[31;44m」のようにパラメータを並べて書きます。何かを画面に表示し終えたら「ESC[0m」で表示の設定を初期状態に戻しておきます。

sgr_test.c　画面に表示する文字の色を変更する

```
#include <stdio.h>
#include <stdlib.h>

int main(void) {
  printf("\033[31m");        ❶
  puts("赤い文字");
  printf("\033[0m");         ❷

  printf("\033[43m");        ❸
  puts("黄色い背景");
  printf("\033[31;43m");     ❹
  puts("赤い文字黄色い背景");

  printf("\033[0m");         ❺
  puts("元通り");

  return EXIT_SUCCESS;
}
```

❶ 文字の色を赤に変更する（31が文字色を赤にするコマンド）
❷ 初期設定に戻す（0が初期化のコマンド）
❸ 文字の背景色を黄色に変更する（43が背景色を黄色にするコマンド）
❹ 文字を赤、背景色を黄色に変更する（31;43のように文字色と背景色を同時に指定）
❺ 初期設定に戻す

実行すると、次のように画面に表示した文字や背景の色が変更できていることがわかります。

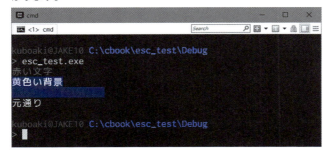

図13.6　文字と背景の色を変更する

第13章 「問題と予想を比較して、当たり具合を確認する」を作る

ANSI エスケープシーケンスのSGRコマンドには、次のようなものがあります。表の中の「ESC」は**図13.1**で説明したANSIエスケープシーケンスのエスケープ文字を表しています。

表13.3　ANSIエスケープシーケンスのSGRコマンド（一部）

シーケンス	意味
ESC[0m	初期設定に戻す
ESC[1m	端末が対応していれば太字で表示する（色を変えることで代用する端末もある）
ESC[3m	端末が対応していればイタリック、斜体等で表示する
ESC[4m	アンダーラインつきで表示する
ESC[5m	点滅して表示する
ESC[7m	前景色と背景色を入れ替えて表示する
ESC[8m	表示を見えなくする（パスワード入力などで使う）
ESC[9m	端末が対応していれば取り消し線つきで表示する
ESC[30m 〜 ESC[37m	文字色を指定する
ESC[39m	文字色を初期値に戻す
ESC[40m 〜 ESC[47m	背景色を指定する

文字色、背景色には次のものが使えます。

表13.4　SGRコマンドの文字色、背景色の色指定（一部）

色の名前	文字色	背景色
黒	30	40
赤	31	41
緑	32	42
黄	33	43
青	34	44
マゼンタ	35	45
シアン	36	46
白	37	47

少しややこしい話なのですが、SGRコマンドで上記の色が決められていますが、多くの端末アプリケーションは、そのままの色を出すだけではなく、設定によって実際にどのような色で表示するのかが変えられるようになっています。SGRコマンドを使ったとき、実際にはどんな色で表示されるのかを確認するために、プログラムを作って実験してみましょう。

新しいプロジェクトを作って実験してみましょう。「**1.9.1 サンプルプロジェクトを作成する**」を参考に`terminal_test`プロジェクトを作り、`terminal_test.c`を次のように編集しましょう。

266　第2部 プログラムの開発を体験しよう

制御コードとエスケープシーケンス

terminal_color_test.c　ターミナルで表示される実際の色のテスト

```c
#include <stdio.h>
#include <stdlib.h>

int main(void) {
  for (int i = 40; i <= 47; i++) {      ❶
    for (int j = 30; j <= 37; j++) {    ❷
      printf("\033[%02d;%02dm%d%d\033[0m ", j, i, j, i);   ❸
    }
    printf("\n");
  }
}
```

❶ 背景色を40から47まで順に変更する
❷ 文字色を30から37まで順に変更する
❸ 文字色と背景色を指定し、その値も表示する

ConEmuを使ってこのプログラムを実行してみると、次のようになります。

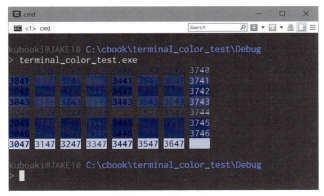

図13.7　ConEmuの初期設定で表示した場合

こんどは、ConEmuの表示設定を変更してから実行してみましょう。メニューから「settings」を選択します。

図13.8　ConEmuの設定を変更するメニューを開く

すると、設定用のダイアログが開きますので、左のメニューツリーから「Features

> Colors」を選択します。

　右上の「Schemes」というコンボボックスのリストの中から「<Standard VGA>」を探して選択してみましょう。変更した設定は「Save Settings」ボタンを押して保存します。

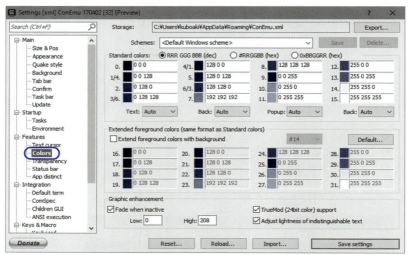

図13.9　ConEmuの色の設定を変える

　紙面上ではわかりにくいかもしれませんが、画面上の文字や文字の背景色が変わったのがわかるでしょうか。それでも、わたしの環境では黄色がオレンジ色のようにみえます。このように、同じ色を指定しても、実際に表示される色は端末の設定によって変わるのです。他の設定、たとえば<Default Windows scheme>や<Ubuntu>を選んで表示してみましょう。期待した色合いに近づくと思います。

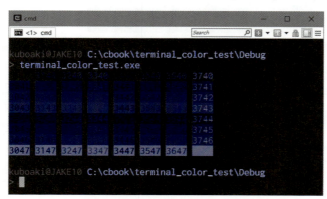

図13.10　ConEmuの表示色の指定を変更して表示した場合

13.3　ヒットとブローをピンで表示する

　　表示に色が使えることがわかったので、これを使って当たり具合を白いピンと黒いピンで表示できるようにしてみましょう。

13.3.1　ピンの色をエスケープシーケンスに変換する

　　ヒットは白いピンで表すので、白い背景にヒットを表す文字 'H' を表示してみようかと思います。同じように、ブローは黒いピンで表すので、黒い背景にブローを表す文字 'B' を表示することにしましょう。

　　chg_make_question関数の前に、白いピンと黒いピンの表示用文字列定数の定義と、chg_display_hit_pin関数とchg_display_blow_pin関数を追加します。

color_hitting_game.c

```
55.  const char* CHG_HIT_CHAR  = "\033[30;47mH\033[0m";     ❶
56.  const char* CHG_BLOW_CHAR = "\033[37;40mB\033[0m";     ❷
57.
58.  void chg_display_hit_pin(void) {      ❸
59.    printf("%s ", CHG_HIT_CHAR);
60.  }
61.
62.  void chg_display_blow_pin(void) {     ❹
63.    printf("%s ", CHG_BLOW_CHAR);
64.  }
65.
66.  void chg_make_question(void) {
67.  /* 略 */
```

❶　白いピンは、白い背景に黒字で 'H' を表示
❷　黒いピンは、黒い背景に白字で 'B' を表示
❸　ヒットのピンを表示する関数を作った
❹　ブローのピンを表示する関数を作った

　　端末の背景色の設定によっては、白や黒の表示が背景色に沈んでしまって目立たなくなってしまうかもしれません。そのときは自分の好きな色に文字色と背景色を変更してみてもよいでしょう。たとえば、白いピンと黒いピンの表示用文字列定数の定義を次のように変更すると、白や黒が少し明るい表示になります。

color_hitting_game.c

```
55.  const char* CHG_HIT_CHAR = "\033[30;107mH\033[0m";     ❶
56.  const char* CHG_BLOW_CHAR = "\033[37;100mB\033[0m";    ❷
```

第13章 「問題と予想を比較して、当たり具合を確認する」を作る

❶ 白の背景色指定を47から明るい白を表す107に変更した
❷ 黒の背景色指定を40から明るい白を表す100に変更した

13.3.2 ヒットとブローの数を白と黒のピンで表示する

　　ヒットとブローを表すピンの表示が使えるようになったので、これらを使って当た
り具合を表示するよう chg_check_result 関数の177行目を変更しましょう。これま
で printf 関数でヒットとブローを表示していた処理を、chg_display_hit_pin 関
数と chg_display_blow_pin 関数で置き換えます。

color_hitting_game.c

```
162. enum chg_game_state chg_check_result(const char tx[]) {
163.   int hit = 0;
164.   int blow = 0;
165.
166.   for (int i = 0; i < QSIZE; i++) {
167.     char txc = toupper(tx[i]);
168.     if (qx[i] == txc) {
169.       hit += 1;
170.     } else {
171.       if (memchr(qx, txc, QSIZE) != NULL) {
172.         blow += 1;
173.       }
174.     }
175.   }
176.
177.   for(int i = 0; i < hit; i++) {      ❶
178.     chg_display_hit_pin();      ❷
179.   }
180.   for(int i = 0; i < blow; i++) {     ❸
181.     chg_display_blow_pin();     ❹
182.   }
183.   putchar( '\n' );      ❺
184.
185.   if (hit == QSIZE) {
186.     return chg_state_PLAYER_WIN;
187.   } else {
188.     return chg_state_PLAYING;
189.   }
190. }
```

❶ ヒットした数だけ繰り返し
❷ ヒットのピンを表示する
❸ ブローした数だけ繰り返し
❹ ブローのピンを表示する
❺ printf 関数を使っていたときに最後に出力していた改行を putchar 関数を使っ

270　第2部 プログラムの開発を体験しよう

予想入力の表示を見直す

て出力している

修正できたら、ビルドして動作を確認しましょう。

ヒットとブローを表示できるか確認する

```
> color_hitting_game.exe enter
【色当てゲーム】
ゲームをはじめてください。
コンピュータが問題を出しました。
RYCG
予想を入力してください。1 回目
RGBY enter
H B B        ❶
予想を入力してください。2 回目
MCBY enter
B B          ❷
予想を入力してください。3 回目
RYGC enter
H H B B       ❸
予想を入力してください。4 回目
RYCG enter
H H H H       ❹
あなたの勝ちです。
RYCG
```

❶ Rがヒット、Y、Gがブロー
❷ ヒットはなし、C、Yがブロー
❸ R、Yがヒット、G、Cがブロー
❹ R、Y、C、Gがヒット

　これで、文字色と背景色を使ったピンの表示によって当たり具合を表示できるようになりました。

13.4　予想入力の表示を見直す

　当たり具合をピンを使って表示できるようになると、予想の入力も玉の色を使って表示したくなります。色を使って表示した方が文字よりも直感的になって、ゲームも楽しみやすくなるでしょう。

13.4.1　玉の色をエスケープシーケンスに変換する

　玉の色を表示するために、ヒットやブローのピンのときと同じように、ANSI エスケープシーケンスのSGRコマンドを使うことにします。まず、玉の色を表示するため

第13章 「問題と予想を比較して、当たり具合を確認する」を作る

に、**chg_make_question**関数の前に、SGRコマンドを使ったエスケープシーケンスを使って各ピン表示用の定数を定義しましょう。「**\033**」はエスケープ文字の8進数表記でしたね。

color_hitting_game.c

```
66.   const char* CHG_RED_MARK     = "\033[41m R \033[0m";      ❶
67.   const char* CHG_GREEN_MARK   = "\033[42m G \033[0m";
68.   const char* CHG_YELLOW_MARK  = "\033[43m Y \033[0m";
69.   const char* CHG_BLUE_MARK    = "\033[44m B \033[0m";
70.   const char* CHG_MAGENTA_MARK = "\033[45m M \033[0m";
71.   const char* CHG_CYAN_MARK    = "\033[46m C \033[0m";
72.   const char* CHG_OTHER_MARK   = "\033[47m _ \033[0m";      ❷
73.
74.   void chg_make_question(void) {
75.   /* 略 */
```

❶ 両側をスペースにしてRを表示することで赤の玉の表示とした（他の色も同様）
❷ qseedsに含まれない文字が使われたのがわかるように用意した

　玉の色を表示する処理では、玉の色を表す文字を元に、玉を表示するエスケープシーケンスに変換する必要があります。そこで、この変換を担当する**chg_color_to_mark**関数を用意します。先のエスケープシーケンスの定義と**chg_make_question**関数の定義の間に追加しましょう。case句の終わりにbreak文を入れるのを忘れないようにしましょう。

color_hitting_game.c

```
74.   const char* chg_color_to_mark(const char color) {
75.     const char* mark;      ❶
76.     switch (color) {       ❷
77.     case 'R':
78.       mark = CHG_RED_MARK;      ❸
79.       break;
80.     case 'G':
81.       mark = CHG_GREEN_MARK;
82.       break;
83.     case 'Y':
84.       mark = CHG_YELLOW_MARK;
85.       break;
86.     case 'B':
87.       mark = CHG_BLUE_MARK;
88.       break;
89.     case 'M':
90.       mark = CHG_MAGENTA_MARK;
91.       break;
92.     case 'C':
93.       mark = CHG_CYAN_MARK;
```

272　第2部 プログラムの開発を体験しよう

予想入力の表示を見直す

```
94.       break;
95.     default:        ❹
96.       mark = CHG_OTHER_MARK;
97.       break;
98.     }
99.     return mark;      ❺
100. }
101.
102. void chg_make_question(void) {
103. /* 略 */
```

❶ エスケープシーケンスを表す文字列を指すポインタを定義した
❷ 玉の色を表す文字で区別するのでswitch文を使った
❸ 赤のときには、赤の玉の色を表示するエスケープシーケンスを返すポインタに設定する
❹ defaultラベルは、どのcaseラベルにも当てはまらない場合のために用意しておく
❺ エスケープシーケンスを表す文字列を指すポインタを戻り値とした

13.4.2 色を使って予想入力を表示する

玉の色を表す文字が分かれば色を使って表示する文字列が得られるようになりましたので、これを使って予想の入力を表示する**chg_display_trial**関数を作りましょう。先の**chg_color_to_mark**関数の定義と**chg_make_question**関数の定義の間に追加しましょう。

color_hitting_game.c

```
102. void chg_display_trial(const char tx[]) {
103.     for(int i = 0; i < QSIZE; i++) {        ❶
104.       printf("%s ", chg_color_to_mark(toupper(tx[i])));      ❷ ❸
105.     }
106. }
107.
108. void chg_make_question(void) {
109. /* 略 */
```

❶ 予想の文字数分（玉の数分）繰り返す
❷ 玉の色の文字を大文字に変換し、エスケープシーケンスに変換して表示する
❸ 括弧が多いので、(と) の対応に注意する

あとは、**chg_play_turn**関数の処理の中に予想を表示する処理を追加するだけですね。表示するのは、中断による終了や予想入力の確認が成功したあとがよいでしょう。

273

color_hitting_game.c

```
235. enum chg_game_state chg_play_turn(void) {
236.   char tx[QSIZE + 10];
237.   const int size = sizeof(tx);
238.   while (true) {
239.     chg_input_answer(tx, size);
240.
241.     if (chg_input_is_quit(tx)) {
242.       return chg_state_PLAYER_LOSE;
243.     }
244.
245.     if (chg_input_length_is_valid(tx)
246.         && chg_input_chars_is_valid(tx)
247.         && chg_input_chars_is_no_dup(tx)) {
248.       break;
249.     } else {
250.       puts("再入力してください");
251.     }
252.   }
253.   chg_display_trial(tx);
254.   return chg_check_result(tx);
255. }
```

ここまで修正できたら、ビルドして動作を確認しましょう。

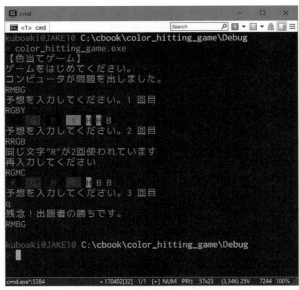

図13.11 予想入力を色を使って表示できるようになった

表示に色がつくと、ゲーム画面の雰囲気がかなり変わりましたね。

まとめ

13.5 まとめ

ANSIエスケープシーケンスを使うことで、画面に表示する文字に色をつけることができるようになりました。当たり具合を白いピンと黒いピンで表示できるだけではなく、予想の入力も色をつけて表示することで分かりやすくなりました。

ここで、これまでの作業全体をふりかえるために、作業リスト全体をチェックしてみましょう。「白いピン」と「黒いピン」を表示することで当たり具合を示すことができるようになりましたので、これらをチェックしましょう。また、玉の色とピンの色を表示できるようになったので「白いピンが4つになっていれば、プレーヤーの勝ちでゲームを終了する」もできていると考えてよいでしょう。

色当てゲームのプログラムの作業リスト（完了）

- ✓ プレーヤーがプログラムを起動する（動かす）
- ✓ プログラムは、ゲームの名前を表示し、プレーヤーにゲームを始める入力を促す
- ✓ プログラムは、新しいゲームを開始すると、問題を作成して、プレーヤーに予想の入力を促す
- ✓ プログラムは、ゲームごとに新しい問題を自動で作成する
- ✓ プログラムは、問題を出すとき玉を1色につき1個しか使えない
- ✓ プレーヤーは、問題を予想し、予想（トライアル）を繰り返す
- ✓ プログラムはプレーヤーの予想入力を確認する
  （プレーヤーが予想を入力すると、プログラムは入力内容を確認する）
- ✓ 予想入力は1色につき1個しか使えないことを確認する
  （入力内容を確認するとき、玉は1色につき1個しか使っていないことを確認する）
- ✓ 入力内容がおかしければ、プレーヤーに再入力を促す
- ✓ ギブアップの場合はプログラムの勝ちとする
  （入力内容がギブアップの場合は、プログラムの勝ちとし、ゲームを終了する）
- ✓ 入力内容におかしなところがなければ、入力内容をプレーヤーの予想とする
- ✓ プログラムは、問題と予想を比較して、当たり具合を確認する
- ✓ 問題と予想を比較して、色と場所が一致している場合は「白いピン」を表示する
- ✓ 問題と予想を比較して、色は一致しているが場所が異なる場合は「黒いピン」を表示する
- ✓ プログラムは、ゲームの勝ち負けを判定する
- ✓ 白いピンが4つになっていれば、プレーヤーの勝ちでゲームを終了する
- ✓ トライアルが10回目でなければ、トライアルを繰り返す
- ✓ トライアルが10回目でプレーヤーが勝っていないならば、プログラムの勝ちでゲームを終了する

第13章 「問題と予想を比較して、当たり具合を確認する」を作る

✓ ゲームの名前のわかる関数を用意する
✓ 長い処理を役割で分けて名前をつけて関数にする

なんと、すべての作業にチェックがつきました！

つまり、当初考えた作業はすべてやり遂げたということです。たしかに、ここまで、少しずつプログラムを修正しながら色当てゲームを作ってきました。そして、かなりゲームとして遊べる段階に近づいたといってよいのではないでしょうか。

なんと素晴らしいことでしょう！

第 3 部

プログラムの動作を充実させよう

色当てゲームの動作を充実させるために、
プログラムに機能を追加しましょう。

*"爬虫類みたいに俺を愛してくれ。
お前を牙でしとめてやるから。"*

Lemmy／Motörhead

第14章 色当てゲームをバージョンアップしよう

だいぶ遊べるプログラムになってきましたが、これで十分か、もう少し取り組んだ方がよいことはないか考えてみましょう。そして、新しい修正を加えて、色当てゲームをもっとよいプログラムにバージョンアップしてみましょう。

14.1 まだできていないことを洗い出そう

前に作った作業リストはすべての作業をチェックして完了しました。これだけでも、すごいことなのです。しかし、そうはいっても、実際に色当てゲームのプログラムを動かしてみると、少し物足りないところがあるのではないでしょうか。

そういえば、「**4.1.2 プログラムとしての進め方を整理する**」では、次のようなことができたら嬉しいと考えていたのを憶えていますか。そのときは「まずは動かせるものを作ってそれから考えよう」といって保留にしていました。

もうちょっとやってみたいこと

- ゲームにスコアを与えて、勝ち負けでスコアを更新したい
- ゲームのスコアを保存したい
- ゲームの開始、終了を選ぶ画面を出して、ゲームを繰り返し実行したい（いちいち起動しないで）
  - プレーヤーが「新しいゲームを始める」を選択したら、プログラムは新しいゲームを開始する
  - プレーヤーが「終了する」を選択したら、プログラムは終了する
- プレーヤーがそのゲームを終了したら、ゲームの開始、終了を選ぶ画面へ戻る
  - スコアをつけるなら、ゲームが終わるたびにスコアを表示する

そうですね。前の章までにできあがった色当てゲームのプログラムを実際に動かしてみると、思い当たることがあります。たとえば、いまの色当てゲームは、ゲームのたびにプログラムを起動しなくてはなりません。また、ゲームを繰り返し実装しても、その結果を憶えていてくれたりはしません。もしスコアをつけるようにしても、スコアが保存できないと取得したスコアを次のゲームを実行したときに利用できませんよね。たしかに、このあたりはなんとかしたいところですね。

他に、ゲームの表示をもう少し見直したくはないでしょうか。ゲームを実行するのに必要な入力と表示があるかということで考えれば、いまのままでも十分でしょう。しかし、たとえば次の予想をするときには、ゲームの経過、つまりこれまでの予想と当たり具合が並んで表示されていた方が、見た目にも整然としていて、予想も考え

278 第3部 プログラムの動作を充実させよう

新しい作業リストを作ろう

やすくなりそうではありませんか。

14.2　新しい作業リストを作ろう

いろいろとやりたいことが増えてきたので、追加の作業リストを作りましょう。

▨　色当てゲームの追加の作業リスト（新規）

- ❏　ゲームの経過を見やすくする
- ❏　ゲームにスコアを与えて、勝ち負けでスコアを更新したい
- ❏　ゲームのスコアを保存したい
- ❏　ゲームを繰り返し実行したい（いちいち起動しないで）
- ❏　ゲームの開始、終了を選ぶ画面を出す
- ❏　プレーヤーが「新しいゲームを始める」を選ぶと新しいゲームを開始する
- ❏　プレーヤーが「終了する」を選択したら、プログラムは終了する
- ❏　プレーヤーがそのゲームを終了したら、ゲームの開始、終了を選ぶ画面へ戻る
- ❏　スコアをつけるなら、ゲームが終わるたびにスコアを表示する

いかがですか。ちょっと、思っていたより大変かもしれません。ですが、これまでと同じように、少しずつ確かめながら作っていけばきっとうまくいきます。

「バージョン」と「リビジョン」について

　第14章の表題に「バージョンアップ」ということばが出てきました。このことばにはどんな意味があるのでしょうか。

　バージョン（version）は、もともとあったものを別の言語に翻訳したり、別の媒体へ変換することを指すことばです。「ver.」と略します。たとえば、英語で書かれた小説を翻訳して「日本語版」を出版したり、小説を映画化したときに「映画版」といったりしますね。ソフトウェアの開発で使われる場合は、これまで配布されていたソフトウェアの性能や操作性が改善されたり、機能や操作方法を変更したときに、これまでとは別のソフトウェアに変わったとき「バージョンが変わった」といいます。たいていは「バージョン番号」という通番がつけられています。ソフトウェアが新しくなったときにこのバージョン番号を増やして区別します。このとき「バージョン番号がアップした」、「バージョンアップした」と呼んでいます。たとえば、「Windows7からWindows8にバージョンアップした」のように使います。みなさんが作っている色当てゲームも、これから画面を見やすく変更したり、スコアをファイルに保存する機能を追加したりすることで、別のソフトウェアに変わりますね。「色当てゲームをバージョンアップしよう」としたのは、このような意味からだったのです。

　また、ソフトウェアの開発では、リビジョン（revision）ということばもよく使

第14章　色当てゲームをバージョンアップしよう

われます。「rev.」と略します。こちらは、ソフトウェアに間違いや不具合があって、これを改修したときに、それ以前のものと区別するために使います。こちらも訂正があるたびに「リビジョン番号」を増やして「リビジョンアップ」します。たとえば、色当てゲームの問題を出す部分を作っていたとき、最初は問題の玉の色が重複していました。一応機能はしたものの、これは当初考えたルール通りではなかったので、重複しないように修正しましたよね。これも「リビジョンアップ」の例です。

　あぁ、しまった！リビジョン番号をつけておけば、どの段階の色当てゲームなのか区別しやすかったですね……。

280　第3部　プログラムの動作を充実させよう

第15章 「ゲームの経過を見やすくする」を作る

新しい作業リストの最初の項目に取り組みます。ゲームの画面をもう少しかっこよくしてみましょう。

15.1　ゲームの経過の表示を考える

　ゲームの経過を見やすくするには、毎回入力と当たり具合を交互に表示するのではなく、前の予想入力のすぐ下に次の予想入力を並べて表示するとよいのではないでしょうか。たとえば、これまでの画面は次のようなものです。

図15.1　これまでの数当てゲームの実行画面

　それよりも、次のような感じの表示になっていた方が気分がでますよね。

第15章 「ゲームの経過を見やすくする」を作る

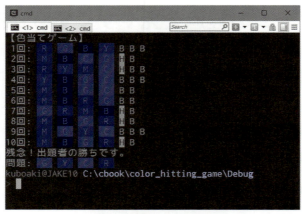

図15.2　ゲームの経過を見やすくした実行画面

こんな実行画面になるよう、プログラムを見直してみましょう。

15.2　画面の消去とカーソルの移動

ゲームの経過を見やすくするには、まず、ゲームを実行するときに画面をクリアしてから実行画面を表示する必要があります。そのために、再びANSIエスケープシーケンスを使います。画面を消去するエスケープシーケンス（CSIコード）は**表13.2**に紹介しましたが、次の表に抜粋しておきます。

表15.1　画面を消去するCSIコード

シーケンス	意味
ESC[xJ	xが0だとカーソルより後ろの画面を消去、1だとカーソルより前の画面を消去、2だと画面全体を消去する

このエスケープシーケンスは、シーケンスに含まれるパラメータによって動作が変わります。これをプログラムで使えるようにするには、どうすればよいでしょうか。

たとえば、次のような方法が考えられますね。

- パラメータで動作が異なるので、それぞれを別の関数にする
- パラメータを関数の引数にして、ひとつの関数にする

ひとつ目のアイディアでは、`clear_screen_before_cursor`関数、`clear_full_screen`関数などを作るということになるでしょうか。これは何をしたいのか関数名で判断しやすくてよいですね。その代わり関数を個別に3つ用意することになります。

画面の消去とカーソルの移動

　2つ目のアイディアでは、**clear_screen**関数を用意して、引数で**0**や**1**を渡して使うということになります。関数はひとつで済みますが、引数を渡して使い分ける必要があります。たとえば、この関数を呼び出したときは次のようなプログラムになります。

clear_screen関数を数値を指定して呼び出した例

```
clear_screen(0);     ❶
```

❶　どのような画面の消去が実行されるか、すぐにわからない

　この例でわかるように、パラメータの値を見ても、どんな画面消去動作を指定しているのかすぐにわからないという問題があります（実のところ、わたしも0を指定したら全画面を消去するのだと思っていました）。

　もし、2つ目のアイディアで、動作を指定するのにわかりやすい方法があるなら、関数はひとつで済むし、これがいちばんよさそうです。わかりにくくなっている原因は、引数が数値のままで意味がわかりにくいことでした。それならば、引数に渡す値に意味のある名前をつけてみたらどうでしょうか。そうです、整数の定数に意味のある名前をつけるということは列挙型の出番ですね。次のような列挙型を考えてみました。

列挙型clear_optionを定義した

```
enum clear_option {
  AFTER_CURSOR = 0, BEFORE_CURSOR = 1, FULL_SCREEN = 2    ❶
};
```

❶　それぞれの定数が定められているので、数値は自動的に割り当てず、個別に値を指定した

　この列挙型を使えば、**clear_screen**関数の呼び出しは次のようになります。これなら、どんな処理をするのかすぐにわかりますね。

clear_screen関数を数値を指定して呼び出した例

```
clear_screen(AFTER_CURSOR);     ❶
```

❶　カーソルの後ろの画面を消去する

　ということで、2つ目のアイディアで作ることにしましょう。エスケープシーケンスは文字列として出力します。可変要素を当てはめた文字列を作って出力するには**printf**関数を使えばよいですね。

　chg_display_title関数の前に、上の考え方を実現する列挙型と**clear_screen**関数を定義しましょう。

283

第 15 章 「ゲームの経過を見やすくする」を作る

color_hitting_game.c

```
43.  enum clear_option {
44.    AFTER_CURSOR = 0, BEFORE_CURSOR = 1, FULL_SCREEN = 2
45.  };
46.
47.  void clear_screen(const enum clear_option option) {      ❶
48.    printf("\033[%dJ", option);        ❷ ❸
49.  }
50.
51.  void chg_display_title(void) {
52.  /* 略 */
```

❶ 引数は列挙型 clear_option の定数（const）で、仮引数名が option
❷ printf 関数の書式指定文字列に画面消去のエスケープシーケンスを書いた
❸ option に渡された値が書式指定文字列の %d の部分に挿入される

　ここで作成した列挙型 clear_option や clear_screen 関数は、他のプログラムにも使えそうですね。そのため、色当てゲームに固有の処理ではないことがわかるよう、color_hitting_game の処理につけていたプレフィックス chg_ をつけないでおきました。

　また、画面の手前の方へ戻って表示するといったことは、カーソルが移動できないと実現できないでしょう。このようなカーソル移動も、ANSI エスケープシーケンスを使えばできます。カーソル移動に使うエスケープシーケンス（CSI コード）は **表13.2** で紹介しましたが、次の表に抜粋しておきます。

表15.2　カーソル移動に使うCSIコード

シーケンス	意味
ESC[x;yH	左上を1,1として、カーソルを上端からx行、左端からy桁の場所に移動する

　パラメータが2つありますね。ひとつ目が画面上端からの行位置、2つ目が画面左端からの桁位置です。これらを引数としてエスケープシーケンスを出力する関数を作ればよいですね。そのように考えて作った **move_cursor** 関数は、次のようになるでしょう。clear_screen 関数と chg_display_title 関数の間に追加します。

color_hitting_game.c

```
51.  void move_cursor(int row, int col) {      ❶
52.    printf("\033[%d;%dH", row, col);       ❷ ❸
53.  }
54.
55.  void chg_display_title(void) {
56.  /* 略 */
```

284　第3部　プログラムの動作を充実させよう

❶ 引数は上端からの行位置rowと画面左端からの桁位置colの2つ
❷ printf関数の書式指定文字列にカーソルの移動のエスケープシーケンスを書いた
❸ rowとcolに渡された値が書式指定文字列の%dの部分に挿入される

15.3　画面を消去してからゲームを開始する

ゲームの開始時には、`clear_screen`関数で全画面を消去して、それから色当てゲームの表示を始めようと思います。`chg_display_title`関数に画面消去の処理とカーソル移動の処理を追加しましょう。

color_hitting_game.c

```
55.  void chg_display_title(void) {
56.     clear_screen(FULL_SCREEN);      ❶
57.     move_cursor(1,1);               ❷
58.     puts("【色当てゲーム】");
59.     puts("ゲームをはじめてください。  ");
60.  }
```

❶ 色当てゲームのタイトルを表示する前に全画面を消去するため、`FULL_SCREEN`を指定した`clear_screen`関数の呼び出しを追加した
❷ カーソルを画面の左上に移動するために、`move_cursor`関数の呼び出しを追加した

修正できたら、ビルドして実行してみましょう。ゲームの開示時点で画面が消去され、それからメッセージが表示されていますか。コマンド入力のプロンプトが表示されなくなっているでしょうか。

図15.3　画面を消去してからゲームを開始する

15.4　ゲームの経過を続けて表示する

ゲームの経過を続けて表示するには、どのようにしたらよいでしょうか。そのためには、次の図に示すような考え方をすればよいのではないでしょうか。

第15章 「ゲームの経過を見やすくする」を作る

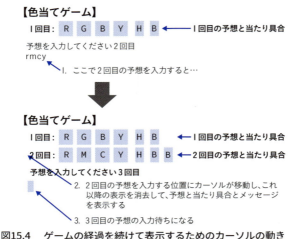

図15.4　ゲームの経過を続けて表示するためのカーソルの動き

手順を書いてみましょう。

1. 予想の入力を促すメッセージを表示する
2. 入力を受け付け、長さや文字の種類を調べる
3. 予想の表示開始位置をターン毎に1行ずつ下げて、予想を表示する開始位置へカーソルを移動する
4. そのカーソルの位置以降の画面を消去する

そうすると、カーソルを移動するのは、chg_play_turn関数の後半、chg_display_trial関数を呼び出す前ということになります。

では、カーソルを移動する場所は、どこにすればよいでしょうか。タイトル行を表示しているのが1行目ですから、1ターン目はその下の2行目の左端（1桁目）、2ターン目は3行目の左端……となりますね。ターンの数は0から数えますから、ターンの数に2を加えた行に表示すればよさそうです。

ついでに、何回目の予想の表示なのかわかりやすいように、予想の表示の前にターン数も表示するようにしておきましょう。表示する桁数を揃えたかったので、printf関数の書式指定文字列で%2dという書き方を使いました。これは、桁数が2桁に満たない場合には、右づめで2桁の整数として表示するという指定です。

2桁で表示することを指定した場合の書式指定文字列の例

```
printf("%2d回: ", turn + 1);
```

ところで、chg_play_turn関数は、いまのままでは何ターン目なのかわからない

ですね。どうやってターン数を知るのでしょうか。2つのアイディアが浮かびました。

- 大域変数（グローバル変数）にターン数を憶えておく
- 関数の引数でターン数を渡す

実現できるならどちらの方法でもかまわないのですが、章末のコラム**「関数が使う値の受け渡し方」**で説明していることを踏まえて、ここは関数の引数を使おうと思います。

以上の考えをふまえて**chg_play_turn**関数の引数を修正し、処理を追加すると、次のようになるでしょう。

color_hitting_game.c

```
249. enum chg_game_state chg_play_turn(const int turn) {      ❶
250.   char tx[QSIZE + 10];
251.   const int size = sizeof(tx);
252.   while (true) {
253.     chg_input_answer(tx, size);
254.
255.     if (chg_input_is_quit(tx)) {
256.       return chg_state_PLAYER_LOSE;
257.     }
258.
259.     if (chg_input_length_is_valid(tx)
260.         && chg_input_chars_is_valid(tx)
261.         && chg_input_chars_is_no_dup(tx)) {
262.       break;
263.     } else {
264.       puts("再入力してください");
265.     }
266.   }
267.   move_cursor(turn + 2, 1);       ❷
268.   clear_screen(AFTER_CURSOR);     ❸
269.   printf("%2d回: ", turn + 1);    ❹
270.   chg_display_trial(tx);          ❺
271.   return chg_check_result(tx);
272. }
```

❶ 関数の引数でターン数を受け取るように引数を追加した
❷ 引数で受け取ったターン数を元に、カーソルを「ターン数+2」行目の1桁目に移動した
❸ 移動したカーソルから後ろの表示を消去した
❹ 書式指定文字列で2桁を指定してターン数を表示している
❺ 予想を表示した（この呼び出しは今まで通りだが、表示はこれまでと変わっている）

第15章 「ゲームの経過を見やすくする」を作る

chg_play_turn関数を修正して引数でターン数を受け取るようにしたので、呼び出している側の**color_hitting_game**関数も、**chg_play_turn**関数を呼び出すときに引数でターン数を渡すように修正します。ついでに、その前の予想の入力を促すメッセージも修正して、入力を促していることに気づきやすくしてみました。

color_hitting_game.c

```
283. void color_hitting_game(void) {
284.   enum chg_game_state game_state = chg_state_PLAYING;
285.
286.   srand((unsigned) time(NULL));
287.   chg_display_title();
288.   chg_make_question();
289.   const int max_turns = 10;
290.   for (int turn = 0; turn < max_turns; turn++) {
291.     printf("予想を入力してください。\n%2d 回目>>", turn + 1);      ❶
292.
293.     game_state = chg_play_turn(turn);        ❷
294.     if (game_state == chg_state_PLAYER_WIN
295.         || game_state == chg_state_PLAYER_LOSE) {
296.       break;
297.     }
298.   }
299.
300.   chg_display_win_or_lose(game_state);
301.   return;
302. }
```

❶ 入力を促す表示を変更して、入力待ちなのをわかりやすくした
❷ chg_play_turn関数にターン数を渡すように変更した

もう少しだけ修正して、ゲームの表示を仕上げましょう。

ゲームの最後に、勝ち負けを表示してから出題者（プログラム）が出した問題を表示しますが、ここも予想と同じような表示にした方が、見た目もよいし、結果の比較がやりやすいですよね。そこで、**chg_display_win_or_lose**関数を見直して、予想と同じような表示に変更しましょう。ここで**chg_display_question**関数の代わりに、**chg_display_trial**関数を再利用します。この関数の引数に問題の配列**qx**を渡せば、問題を予想と同じような表示に変更できるのがわかりますか。予想と問題の両方で使うのですから、できれば関数の名前も見直した方がよいかもしれませんね。ここでは、関数名はいまのままにしておきます。気になる人は関数名も変えてみてください。

color_hitting_game.c

```
274. void chg_display_win_or_lose(enum chg_game_state game_state) {
```

```
275.    if (game_state == chg_state_PLAYER_WIN) {
276.        puts("あなたの勝ちです。");
277.    } else {
278.        puts("残念！出題者の勝ちです。");
279.    }
280.    fputs("問題: ", stdout);      ❶
281.    chg_display_trial(qx);        ❷
282. }
```

❶ fputs関数を追加して問題の表示とわかるメッセージを出す処理を追加した
❷ chg_display_question関数の代わりにchg_display_trial関数で問題を表示するよう変更した

修正できたら、ビルドして実行してみましょう。

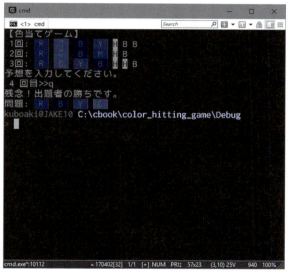

図15.5　予想の表示を修正した結果

qやQを入力すると、これまで通りゲームを終了できることや、問題の表示が変わっていることも確認しておきましょう。

また、入力の長さが長いとき、短いとき、使えない文字を入力したとき、同じ色を複数回使ったときにメッセージが表示され、正しく入力できた場合には期待した場所に予想が表示されるかどうか確認しておきましょう。

第15章 「ゲームの経過を見やすくする」を作る

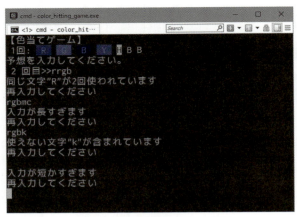

図15.6　予想の表示を修正した後のエラーの表示

15.5　まとめ

　「ゲームの経過を見やすくする」ができて、だいぶゲームらしい表示になりましたね。作業リストをチェックして次へ進みましょう。

色当てゲームの追加の作業リスト

- ✓ ゲームの経過を見やすくする
- ☐ ゲームにスコアを与えて、勝ち負けでスコアを更新したい
- ☐ ゲームのスコアを保存したい
- ☐ ゲームを繰り返し実行したい（いちいち起動しないで）
- ☐ ゲームの開始、終了を選ぶ画面を出す
- ☐ プレーヤーが「新しいゲームを始める」を選ぶと新しいゲームを開始する
- ☐ プレーヤーが「終了する」を選択したら、プログラムは終了する
- ☐ プレーヤーがそのゲームを終了したら、ゲームの開始、終了を選ぶ画面へ戻る
- ☐ スコアをつけるなら、ゲームが終わるたびにスコアを表示する

関数が使う値の受け渡し方

「第8章 役割のわかる関数に分割する」でやったように、プログラムを見通しよくするには、処理を関数に分けて名前をつけることがポイントでした。

関数に分けると、名前からどんな処理をするのかわかるようになるだけでなく、呼び出す処理と呼び出される処理に分離されるので、呼び出される処理を呼び出す側に無関係に修正できます。また、分けることでプログラムのいろいろな場所から呼び出すことができるようになりますので、処理の再利用がやりやすくなります。

関数に分けた方がよいことはわかったのですが、一方で、関数に分けたことで新たな工夫も必要になります。

分ける前はひとつの関数だったので、その関数の中で定義した局所変数（ローカル変数）はどの処理からも参照できました。ところが、局所変数を参照できるのは同じブロックの中だけです。関数もブロックのひとつですから、関数の中で定義した変数は、同じ関数の中にいる間だけ参照できることになります。そして、関数に分けると、ブロックが分かれてしまうので、その変数は参照できなくなってしまいます。

呼び出す関数へ値を渡すには、2つの方法があります。大域変数（グローバル変数）を使う方法と、関数の引数を使う方法です。大域変数は、関数の外部に定義した変数です。大域変数を使う場合のよいところは、関数の中に変数を定義する必要や関数の引数に宣言を書く必要がないこと、プログラムが動作している間は変数が常に存在することです。大域変数を使うと困るのは、関数がその大域変数に依存するようになることです。大域変数を参照している関数はその大域変数と一緒でないと動作できなくなってしまいます。このような関数を「大域変数に依存した関数」と呼んでいます。

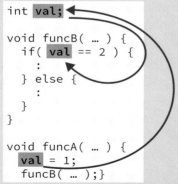

図15.7 関数の間で変数の値を受け渡す（大域変数を使う）

第15章 「ゲームの経過を見やすくする」を作る

　一方で、関数の引数を使う方法は、関数を呼び出す側が引数に値や値を指すポインタを渡し、呼び出された側が引数から値やポインタを受け取る方法です。引数を使う場合のよいところは、呼び出される側の関数を使うのに依存する変数がないということです。つまり、同じ関数に別の値を渡して使うことが容易になり、関数の再利用がやりやすくなります。引数を使うと困るのは、たくさんの値を渡すためには、引数をたくさん用意したり、ポインタを使ったりする必要があることです。たとえば配列を使いたい場合を考えてみます。大域変数に定義してある配列ならそのまま参照できますが、プログラムが大域変数を使っている関数を再利用するには、同じ名前の配列も必ずいっしょに用意して使うことになります。関数の引数で渡すには、配列の先頭要素のポインタ（配列の名前を使うと同じことができましたね）と要素の数を渡す必要がありますが、呼び出す側は自分が用意した好きな配列をその関数に渡すことができます。

```
void funcB( …, int v ) {
  if( v == 2 ) {
    :
  } else {
    :
  }
}

void funcA( … ) {
  int val = 1;
  funcB( …, val );
}
```

図15.8　関数の間で変数の値を受け渡す（関数の引数を使う）

　関数を呼び出す側、つまりその関数を利用する側に立つと、使うときの制限が少ない（自分が用意したものを使える）方が好ましいですね。特に決まった特定の変数に依存していると、他のプログラムで使いにくくなります。それで、作るときはできるだけ関数の引数で渡すように作ることが多いのです。たとえば、printf関数やmemcpy関数といったライブラリの関数は、みなさんのプログラムがどんな変数を使っているのか知らないのに使えます。ライブラリを作るときに、関数の引数をうまく使っていることがわかるでしょう。

292　第3部　プログラムの動作を充実させよう

第16章 「ゲームを繰り返し実行する」を作る

いまの色当てゲームは、一度実行して勝ち負けが決まってしまうと、プログラム自体が終了してしまいます。こんどは、色当てゲームを繰り返し実行できるようにしてみましょう。

16.1 「ゲームの開始、終了を選ぶ画面を出す」を作る

追加の作業リストを作ったときに、次のゲームをやるかゲーム全体を本当に終了するか選べるようにすることに決めました。こんどは、これを実現してみましょう。操作を選べるようにするために、ゲームの開始、終了の操作を選択する画面を用意することにしましょう。表示したときのイメージは次のようにしてみました。

ゲームの開始、終了の画面のイメージ

```
【色当てゲーム】
ゲームをはじめてください。
（N）新しいゲームを始める    ❶
（Q）終了              ❷
操作を選んでください：
```

❶ 'N' を入力すると色当てゲームを開始する
❷ 'Q' を入力するとプログラムを終了する

最初の2行は、これまで色当てゲームで使っていた**chg_display_title**関数で表示しているものと同じですから、この関数を使えば表示できますね。そのあとの「ゲームの開始」と「終了」は、文字列の表示を使えば作れるでしょう。最後の行は、操作の入力を促しているのがわかるよう「**:**」をつけて表示しています。

この表示を実現するプログラムを考えると、次のようになるでしょうか。

ゲームの開始、終了の表示の検討（1）

```
chg_display_title();
puts("(N) 新しいゲームを始める");
puts("(Q) 終了");
printf("操作を選んでください：");
```

たしかに、これでも動くでしょう。ですが、やはりここも「ゲームの開始、終了の操作選択」の表示処理とわかるようにしたいですね。わかりやすくするためには、関数に分けて、処理に名前をつけるのでしたね。操作選択の処理を**chg_select_operation**関数とし、その中で使う操作選択の表示を**chg_display_operation_menu**関数としましょう。これら2つの関数を**main**関数の前に追加して、それぞれの

293

第16章 「ゲームを繰り返し実行する」を作る

処理を main 関数から移動してきましょう。

color_hitting_game.c

```
305. void chg_display_operation_menu(void) {          ❶
306.   puts("(N) 新しいゲームを始める");
307.   puts("(Q) 終了");
308.   printf("操作を選んでください：");
309. }
310.
311. void chg_select_operation(void) {          ❷
312.   chg_display_title();
313.   chg_display_operation_menu();          ❸
314. }
315.
316. int main(void) {
317. /* 略 */
```

❶ 操作選択メニューを表示する処理を chg_display_operation_menu 関数として追加した

❷ 操作選択の処理を chg_select_operation 関数として追加した

❸ chg_display_operation_menu 関数を呼び出した

main 関数で color_hitting_game 関数を呼び出しているところを修正して、代わりに chg_select_operation 関数を呼び出して、この表示を確認しましょう。

color_hitting_game.c

```
316. int main(void) {
317.   // setvbuf(stdout, NULL, _IONBF, 0);
318.   chg_select_operation();          ❶
319.   return EXIT_SUCCESS;
320. }
```

❶ 「ゲームの開始、終了の操作選択」の表示のために chg_select_operation 関数を呼び出すよう変更した

修正できたら、ビルドして実行してみましょう。

ゲームの開始、終了の画面が表示できるか確認する

```
> color_hitting_game.exe  enter
【色当てゲーム】
ゲームをはじめてください。
(N) 新しいゲームを始める
(Q) 終了
操作を選んでください：
> color_hitting_game.exe
```

294　第3部 プログラムの動作を充実させよう

プログラムは実行してメッセージを表示するとすぐに終了してしまいますが、これで「ゲームの開始、終了の操作選択」の表示は確認できたと思います。

16.2　プレーヤーの入力を受け付ける

「ゲームの開始、終了の操作選択」が表示できるようになったので、操作を選んで次の処理へ進められるようにしましょう。追加の作業リストに挙げたように、操作には次の2つがあります。

- プレーヤーが「新しいゲームを始める」を選ぶと新しいゲームを開始する
- プレーヤーが「終了」を選択したら、プログラムは終了する

また「ゲームの開始、終了の操作選択」の表示画面を作成したときに、新しいゲームの開始はN、終了はQと決めました。

予想を入力するときに作った**chg_input_answer**関数を思い出してみましょう。

chg_input_answer関数

```
204. void chg_input_answer(char buf[], int size) {
205.   char* cr;
206.
207.   fgets(buf, size, stdin);
208.   cr = strchr(buf, '\n');
209.   if (cr != NULL) {
210.     *cr = '\0';
211.   }
212. }
```

この**chg_input_answer**関数は、**fgets**関数を使ってキーボードから1行分を読み込み、改行があれば取り除く処理でした。入力する文字の長さは異なりますが、今度の処理にも使えそうですね。この関数の働きを「1行分入力する」ということに改め、関数名を**chg_get_line**に変更して、「ゲームの開始、終了の操作選択」の入力と、これまで使っていた予想の入力の両方の処理で使えるようにしましょう。

color_hitting_game.c

```
204. void chg_get_line(char buf[], int size) {      ❶
205. /* 略 */
```

❶ **chg_input_answer**関数の関数名を**chg_get_line**に変更した

chg_play_turn関数の中の**chg_input_answer**関数を呼び出しているところを、**chg_get_line**関数の呼び出しに変更しましょう。

295

第16章 「ゲームを繰り返し実行する」を作る

color_hitting_game.c

```
249. enum chg_game_state chg_play_turn(const int turn) {
250.   char tx[QSIZE + 10];
251.   const int size = sizeof(tx);
252.   while (true) {
253.     chg_get_line(tx, size);     ❶
254.   /* 略 */
```

❶ chg_play_turn関数の呼び出しをchg_get_line関数に変更した

　そして、**chg_select_operation**関数でも**chg_get_line**関数を使いましょう。
chg_play_turn関数が予想を入力するバッファとして文字型配列を用意したのと同
じように「ゲームの開始、終了の操作選択」の入力を受け取る文字型配列を用意して、
そこに読み込むように変更します。また、**chg_get_line**関数で1行読み込んだあと
で、入力がQやNだったときの処理を追加します。

color_hitting_game.c

```
311. void chg_select_operation(void) {
312.   char opx[4];                       ❶
313.   const int size = sizeof(opx);      ❷
314.   chg_display_title();
315.   chg_display_operation_menu();
316.   chg_get_line(opx, size);           ❸
317.   const char op = toupper(opx[0]);   ❹ ❺
318.   if( op == 'Q') {                   ❻
319.     puts("ゲームを終了しました。");
320.     return;
321.   } else if( op == 'N') {            ❼
322.     color_hitting_game();
323.   }
324. }
```

❶ 入力は1文字（と改行）なので、少し余裕を持って4文字程度の文字型配列opxを
　用意した
❷ 読み込む長さの最大長として使うために文字型配列opxの長さを求めた
❸ 1行読み込みのためにchg_get_line関数を呼び出した
❹ 入力の先頭の1文字だけを調べる
❺ 入力が小文字でも受け付けるために大文字に変換した
❻ 入力がQだったらプログラムを終了するメッセージを表示してこの関数から抜け
　る
❼ 入力がNだったらcolor_hitting_game関数を呼んで新しいゲームを開始する

　1行入力で文字型配列に入力された文字のうち、先頭の1文字だけを調べることにし
ました。また、大文字でも小文字でも受け付けられるよう、大文字に変換してから調
べています。入力がQだったらプログラムを終了するメッセージを表示して**chg_**

select_operation関数からはreturn文で抜けます。この関数の呼び出し元はmain関数で、この関数の呼び出し以外やっていないので、プログラムは終了します。一方、入力がNだったらcolor_hitting_game関数を呼んで新しいゲームを開始します。

ここまで修正したら、一度ビルドして実行してみましょう。Qまたはqだったらメッセージを表示してプログラムを終了すること、Nまたはnだったら色当てゲームが始まることが確認できたでしょうか。

16.3　ゲームを終了したらゲームの開始、終了の画面を表示する

実際はまだ、QやN以外の文字を入力してもプログラムは終了してしまいますし、色当てゲームが終わったあともプログラムは終了してしまいます。Qが入力されたときはchg_select_operation関数から抜けてもよいのですが、そうでない場合には、入力を繰り返す必要があります。そして、色当てゲームが終わった場合も「ゲームの開始、終了の操作選択」の画面を表示して再び操作を選べるようにする必要があります。これらの処理ができるように、chg_select_operation関数の中にwhile文を追加し、繰り返し処理する部分をwhile文の中に入れます。

color_hitting_game.c

```
311. void chg_select_operation(void) {
312.   char opx[4];
313.   const int size = sizeof(opx);
314.   while (true) {                        ❶
315.     chg_display_title();
316.     chg_display_operation_menu();
317.     chg_get_line(opx, size);
318.     const char op = toupper(opx[0]);
319.     if( op == 'Q') {
320.       puts("ゲームを終了しました。");
321.       return;
322.     } else if( op == 'N') {
323.       color_hitting_game();
324.     }
325.   }        ❷
326. }
```

❶ 表示と入力を、trueを使ったwhile文で無限に繰り返すようにした
❷ 繰り返しの終わりを追加した

修正できたら、ビルドして実行してみましょう。こんどは、QやN以外の文字を入力しても再び入力待ちになります。色当てゲームが終わった場合も、ゲームの開始、終了の画面を表示して入力待ちになります。

ところが、こんどは色当てゲームが終わったとたんに、ゲームの開始、終了の画面

を表示してしまい、ゲームの結果を確認できなくなってしまいました。

確認のために、いまの画面の表示と入力の関係を整理してみると、次の図のようになっていることがわかります。

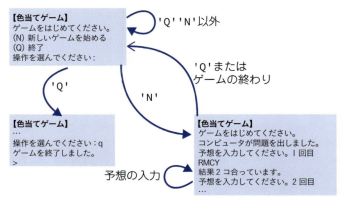

図16.1　画面の表示と入力の関係（見直し前）

たしかに、色当てゲームが終わったとたんに、ゲームの開始、終了の画面を表示しています。ここを見直して、次の図のように、色当てゲームが終わったときにはその画面のまま結果を表示し、エンターキーによって改行文字が入力されたらメニューに戻るようにしたらよいのではないでしょうか。

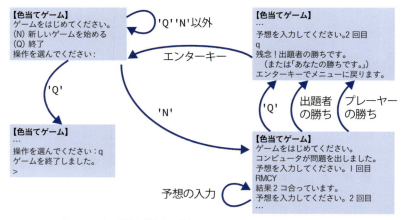

図16.2　画面の表示と入力の関係（見直し後）

このような動作になるよう`chg_display_win_or_lose`関数の問題を表示する処理のあとに、エンターキーでメニューに戻るメッセージとエンターキーの入力を待つ

まとめ

処理を追加しましょう。

color_hitting_game.c

```
274. void chg_display_win_or_lose(enum chg_game_state game_state) {
275.   if (game_state == chg_state_PLAYER_WIN) {
276.     puts("あなたの勝ちです。");
277.   } else {
278.     puts("残念！出題者の勝ちです。");
279.   }
280.   fputs("問題: ", stdout);
281.   chg_display_trial(qx);
282.
283.   puts("\nエンターキーでメニューに戻ります。");      ❶
284.   while (getchar() != '\n') {      ❷
285.   }
286. }
```

❶ エンターキーの入力を促すメッセージの表示を追加した
❷ エンターキーで改行文字を入力するまで1文字入力を繰り返す処理を追加した

　修正できたら、ビルドして実行してみましょう。こんどは、色当てゲームが終わった場合には、ゲームの結果を表示し、プレーヤーがエンターキーを押すまで待ちます。エンターキーを入力するとゲームの開始、終了の画面を表示して入力待ちになります。もし、他の文字を入力しても読み捨てているので、エンターキーを入力した時点で画面が変わります。

16.4　まとめ

　これで「ゲームを繰り返し実行する」ことができるようになりました。また「ゲームの開始、終了の操作選択」ができるようになりました。作業リストをチェックして次へ進みましょう。

> **色当てゲームの追加の作業リスト**
>
> ✓ ゲームの経過を見やすくする
> ❏ ゲームにスコアを与えて、勝ち負けでスコアを更新したい
> ❏ ゲームのスコアを保存したい
> ✓ ゲームを繰り返し実行したい（いちいち起動しないで）
> ✓ ゲームの開始、終了を選ぶ画面を出す
> ✓ プレーヤーが「新しいゲームを始める」を選ぶと新しいゲームを開始する
> ✓ プレーヤーが「終了する」を選択したら、プログラムは終了する
> ✓ プレーヤーがそのゲームを終了したら、ゲームの開始、終了を選ぶ画面へ戻る
> ❏ スコアをつけるなら、ゲームが終わるたびにスコアを表示する

第17章 ゲームのスコアをつける

ゲームを繰り返し実行できるようになると、ゲームに勝てた度合いがわかるようにしたいですよね。こんどは、ゲームの勝ち負けでスコアが増えたり減ったりできるようにしてみましょう。

17.1 ゲームの配点を決める

まず、色当てゲームを始めるときの配給原点（ゲームの開始時点でプレーヤーに配給されるスコア）と、プレーヤーが勝った場合、負けた場合の得失点を決めましょう。次のようにしてみました。

表17.1 プレーヤーに対するゲームの配点

種類	配点
プレーヤーの配給原点	200 点
プレーヤーが勝ったとき	+100 点
プレーヤーが負けたとき	−100 点

ちょっとこれだけでは単純すぎますね。プレーヤーは早く当てた方が強かったといえるでしょう。そこで、プレーヤーが勝ったときには、何回目の予想で当てたのかに応じて獲得できる追加の配点を考えました。

表17.2 プレーヤーが勝ったときの追加の配点

予想の回数	配点
1回目で勝ったとき	100 点
2回目で勝ったとき	90 点
……	……
9回目で勝ったとき	20 点
10回目で勝ったとき	10 点

プログラム中では、ターンの数は1回目が0、2回目が1……となっている（0から数えている）ので、この追加の配点は次のような計算で求められます。

- 追加の配点 ＝ 100 −（ターンの数 × 10）
- ただし、ここでターンの数は 0, 1, … 9 の10回

これらの配点の計算をゲームのプログラムに追加して、繰り返しゲームを実行したときに、実行のたびに得られた配点によってスコアが変化するようにしましょう。

300　第3部 プログラムの動作を充実させよう

プレーヤーのスコアを表示する

17.2　プレーヤーのスコアを表示する

　配点は、実際にゲームをしてみると調整が必要になるかもしれません。そのため、変更しやすい方法でプログラムに組み込んでおくのがよいでしょう。次のように、`get_trial_char`関数の前に、配点用の定数を追加し、また、配点を計算する`chg_calc_option_point`関数を追加しましょう。

color_hitting_game.c

```
24.   static const int initial_score = 200;    ❶
25.   static const int winning_point = 100;    ❷
26.   static const int losing_point = -100;    ❸
27.   static int player_score;    ❹
28.
29.   int chg_calc_option_point(const int turn) {    ❺
30.     return 100 - (turn * 10);
31.   }
32.
33.   char get_trial_char(void) {
34.   /* 略 */
```

❶　配給原点を200点とした
❷　プレーヤーが勝ったときの配点を100点とした
❸　プレーヤーが負けたときの配点を–100点とした
❹　プレーヤーのスコアを憶えるための変数を用意した
❺　ターン数から追加の配点を求める`chg_calc_option_point`関数を追加した

　`chg_display_title`関数を修正して、タイトルの横にプレーヤーのスコアを表示してみましょう。

color_hitting_game.c

```
64.   void chg_display_title(void) {
65.     clear_screen(FULL_SCREEN);
66.     move_cursor(1,1);
67.     printf("【色当てゲーム】 score: %d\n", player_score);    ❶
68.     puts("ゲームをはじめてください。 ");
69.   }
```

❶　タイトルの表示をプレーヤーのスコアも表示できるように修正した

　修正できたら、ビルドして実行してみましょう。まだスコア自体は設定できていませんが、スコアを表示できるようになったのが確認できましたか。

17

301

第17章　ゲームのスコアをつける

図17.1　プレーヤーのスコアを表示したゲームの開始、終了の操作選択画面

図17.2　プレーヤーのスコアを表示した色当てゲームの画面

17.3　勝ち負けに応じてプレーヤーのスコアを更新する

　スコアの表示ができるようになったので、こんどはプレーヤーの勝ち負けに応じてスコアを更新しましょう。

　プレーヤーの勝ち負けがわかってゲームの配点が決まるのは、color_hitting_game関数の中で、chg_play_turn関数の呼び出しの戻り値を憶えている変数game_stateが、chg_state_PLAYER_WINかchg_state_PLAYER_LOSEになったときです。
　game_stateの値がchg_state_PLAYER_WINのときはプレーヤーの勝ちですから、プレーヤーのスコアに勝ったときのポイントを加算します。さらに、勝ったときのターン数に応じた追加の配点をchg_calc_option_point関数を使って計算し、これもプレーヤーのスコアに加算します。
　game_stateの値がchg_state_PLAYER_LOSEのときはプレーヤーの負けですから、プレーヤーのスコアから負けたときのポイントを引きます。負けたときのポイントは負の値にしましたので、プレーヤーのスコアにこのポイントを足せば結果的にポイントは減りますね。

　以上のことを考えると、color_hitting_game関数は次のようになるでしょう。

color_hitting_game.c

```
297. void color_hitting_game(void) {
298.     enum chg_game_state game_state = chg_state_PLAYING;
```

勝ち負けに応じてプレーヤーのスコアを更新する

```
299.
300.    srand((unsigned) time(NULL));
301.    chg_display_title();
302.    chg_make_question();
303.    const int max_turns = 10;
304.    int turn;                                              ❶
305.    for (turn = 0; turn < max_turns; turn++) {             ❶
306.      printf("予想を入力してください。\n%2d 回目>>", turn + 1);
307.
308.      game_state = chg_play_turn(turn);
309.      if (game_state == chg_state_PLAYER_WIN
310.          || game_state == chg_state_PLAYER_LOSE) {
311.        break;
312.      }
313.    }
314.
315.    chg_display_win_or_lose(game_state);
316.    if (game_state == chg_state_PLAYER_WIN) {              ❷
317.      player_score += winning_point;                      ❷
318.      player_score += chg_calc_option_point(turn);        ❷
319.    } else {
320.      player_score += losing_point;          ❸
321.    }
322.    return;
323. }
```

❶ turnの値を for 文の後でも使いたいので、変数 turn を for 文のパラメータで
　定義するのをやめて、for 文の前に定義しておくことにした

❷ プレーヤーが勝ったときは、プレーヤーのスコアに勝ったときのポイントと、
　勝ったときのターンに応じた追加のポイントを加算する

❸ プレーヤーが負けたときは、プレーヤーのスコアに負けたときのポイントを加算
　する（マイナスのポイントを足すのでスコアが減る）

　最後に、ゲームの開始時に、プレーヤーのスコアを配給原点に初期化する処理を追
加しましょう。

color_hitting_game.c

```
311. void chg_select_operation(void) {
312.   char opx[4];
313.   const int size = sizeof(opx);
314.   player_score = initial_score;       ❶
315.
316.   while (true) {
317.   /* 略 */
```

❶ プレーヤーのスコアを配給原点する処理を追加した

303

修正できたら、ビルドして実行してみましょう。ゲームの結果によって点数が変化するのがわかるでしょうか。

図17.3　プレーヤーのスコアが変化したゲームの開始、終了の操作選択画面

図17.4　プレーヤーのスコアが変化した色当てゲームの画面

17.4　ゲームオーバーの処理

勝ち負けに応じてプレーヤーのスコアを更新できるようになりましたが、プレーヤーが負け続けるとスコアがマイナスになっても減り続けるのがわかります。

図17.5　プレーヤーのスコアがマイナスになってしまう場合

延々減り続けるのはおかしいので、プレーヤーのスコアが0点になってしまったら、ゲームオーバーとして、次のゲームができずにプログラムを終了するように chg_select_operation 関数を修正しましょう。
いまのところ、ゲームオーバーでも、プレーヤー自身が終了を選択した場合でも、終了後新しくプログラムを実行したときは、配給原点から始めることにします。345

ゲームオーバーの処理

行目以降を追加します。

color_hitting_game.c

```c
331. void chg_select_operation(void) {
332.   char opx[4];
333.   const int size = sizeof(opx);
334.   player_score = initial_score;
335.
336.   while (true) {
337.     chg_display_title();
338.     chg_display_operation_menu();
339.     chg_get_line(opx, size);
340.     const char op = toupper(opx[0]);
341.     if( op == 'Q') {
342.       puts("ゲームを終了しました。");
343.       return;
344.     } else if( op == 'N') {
345.       color_hitting_game();
346.       if (player_score <= 0) {        ❶
347.         puts("ゲームオーバーです!!");    ❷
348.         return;                       ❸
349.       }
350.     }
351.   }
352. }
```

❶ 色当てゲームが終わったら、プレーヤーのスコアを調べて0点以下になっていないか確認する

❷ 0点以下になっていた場合には、ゲームオーバーのメッセージを表示する

❸ ゲームオーバーの場合には、chg_select_operation関数の繰り返し処理から抜ける

　修正したら、ビルドして実行してみましょう。プレーヤーのスコアが0点以下になると判断したらゲームオーバーになることを確認してください。

17

305

第17章　ゲームのスコアをつける

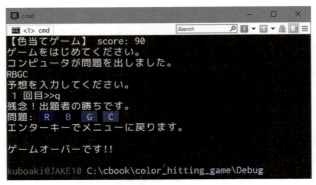

図17.6　ゲームオーバーの表示

17.5　まとめ

　これで「ゲームのスコアを与えて、勝ち負けでスコアを更新」し、「ゲームが終わるたびにスコアを表示する」ことができるようになりました。作業リストをチェックして次へ進みましょう。

色当てゲームの追加の作業リスト

- ✓ ゲームの経過を見やすくする
- ✓ ゲームにスコアを与えて、勝ち負けでスコアを更新したい
- ☐ ゲームのスコアを保存したい
- ✓ ゲームを繰り返し実行したい（いちいち起動しないで）
- ✓ ゲームの開始、終了を選ぶ画面を出す
- ✓ プレーヤーが「新しいゲームを始める」を選ぶと新しいゲームを開始する
- ✓ プレーヤーが「終了する」を選択したら、プログラムは終了する
- ✓ プレーヤーがそのゲームを終了したら、ゲームの開始、終了を選ぶ画面へ戻る
- ✓ スコアをつけるなら、ゲームが終わるたびにスコアを表示する

第18章 プログラムのファイルを分割する

color_hitting_game.cも全体で350行を超えました。このファイルを分割して、複数ファイルの構成に変更しましょう。

　少しずつ色当てゲームのプログラムを充実させてきた結果、color_hitting_game.cも全体で350行を超えました。ファイルが長くなったので、このファイルを分割して、複数のファイルで構成してみたいと思います。

　作業の前に「色当てゲームの追加の作業リスト」に作業項目を追加しておきましょう。

▧ 色当てゲームの追加の作業リスト
✔ ゲームの経過を見やすくする
✔ ゲームにスコアを与えて、勝ち負けでスコアを更新したい
❑ ゲームのスコアを保存したい
❑ プログラムのファイルを分割する
（略）

18.1　関数を別ファイルへ分ける

　プログラムをビルドするときはファイルを指定します。現状の色当てゲームの場合、color_hitting_game.c がビルドの対象となっているファイルです。このファイルの中の一部だけをビルドするとか、一部を取り出して使うといったことができません。利用するときはファイルの中身全体を一緒に扱うことになります。このことを「再利用の単位はソースファイル」といいます。

　たとえば、画面をクリアする clear_screen関数、カーソルを移動する move_cursor関数を、色当てゲームでなく他のプログラムでも画面に使う場面を考えてみましょう。これらの関数が color_hitting_game.c の中に書いてあるままでは、これらの関数を色当てゲームの他の関数と切り離して別のプログラムに利用できません。そこで、これらの関数を color_hitting_game.c から別のファイルへ分けることができるか、試してみましょう。

　まず、次の手順でプロジェクトに新しいソースファイルを追加します。

　プロジェクト・エクスプローラーで「color_hitting_game ＞ src」を選び、右クリックしてポップアップメニューを開き、「新規＞ソース・ファイル」を選択します。

第18章 プログラムのファイルを分割する

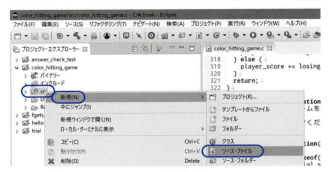

図18.1　新しいソース・ファイルを追加する

　画面の制御に使うANSIエスケープシーケンスは「Control Sequence Introducer（CSI）コード」と呼ばれていましたので、ファイル名を**csi.c**にしましょう。

　表示されたダイアログの「ソース・フォルダー」が**color_hitting_game/src**、「テンプレート」が「デフォルトCソース・テンプレート」になっていることを確認して、「ソース・ファイル」に**csi.c**を入力して「完了」をクリックします。

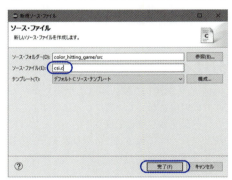

図18.2　csi.cを作成する

　プロジェクト・エクスプローラーで**csi.c**が追加されていることを確認します。

図18.3　csi.cが追加された

関数を別ファイルへ分ける

これで、プロジェクトにソースファイルを追加できました。

次に、`color_hitting_game.c`から`clear_screen`関数と`move_cursor`関数を、作成した`csi.c`に移動しましょう。`clear_screen`関数で使う列挙型`clear_option`関数も一緒に移動しましょう。

csi.c

```
9.  enum clear_option {
10.    AFTER_CURSOR = 0, BEFORE_CURSOR = 1, FULL_SCREEN = 2
11.  };
12.
13.  void clear_screen(const enum clear_option cption) {
14.    printf("\033[%dJ", option);
15.  }
16.
17.  void move_cursor(int row, int col) {
18.    printf("\033[%d;%dH", row, col);
19.  }
```

color_hitting_game.c

```
46.  void discard_inputs(void) {
47.    for (; getchar() != '\n';) {
48.      /* do nothing */
49.    }
50.  }
51.          ❶
52.  void chg_display_title(void) {
53.  /* 略 */
```

❶ ここに書いてあった`clear_option`、`clear_screen`関数、`move_cursor`関数を削除した

ここで1度ビルドしてみましょう。コンソールに、次のようなエラーが表示されると思います。

関数を移動した直後のビルドのエラー

```
コンソール
gcc -std=c99 -DDEBUG -O0 -g3 -Wall -c -fmessage-length=0 -o
"src\\color_hitting_game.o" "..\\src\\color_hitting_game.c"
..\src\color_hitting_game.c: In function `chg_display_title':
..\src\color_hitting_game.c:53: warning: implicit declaration of
function `clear_screen'  ❶
..\src\color_hitting_game.c:53: error: `FULL_SCREEN' undeclared
(first use in this function) ❷
```

309

第18章 プログラムのファイルを分割する

```
..\src\color_hitting_game.c:53: error: (Each undeclared
identifier is reported only once
..\src\color_hitting_game.c:53: error: for each function it
appears in.)
..\src\color_hitting_game.c:54: warning: implicit declaration of
function `move_cursor'     ❸
..\src\color_hitting_game.c: In function `chg_play_turn':
..\src\color_hitting_game.c:264: error: `AFTER_CURSOR'
undeclared (first use in this function)     ❹
```

❶ clear_screen関数の定義が見つからないために、暗黙の宣言をしているとみ
なされた
❷ FULL_SCREENが、宣言されていないのに使われている
❸ move_cursor関数の定義が見つからないために、暗黙の宣言をしているとみな
された
❹ AFTER_CURSORが、宣言されていないのに使われている

　C言語は、ビルドするとき関数の呼び出しを見つけると、それまでの間にその関数
の定義や宣言がなされているか調べます。もし見つからなかったときは、int型を返
す関数を使っているものとみなしてエラーではなく警告とします。このint型を返す
関数を使っているとみなすことを「暗黙の関数宣言」と呼んでいます。今回この警告
が起きているのは、これまで使っていた列挙型や関数を別のファイルへ移動してし
まったため、他の関数から呼び出そうとしても定義が見つからなくなっているからで
す。どうやら、見つからなくなった関数が別のファイルに定義してあることをcolor_
hitting_game.cファイルに知らせる方法が必要なようです。

　標準ライブラリ関数の宣言をインクルードしたときのことを憶えていますか。標準
ライブラリ関数はみなさんが作った関数ではないので、別の場所に作られたライブラ
リになっています。そして、ライブラリに定義されている関数を自分のプログラムで
使うときには、定義されている関数の宣言を書いたヘッダーファイルをインクルード
しましたね。たとえば、stdio.hやstring.hなどがありました。

　同じような方法を使えば、別の場所（ファイル）に自分が作った関数を使うことが
できそうです。つまり、移動した関数の宣言を書いたヘッダーファイルを作成し、こ
れをcolor_hitting_game.cがインクルードすればよさそうです。

　次の手順でプロジェクトに新しいヘッダーファイルを追加します。

　プロジェクト・エクスプローラーで「color_hitting_game ＞ src」を選び、右ク
リックしてポップアップメニューを開き、「新規 ＞ ヘッダー・ファイル」を選択しま
す。

310　第3部 プログラムの動作を充実させよう

関数を別ファイルへ分ける

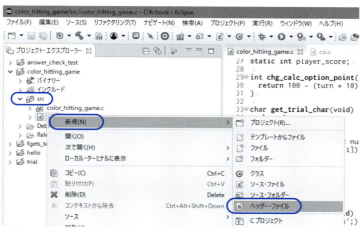

図18.4　新しいヘッダー・ファイルを追加する

　先に追加したソースファイルは **csi.c** でしたので、これに対応したヘッダーファイルとわかるよう、ファイル名を **csi.h** にしましょう。

　表示されたダイアログの「ソース・フォルダー」が **color_hitting_game/src**、「テンプレート」が「デフォルトCヘッダー・テンプレート」になっていることを確認して、「ヘッダー・ファイル」に **csi.h** を入力して「完了」をクリックします。

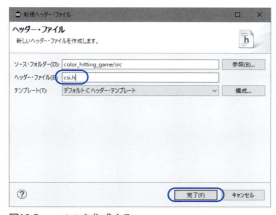

図18.5　csi.hを作成する

　プロジェクト・エクスプローラーで **csi.h** が追加されていることを確認します。

311

第18章 プログラムのファイルを分割する

図18.6 csi.hが追加された

これで、プロジェクトにヘッダーファイルを追加できました。

追加されたヘッダーファイルを見てみましょう。ヘッダーファイル用のテンプレートが適用されていて、作成時点のソースコードは次のようになっています。

csi.h

```
 8  #ifndef CSI_H_        ❶
 9  #define CSI_H_        ❷
10
11
12
13  #endif /* CSI_H_ */   ❸
```

❶ `CSI_H_`というマクロが定義されていなければ`#endif`までのブロックを取り込む
❷ `CSI_H_`というマクロを定義した
❸ `#ifndef`ブロックの終わり

　`#ifndef`命令は後に続くマクロ名`CSI_H_`が定義されているか調べ、定義されていなかった場合に`#endif`までのブロックを取り込みます。もし定義されていた場合には取り込みません。そして、このブロックの中で、`#define`命令を使って`CSI_H_`を定義していますね。もし、このヘッダーファイルが別のソースコードの中から何度かインクルードされるようなことが起きた場合、最初にインクルードしたときすでに`CSI_H_`が定義されているので、ブロックの中は読み飛ばされることになります。このしくみを使うと、同じヘッダーファイルを何度も取り込んで複数回同じ定義が見つかってしまうのを避けることができます。
　このようなしくみを「インクルードガード」[1]と呼びます。

---

[1] わたしたちのビルド環境では、#pragma onceというマクロを使うこともできますが、この方法はまだ標準にはなっていません。

関数を別ファイルへ分ける

　では、作成したヘッダーファイルのインクルードガードの内側に、関数の宣言を書いてみましょう。

csi.h

```
8.   #ifndef CSI_H_
9.   #define CSI_H_
10.
11.  void clear_screen(const enum clear_option cption);      ❶
12.  void move_cursor(int row, int col);                     ❷
13.
14.  #endif /* CSI_H_ */
```

❶ clear_screen関数の宣言を追加した
❷ move_cursor関数の宣言を追加した

　そして、このヘッダーファイルを、インクルードすればよいのでしたね。

color_hitting_game.c

```
16.  #include <time.h>
17.
18.  #include "csi.h"       ❶
19.
20.  #define QSIZE 4
```

❶ csi.hのインクルード命令を追加した

　csi.hのインクルードが、**<csi.h>**ではなく、**"csi.h"**なのに注意しましょう。**csi.h**のようにプロジェクトに固有のヘッダーファイルの場合には、**"csi.h"**のように「**"**」で囲みます。

　ファイル名を囲む記号が**<**と**>**の場合、インクルードするファイルを探す範囲はビルド環境が設定しているインクルードファイルを置いてあるディレクトリになります。Eclipseを使っている場合、プロジェクト・エクスプローラーでプロジェクトを見ると、「インクルード」というところに表示されるディレクトリにあるヘッダーファイルが該当します。

　再びビルドしてみましょう。こんどは、コンソールに次のようなエラーが表示されると思います。

csi.hを追加した後のビルドエラー

```
　　　コンソール
gcc -std=c99 -DDEBUG -O0 -g3 -Wall -c -fmessage-length=0 -o
"src\\color_hitting_game.o" "..\\src\\color_hitting_game.c"
In file included from ..\src\color_hitting_game.c:18:   ❶
```

第18章　プログラムのファイルを分割する

```
..\src\csi.h:11: warning: "enum clear_option" declared inside
parameter list  ❷
..\src\csi.h:11: warning: its scope is only this definition or
declaration, which is probably not what you want
..\src\csi.h:11: warning: parameter has incomplete type
  (略)
```

❶ 追加したインクルードファイルの中で問題が見つかった
❷ 列挙型clear_optionが引数リストの中に宣言されているのが見つかった

　clear_screen関数の引数に、列挙型clear_optionが出てきますが、この列挙型の定義が見つからないことが原因です。確かに、列挙型の定義は、変数の定義ではなく型の定義ですからclear_screen関数を使う他のファイルからも参照できるようヘッダーファイルに書いておくのがよいですね。ソースファイルからヘッダーファイルに移動しましょう。

csi.h

```
 8. #ifndef CSI_H_
 9. #define CSI_H_
10.
11. enum clear_option {                                       ❶
12.   AFTER_CURSOR = 0, BEFORE_CURSOR = 1, FULL_SCREEN = 2     ❶
13. };                                                        ❶
14.
15. void clear_screen(const enum clear_option option);
16. void move_cursor(int row, int col);
17.
18.
19. #endif /* CSI_H_ */
```

❶ 列挙型clear_optionの定義をcsi.cから移動してきた

　そして、列挙型clear_optionはcsi.cの関数の定義でも参照しますので、csi.cでもcsi.hをインクルードしておきます。

csi.c

```
 8. #include "csi.h"     ❶
 9.
10.     ❷
11. void clear_screen(const enum clear_option option) {
12.   printf("\033[%dJ", option);
13. }
```

❶ csi.hをインクルードした
❷ 列挙型clear_optionの定義はcsi.hに移動し、ここから削除した

314　第3部　プログラムの動作を充実させよう

もう一度ビルドしてみましょう。まだエラーが表示されるでしょうか。

列挙型 clear_option を移動した後のビルドエラー

```
コンソール
Info: Internal Builder is used for build
gcc -std=c99 -DDEBUG -O0 -g3 -Wall -c -fmessage-length=0 -o
"src\\color_hitting_game.o" "..\\src\\color_hitting_game.c"
gcc -std=c99 -DDEBUG -O0 -g3 -Wall -c -fmessage-length=0 -o
"src\\csi.o" "..\\src\\csi.c"
..\src\csi.c: In function `clear_screen':
..\src\csi.c:11: warning: implicit declaration of function
`printf' ❶
gcc -o color_hitting_game.exe "src\\color_hitting_game.o" "src\\
csi.o"
```

❶ clear_screen 関数が使っている printf 関数の定義が見つからないために、暗黙の宣言をしているとみなされた

今度は printf 関数に関する警告が表示されました。printf 関数を使うには stdio.h をインクルードする必要がありましたが、それが足りなかったからですね。それでは、csi.c ファイルでも stdio.h をインクルードしましょう。

csi.c

```
8.  #include <stdio.h>      ❶
9.  #include "csi.h"
10.
11. void clear_screen(const enum clear_option option) {
12.     printf("\033[%dJ", option);
13. }
14.
15. void move_cursor(int row, int col) {
16.     printf("\033[%d;%dH", row, col);
17. }
```

❶ printf 関数を使うために stdio.h をインクルードした

修正したら、ビルドしてみましょう。今度はどうでしょうか。

stdio.h をインクルードした後のビルド結果

```
コンソール
Info: Internal Builder is used for build
gcc -std=c99 -DDEBUG -O0 -g3 -Wall -c -fmessage-length=0 -o
"src\\csi.o" "..\\src\\csi.c"
gcc -o color_hitting_game.exe "src\\color_hitting_game.o" "src\\
csi.o"
```

今度はうまくいきましたね。色当てゲームの動作がこれまでと変わっていないか、確認しておきましょう。

18.2　main関数を独立させる

　C言語のプログラムを実行するには、開始地点になる`main`関数が必要です。色当てゲームも`color_hitting_game.c`に`main`関数があります。しかし、このファイルに`main`関数があるということは、`color_hitting_game.c`に含まれている関数を他のプログラムで使おうとしても、このファイルにある`main`関数から始めることになってしまいます。つまり、色当てゲームとして動作を始めてしまうことになります。あるいは、`color_hitting_game.c`に含まれている関数を使おうとしている別のプログラムのソースコードに`main`関数があると、`main`関数が複数定義されていることになり、ビルドのときに`main`関数が重複して定義されているというエラーになってしまうでしょう。このように、`main`関数が含まれているソースファイルは、他のプログラムで再利用しようとするときに困ることがわかります。

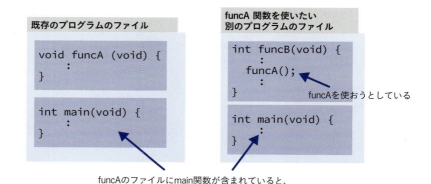

図18.7　main関数を含むファイルは再利用しにくい

　そこで、色当てゲームのソースファイルの中から`main`関数を取り出して、別のファイルに分けてみましょう。そうすれば、色当てゲームを他のプログラムに組み込んだり、色当てゲームの関数を他のプログラムに再利用できるようになります。

　次の手順でプロジェクトに新しいソースファイルを追加します。

　プロジェクト・エクスプローラーで「`color_hitting_game ＞ src`」を選び、右クリックしてポップアップメニューを開き、「新規 ＞ ソース・ファイル」を選択します。

main関数を独立させる

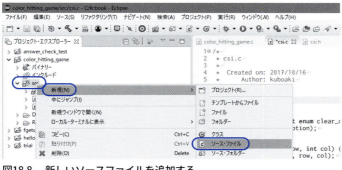

図18.8　新しいソースファイルを追加する

　追加するのはmain関数を分けるのが目的ですので、ソースファイル名はmain.cにしましょう。

　表示されたダイアログの「ソース・フォルダー」が color_hitting_game/src、「テンプレート」が「デフォルトCソース・テンプレート」になっていることを確認して、「ソース・ファイル」に main.c を入力して「完了」をクリックします。

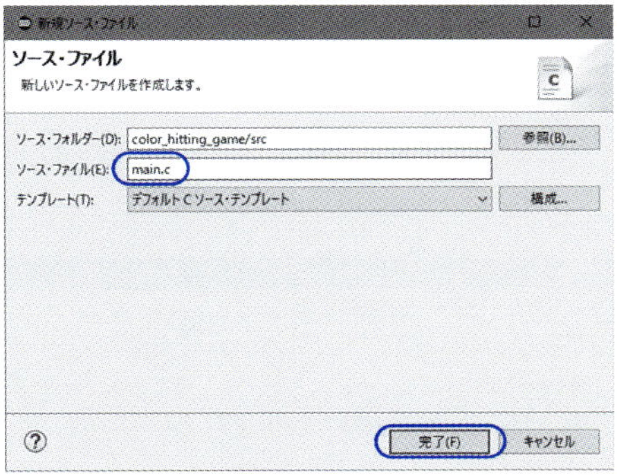

図18.9　main.cを作成する

　プロジェクト・エクスプローラーで main.c が追加されていることを確認します。

図18.10　main.cが追加された

第18章　プログラムのファイルを分割する

これで、プロジェクトに **main.c** ファイルを追加できました。

main.c ファイルに **main** 関数を移動しましょう。

main.c

```
8.  int main(void) {        ❶
9.    // setvbuf(stdout, NULL, _IONBF, 0);
10.   chg_select_operation();
11.   return EXIT_SUCCESS;
12. }
```

❶ **main** 関数を color_hitting_game.c から削除し、**main.c** へ移動した

color_hitting_game.c から **main** 関数を削除しましょう。

color_hitting_game.c

```
340.      }
341.    }
342. }
343.      ❶
```

❶ color_hitting_game.c の末尾に定義してあった **main** 関数を削除した

修正できたらビルドしてみましょう。エラーが表示されるでしょうか。

main 関数を移動した後のビルドエラー

```
コンソール

gcc -std=c99 -DDEBUG -O0 -g3 -Wall -c -fmessage-length=0 -o
"src\\main.o" "..\\src\\main.c"
..\src\main.c: In function `main':
..\src\main.c:10: warning: implicit declaration of function
`chg_select_operation' ❶
..\src\main.c:11: error: `EXIT_SUCCESS' undeclared (first use in
this function)    ❷
..\src\main.c:11: error: (Each undeclared identifier is reported
only once
..\src\main.c:11: error: for each function it appears in.)
```

❶ chg_select_operation 関数の定義が見つからないために、暗黙の宣言をして
いるとみなされた

❷ EXIT_SUCCESS が定義されていない

　ファイルを分けたので、**chg_select_operation** 関数の定義を **main** 関数が見つけ
られなくなってしまいました。見つからなくなった関数が別のファイルに定義してある
ことを **main.c** ファイルに知らせるために、新しいヘッダーファイルが必要ですね。

318　第3部　プログラムの動作を充実させよう

main関数を独立させる

次の手順でプロジェクトに新しいヘッダーファイルを追加します。

プロジェクト・エクスプローラーで「color_hitting_game ＞ src」を選び、右クリックしてポップアップメニューを開き、「新規 ＞ ヘッダー・ファイル」を選択します。

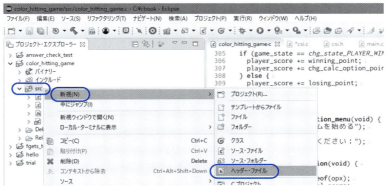

図18.11 新しいヘッダー・ファイルを追加する

main関数が見つけたかったのは、chg_select_operation関数です。この関数が定義してあるソースファイルは、color_hitting_game.cですので、これに対応したヘッダーファイルとわかるよう、ファイル名をcolor_hitting_game.hにしましょう。

表示されたダイアログの「ソース・フォルダー」がcolor_hitting_game/src、「テンプレート」が「デフォルトCヘッダー・テンプレー～」になっていることを確認して、「ヘッダー・ファイル」にcolor_hitting_game.hを入力して「完了」をクリックします。

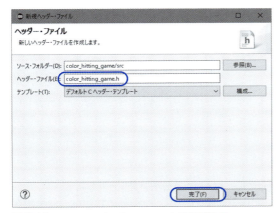

図18.12 color_hitting_game.hを作成する

319

プロジェクト・エクスプローラーで`color_hitting_game.h`が追加されていることを確認します。

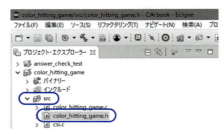

図18.13 `color_hitting_game.h`が追加された

これで、プロジェクトにヘッダーファイルを追加できました。

`color_hitting_game.h`に`chg_select_operation`関数の宣言を追加しましょう。

color_hitting_game.h

```
 8  #ifndef COLOR_HITTING_GAME_H_
 9  #define COLOR_HITTING_GAME_H_
10  
11  void chg_select_operation(void);     ❶
12  
13  #endif /* COLOR_HITTING_GAME_H_ */
```

❶ `chg_select_operation`関数の宣言を追加した

`main.c`で`color_hitting_game.h`をインクルードしましょう。また、`EXIT_SUCCESS`を使うために、`stdlib.h`をインクルードしておきましょう。

main.c

```
 8  #include <stdlib.h>                    ❶
 9  #include "color_hitting_game.h"        ❷
10  
11  int main(void) {
12    // setvbuf(stdout, NULL, _IONBF, 0);
13    chg_select_operation();
14    return EXIT_SUCCESS;
15  }
```

❶ `EXIT_SUCCESS`を使うために、`stdlib.h`をインクルードした
❷ `chg_select_operation`関数を使うために、`color_hitting_game.h`をインクルードした

修正したら、ビルドして実行してみましょう。今度はこれまで通り動作したと思います。

18.3 別のプロジェクトから参照する

`main`関数を分けたので、`color_hitting_game.c`は別の`main`関数と一緒に動かすことができるようになりました。そのことを確認するために、別のプロジェクトを作って確かめてみましょう。

次の手順で新しいプロジェクトを作成します。

「ファイル」メニューから「新規 ＞ C プロジェクト」を選び、C プロジェクトのダイアログを開きます。

図18.14　新しいプロジェクトを追加する

「プロジェクト名」は`chg_test`にしましょう。「プロジェクト・タイプ」は「Hello World ANSI C プロジェクト」、「ツールチェーン」は「MinGW GCC」を選び「完了」をクリックします。

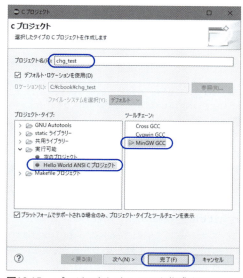

図18.15　プロジェクト chg_test を作成する

第18章　プログラムのファイルを分割する

　この手順で作成すると、srcフォルダーにchg_test.cが作られています。ここに、color_hitting_gameのmain関数とは少し違うmain関数をcsi_test.cに書いてみます。

chg_testプロジェクトのchg_test.cのmain関数

```
#include <stdio.h>
#include <stdlib.h>

#include "color_hitting_game.h"        ❶

int main(void) {
  puts("エンターキーでゲームを開始します。");      ❷
  while (getchar() != '\n') {            ❸
  }
  chg_select_operation();            ❹
  return EXIT_SUCCESS;
}
```

❶ color_hitting_game.hをインクルードした
❷ "!!!Hello World!!!"からメッセージを修正した
❸ 改行文字の入力を待つ
❹ chg_select_operation関数を呼び出して色当てゲームを開始する

　ビルドしてみると、次のようなエラーが発生します。

chg_testプロジェクトのビルドエラー

```
　　コンソール
gcc -O0 -g3 -Wall -c -fmessage-length=0 -o "src\\chg_test.o"
"..\\src\\chg_test.c"
..\src\chg_test.c:14:32: color_hitting_game.h: No such file or
directory  ❶
..\src\chg_test.c: In function `main':
..\src\chg_test.c:20: warning: implicit declaration of function
`chg_select_operation'  ❷
```

❶ color_hitting_game.hが見つからない
❷ chg_select_operation関数の定義が見つからないために、暗黙の宣言をしているとみなされた

　このプロジェクトには、color_hitting_game.hが含まれていませんから、ヘッダーファイルが見つからないというエラーになっていますね。また、color_hitting_game.cやcsi.cが含まれていませんから、関数の定義が見つからないという警告が表示されています。

322　第3部　プログラムの動作を充実させよう

そこで、chg_testプロジェクトからcolor_hitting_gameプロジェクトを参照できるようにして、これらの問題を解消します。

chg_testプロジェクトのプロパティーを開きます。

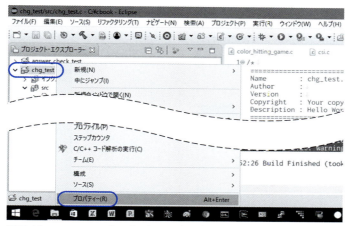

図18.16　chg_testプロジェクトのプロパティを開く

左のメニューツリーから「C/C++ビルド＞設定」を選択します。右のペインから「ツール設定＞GCC C Compiler＞インクルード」を選びます。「インクルード・パス」欄の右上のアイコンからノートに「＋」の記号がついた「追加」のアイコンをクリックします。

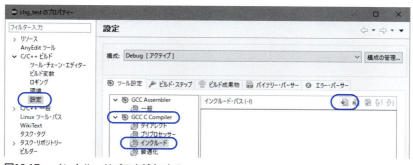

図18.17　インクルードパスを追加する

「ディレクトリー・パスの追加」ダイアログが開きますので、「ワークスペース」をクリックします。

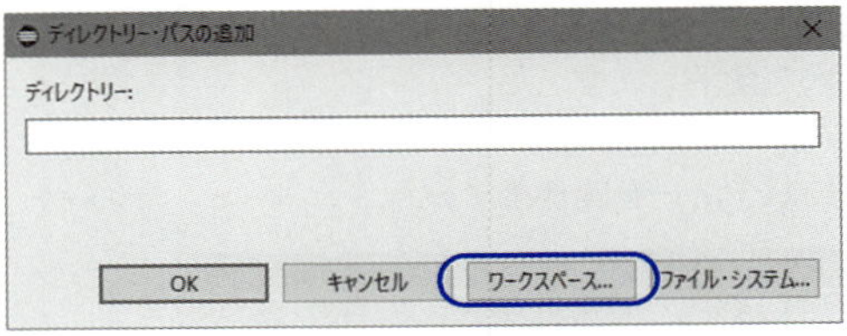

図18.18　ディレクトリー・パスを追加する(1)

「フォルダーの選択」ダイアログが開きますので、「`color_hitting_game ＞ src`」を選択して「OK」をクリックします。

図18.19　フォルダーの選択

「ディレクトリー・パスの追加」ダイアログに、参照するパスが「`${workspace_loc:/color_hitting_game/src}`」のように設定されているのを確認したら「OK」をクリックします。

図18.20　ディレクトリー・パスを追加する(2)

追加できると、プロパティのダイアログに設定が反映されます。

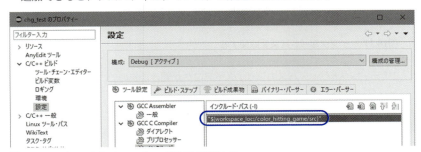

図18.21　ディレクトリー・パスの追加を確認する

別のプロジェクトから参照する

　続いて、同じペインの「MinGW C Linker ＞ その他」を選びます。「その他のオブジェクト」欄の右上のアイコンからノートに「＋」の記号がついた「追加」のアイコンをクリックします。

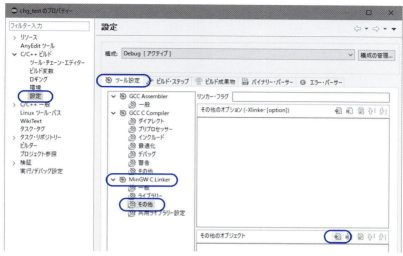

図18.22　その他のパスを追加する

　「ファイル・パスの追加」ダイアログが開きます。「ワークスペース」をクリックすると「ファイル選択」ダイアログが開きますので、「color_hitting_game ＞ Debug ＞ src」から「color_hitting_game.o」と「csi.o」を選択して「OK」をクリックします。

　「ファイル・パスの追加」ダイアログが開きますので、「ワークスペース」をクリックします。

図18.23　ファイル・パスを追加する

第18章　プログラムのファイルを分割する

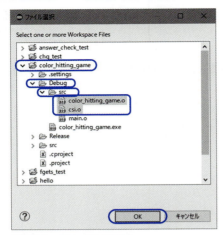

図18.24　ファイルの選択

追加できると、プロパティのダイアログに設定が反映されます。「適用して閉じる」をクリックします。

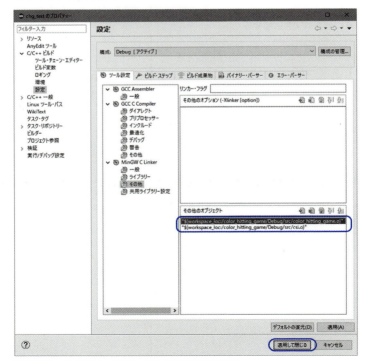

図18.25　その他のオブジェクトの追加を確認する

すると「設定」ダイアログが開き「いますぐリビルドするか」と尋ねてきますので、「はい」をクリックします（**chg_test.c**を保存していないといった場合は、「いいえ」をクリックして、あとで自分でビルドし直してもかまいません）。

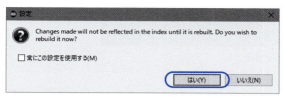

図18.26　リビルドを促すダイアログ

今度はビルドが成功することを確認しましょう。

chg_testプロジェクトのリビルド

```
コンソール
Info: Internal Builder is used for build
gcc "-IC:\\cbook\\color_hitting_game\\src" -O0 -g3 -Wall -c
-fmessage-length=0 -o "src\\chg_test.o" "..\\src\\chg_test.c"   ❶
gcc -o chg_test.exe "src\\chg_test.o" "..\\..\\color_hitting_
game\\Debug\\src\\color_hitting_game.o" "..\\..\\color_hitting_
game\\Debug\\src\\csi.o"   ❷
```

❶ **chg_test.c**のコンパイルが成功している
❷ **color_hitting_game.o**と**csi.o**を使ってリンクが成功している

　chg_test.exeがビルドできたので、動作を確認してみましょう。**chg_test**プロジェクトは**c:\cbook\chg_test**ディレクトリにあるので、最初にディレクトリを移動します。

chg_testプロジェクトのDebugディレクトリへ移動する

```
kuboaki@JAKE10 c:\cbook\color_hitting_game\Debug
> cd c:\cbook\chg_test\Debug  enter

kuboaki@JAKE10 c:\cbook\chg_test\Debug
> chg_test.exe  enter
```

chg_test.exeと入力してプログラムを起動します。

第18章 プログラムのファイルを分割する

図18.27　chg_test.exeを起動した

　エンターキーを入力すると、これまで作っていた色当てゲームが始まります。

図18.28　色当てゲームが始まる

　main関数は別ですが、他の関数はcolor_hitting_gameプロジェクトのものを使いましたので、このあとの動作は同じになっていますね。また、chg_testプロジェクトのmain関数を修正しても、color_hitting_gameが影響を受けないことも確認できたと思います。

18.4　まとめ

　「プログラムのファイルを分割する」ができました。ファイルを分割することで、再利用できる関数だけを取り出すことができました。また、main関数とプログラム本体を分けておくと、別にmain関数を持つプログラムと一緒に使うことができることもわかりました。

　作業リストをチェックして次へ進みましょう。

色当てゲームの追加の作業リスト

- ✓ ゲームの経過を見やすくする
- ✓ ゲームにスコアを与えて、勝ち負けでスコアを更新したい
- ☐ ゲームのスコアを保存したい
- ✓ プログラムのファイルを分割する

　（略）

第19章 ゲームのスコアを継続して使う

スコアをつけても、保存しておかないとスコアが残りません。また、繰り返しゲーム
をやってスコアを貯めておいても、それが次回のときに使えないと、少し残念です
ね。ゲームのスコアを保存して、そのスコアからゲームを続けられるようにしてみま
しょう。

19.1 ゲームのスコアを保存する機会を決める

ゲームの結果の保存について、いちばん最初に試したいのは、ゲーム終了時のスコ
アをファイルに書き出して保存することではないでしょうか。

結果を保存するのはいつがよいか考えてみましょう。おそらく、プログラムを終了
したときやゲームオーバーになったときが保存したいときではないでしょうか。また、
ゲームとゲームの間にもいったん保存できたらよいかもしれません。

プレーヤーのゲーム終了とゲームオーバーは、chg_select_operation関数が処
理していますので、この関数を修正するとよさそうです。ゲームのスコアを保存する
関数をchg_save_score関数とすると、次のようになるでしょう。

color_hitting_game.c

```
331.    if( op == 'Q') {
332.        puts("ゲームを終了しました。");
333.        chg_save_score();        ❶
334.        return;
335.    } else if( op == 'N') {
336.        color_hitting_game();
337.        if (player_score <= 0) {        ❷
338.            puts("ゲームオーバーです!!");
339.            player_score = 0;        ❸
340.            chg_save_score();        ❸
341.            return;
342.        }
343.    }
```

❶ 終了時にスコアを保存する処理の呼び出しを追加した
❷ スコアが0以下のときにゲームオーバーの処理をするif文を追加した
❸ ゲームオーバーのメッセージの表示、プレーヤーのスコアを0にする処理、スコ
アをファイルに保存する処理の呼び出しを追加した

では、ゲームとゲームの間にスコアを保存するには、どうしたらよいでしょうか。
ゲームとゲームの間には「ゲームの開始、終了の表示」が表示されていましたね。こ
こに「(S) ゲームのスコアの保存する」を追加しましょう。

329

第19章 ゲームのスコアを継続して使う

color_hitting_game.c

```
315. void chg_display_operation_menu(void) {
316.   puts("(N) 新しいゲームを始める");
317.   puts("(S) ゲームのスコアを保存する");        ❶
318.   puts("(Q) 終了");
319.   printf("操作を選んでください：");
320. }
```

❶ ゲームのスコアを保存するメニューを追加した

あとは、このメニューを選んだときの処理を**chg_select_operation**関数に追加すればよいですね。

color_hitting_game.c

```
332.     if( op == 'Q') {
333.       puts("ゲームを終了しました。");
334.       chg_save_score();
335.       return;
336.     } else if( op == 'N') {
337.       color_hitting_game();
338.       if (player_score <= 0) {
339.         puts("ゲームオーバーです！！");
340.         player_score = 0;
341.         chg_save_score();
342.         return;
343.       }
344.     } else if( op == 'S') {        ❶
345.       chg_save_score();
346.       puts("スコアを保存しました。");
347.       puts("エンターキーでメニューに戻ります。");
348.       while (getchar() != '\n') {
349.       }
350.     }
351. }
352. return;
353. }
```

❶ **if**文を追加して、メニューからスコアを保存する処理を選んだときを判断するようにし、そのブロックの中にスコアを保存する処理の呼び出しと、メッセージの表示、キー入力待ちの処理を追加した

仮の**chg_save_score**関数を用意して修正した処理を確認しましょう。

color_hitting_game.c

```
321. void chg_save_score(void) {        ❶
322.   /* まだなにもしない */
```

330　第3部　プログラムの動作を充実させよう

```
323.  }
324.
325.  void chg_select_operation(void) {
326.  /* 略 */
```

❶ 仮のchg_save_score関数を用意した

修正できたら、ビルドして実行してみましょう。

図19.1　スコアを保存するメニューを追加した

まだスコアは保存できませんが、スコアを保存する操作を確認できましたね。

19.2　ゲームのスコアを書くファイルを開く

実際にスコアが保存できるようchg_save_score関数に処理を追加しましょう。

プログラムの中で使っていた変数は、プログラムを終了するとなくなってしまいます。プログラムを終了したあともデータを保存するには、ファイルに保存します。

ファイルにゲームのスコアを書き出すには、次の3つの手順を踏みます。

1. スコアを保存するファイルを開く
2. スコアをファイルに書き出す
3. ファイルを閉じる

ファイルを使うには、この手順の他にも、ファイルを作る、消す、ファイルの有無を調べるなど、考えるべきことがいろいろあります。その手始めとして、上の3つの手順を使ってファイルにスコアを書き出す処理を作ってみましょう。

スコアを保存するファイル名は**score.dat**としました。決まった名前を使うことにしたので、プログラムの冒頭付近で文字列定数として定義しておきます。

第19章 ゲームのスコアを継続して使う

color_hitting_game.c

```
29.  static int player_score;
30.  static const char* score_file = "score.dat";    ❶
31.
32.  int chg_calc_option_point(const int turn) {
33.  /* 略 */
```

❶ ファイル名をグローバルな文字列定数として定義した

　ファイル名が決まったので、こんどはファイルに読み書きする処理について考えましょう。

　みなさんが日常の紙の文書を使うときのことを思い出してみてください。ふだんは机に出したままにせず、キャビネットなどに保存しておきますね。そして、その文書を使うときにキャビネットから出して机に広げ、使い終わったら文書を閉じて再びキャビネットにしまうでしょう。コンピュータの場合も、データはハードディスクや不揮発性メモリなどのハードドライブに名前をつけて保管しています。これがファイルです。みなさんがファイルからデータを読み出したり、書き出したりするときは、ファイルを開いて使います。そして、使い終わったらファイルを閉じます。キャビネットから出すような物理的な操作はないですが、「文書を開いて使う、使ったら閉じる」という部分はよく似ていると思います。

表19.1　日常の文書とプログラムから使うファイルの類似点

日常の文書	プログラムから使うファイル
文書を読む・書く	ファイルを読む・書く
文書を机に広げる	ファイルを開く
文書を閉じてしまう	ファイルを閉じる

　この考えを、**chg_save_score**関数の処理手順にまとめてみました。

スコアをファイルに保存する処理手順を考える

```
void chg_save_score(void) {
    // 保存するファイルを開く
    // ファイルが開けたとき
        // スコアを書き出す
        // ファイルを閉じる
    // ファイルが開けなかったとき
        // エラーメッセージを表示する
}
```

　ファイルを扱うので、処理手順には「ファイルを開く」「ファイルを閉じる」という処理がありますね。さらに、ファイルを開くときには、そのファイルを正常に開けたかどうか確認しています。これまでのプログラムでは、メモリ上の変数を使うときに「確保できなかったら……」という処理は考えてきませんでした。ところが、ファイル

332　第3部 プログラムの動作を充実させよう

を開くという処理は、いつもうまくいくとは限らないのです。たとえば、このプログラムとは別の作業で、ファイルを消してしまったり、別の場所に移動してしまったりといったことが起きます。あるいは、ファイルの名前を変えてしまっていることもあるでしょう。通常の文書であれば「あれ、どこにしまったっけ？」みたいな状況ですね。

　ファイルは、ハードディスクなどに格納してあって、これまで使ってきたメモリ上の変数のように直接読み書きはできません。そこでファイルの読み書きを関数で扱えるようにします。

　最初の「ファイルを開く」という処理には、`fopen`関数を使います。`fopen`関数はC言語が提供する標準ライブラリ関数です。この関数を使うときは`stdio.h`をインクルードします（色当てゲームではすでにインクルードしてありますね）。

ファイルを開く

```
#include <stdio.h>    ❶

int main(void) {
    FILE* fp = fopen("filename", "r+");    ❷❸❹
}
```

❶ `fopen`関数を宣言している`stdio.h`をインクルードした
❷ `filename`というファイル名のファイルを開く
❸ 開いたファイルを扱うためのファイルポインタを`fp`に憶えた
❹ ファイルを "r+" モードで開いた

　新しく、FILE型のポインタ（ファイルポインタと呼んでいる人も多いです）が出てきました。
　このFILE型がどのような型なのか、簡単に説明しましょう。次の図を見てください。

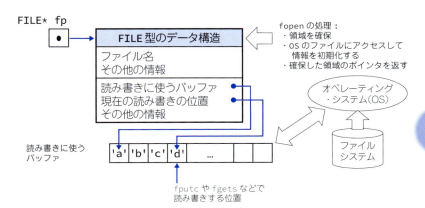

図19.2　ファイルを読み書きするためのしくみ

第19章　ゲームのスコアを継続して使う

　　プログラムは直接ファイルを読み書きするのではなく、メモリ上の変数にオペレーティングシステムのサービスを使って、ファイルの読み書きに使うバッファ（文字配列型に似た長い配列）へ読み込みます。このとき、ファイルを読み書きするための情報として、ファイル名、オペレーティングシステムのサービスで使うパラメータ、読み書きに使う変数の場所、その変数の中の現在読み書きしている位置など多くの情報を保持しておく必要があります。これらをまとめて憶えておく変数の型が FILE 型です。fopen 関数は、ファイルを開くと、自分が確保した FILE 型の変数を読み書きに必要な情報を使って初期化し、この領域のポインタを返します。ポインタになっているのは、みなさんのプログラムが FILE 型の変数を用意して使うのではなく、fopen 関数が、関数の処理の中でメモリ上に確保して、その場所を返してくれるからです。

　　ファイルを開けなかったとき、fopen 関数はナルポインタ（NULL）を返します。この場合、その後にファイルの読み書きがあっても処理できませんから、メッセージを出して処理を中断するといった対処が必要になります。

　　fopen 関数の2つ目の引数は、ファイルを開くときの「モード」の指定です。ファイルをどのような用途で使いたいのかに合わせて、次の表にあるような文字列で指定します。

表19.2　ファイルをオープンするときのモードの指定（一部）

モードの指定	モード	すでにファイルがある	まだファイルがない
"r"	読み込み	読み込み用にオープン	オープンエラー
"w"	書き出し	新たに書き出し用にオープン	ファイルを作ってオープン
"a"	追加書き出し	末尾に追記用にオープン	ファイルを作ってオープン
"r+"	読み込みと書き出し	読み書き用にオープン	オープンエラー
"w+"	書き出しと読み込み	読み込みと新たに書き出し用にオープン	ファイルを作ってオープン
"a+"	読み込みと追加書き出し	読み込みと末尾に追記用にオープン	ファイルを作ってオープン

　　オープンエラーの時 fopen 関数は NULL を返します。「新たに書き出し」のときは、ファイルのサイズを0にしてファイルの先頭から書き出します。

19.3　ゲームのスコアを書くファイルを閉じる

　　ファイルに対して読み書きしたならば、最後にファイルを閉じておく必要があります。このときに使うのが fclose 関数です。fclose 関数には、どのファイルを閉じるのかわかるよう、fopen 関数で取得したファイルポインタを引数に渡します。そして、ファイルポインタが指している領域に憶えている情報を使って、書き出し処理を終わらせ、ファイルを閉じ、ファイルポインタが指している領域を解放します。一見、大したことのない処理に思えるかもしれませんが、ファイルを閉じるのを忘れる

334　第3部　プログラムの動作を充実させよう

と、書き出しがファイルに反映されないことがあります。

ファイルを閉じる

```
#include <stdio.h>

int main(void) {
  FILE* fp = fopen("filename", "r+");
  // ファイルを読み書きする
  fclose( fp );        ❶
}
```

❶ ファイルを閉じた

　chg_save_score関数に、ファイルを開く処理、ファイルを閉じる処理を追加すると、次のようになるでしょう。

スコアを保存するファイルを開き、閉じる

```
void chg_save_score(void) {
  FILE* fp = fopen(score_file, "r+");      ❶
  if( fp != NULL ) {        ❷
    // スコアを書き出す
    fclose( fp );        ❸
  } else {        ❹
    // エラーメッセージを表示する
  }
}
```

❶ スコアを保存するファイルを開いた
❷ fopen関数の返り値がNULL以外の値ならファイルが開けた
❸ ファイルを閉じる
❹ ファイルが開けなかったとき

19.4　ファイルが開けなかったときの処理を追加する

　ファイルを消してしまったり、移動したり名前を変えたりすると、ファイルを開くのに失敗します（オープンエラー）。この場合、ファイルの読み書きはできませんから、別の処理を用意します。色当てゲームでは、ファイルが開けないと保存されているスコアを取り込めなくなるので、エラーメッセージを表示して、プログラムを終了しましょう。

ファイルが開けなかったときはエラーメッセージを表示する

```
void chg_save_score(void) {
  FILE* fp = fopen(score_file, "r+");
  if( fp != NULL ) {
```

第19章　ゲームのスコアを継続して使う

```
  // スコアを書き出す
  fclose( fp );
} else {
  fputs("スコアファイルが開けませんでした。", stderr);    ❶
  exit(EXIT_FAILURE);    ❷ ❸
}
}
```

❶ 標準エラー出力にファイルが開けなかったときのメッセージを表示した
❷ exit関数を呼び出してプログラムを終了する
❸ EXIT_FAILUREは、異常終了を表す定数

　fputs関数は、ファイルに文字列を書き出す関数でした。この関数の書き出し先を指定するファイルポインタにstderrを指定すると、画面にエラーメッセージを表示するのに使えます。このファイルポインタstderrは「標準エラー出力」と呼ばれています。標準エラー出力は、C言語のプログラムが動くときに必ず用意されていて、みなさんがfopen関数でオープンしなくても利用できるようになっています。

　ファイルが開けなかった場合にはプログラムを終了したいので、プログラムを終了するexit関数を呼び出しています。引数のEXIT_FAILUREは異常終了の場合に使う定数で、stdlib.h に定義されています。正常終了の場合にはEXIT_SUCCESSを使います。

　ファイルを開けなかったときの別の対処方法としては、開けないときにファイルを新しく作るという方法もあります。この場合は、ファイルが見つからないからなのか、書き込みの権限がないからなのかなど、ファイルが開けなかった理由を調べてから対処します。このようなエラーの原因から状況を判断するには、オペレーティングシステムのファイルの扱い方について詳しく知っている必要があります。少し難しいことなので、ここではプログラムを終了する方法で済ませておきました。

標準入出力とリダイレクト

　ファイルが開けなかったときの対処で、あらかじめ用意されているファイルポインタである「標準エラー出力」を使いました。この標準エラー出力は「標準入出力」のひとつです。

　標準入出力は、入出力を抽象化する考え方とその考えに基づくしくみです。オペレーティングシステムのひとつであるUnixが最初に採用しました。今では他のオペレーティングシステムでも使われる一般的な考え方になっています。

　Unix以前のオペレーティングシステム (OS) では、ファイル (ディスクやテープ)、キーボード、プリンタ、ディスプレイといった入出力機器を使うには、それぞれの機器に対して個別のプログラムの作り方を使わなければなりませんでし

た。このような個別対応がたくさんあると、プログラムを開発するとき大変不便でした。

そこで、Unixの開発者は、入出力を抽象化した「デバイスファイル」を考えました。まず、ファイルについては、長い1次元の文字が並び続けているもの（バイト列）と捉えました。これを「データストリーム」と呼びます。そして、どの機器の入出力も、あたかもファイルへの読み書きのように捉えようとしました。

たとえば、キーボードからの入力をファイルからの読み込みとみなし、ディスプレイへの出力をファイルへの書き出しとみなします。

そして、みなさんのプログラムは、キーボードの代わりに「標準入力」、ディスプレイの代わりに「標準出力」と「標準エラー出力」を使うように作ります。オペレーティングシステムは、プログラムの実行時に、キーボードやディスプレイを標準的な入出力用ファイルに割り当てているので、みなさんのプログラムはキーボードやディスプレイを使うことができるわけです。

プログラムを特定の機器やファイルから分離したので、プログラムの実行時に入出力先を変えられるようになります。たとえば、プログラムprogが画面に表示するデータをファイルoutput.txtに書き出すには、次のようにします。

標準出力をファイルへリダイレクトする

```
$ ./prog > output.txt enter
```

>という記号を使って、ディスプレイ（標準出力）に出しているプログラムの出力を、ファイルに書き出すように指示しています。このような標準入出力を別のファイルに切り替えることを「リダイレクト」と呼びます。キーボードから入力する代わりにファイルから読み込ませることもできます。また、| という記号を使って、あるプログラムの出力を別のプログラムの入力に結びつけることもできます。

プログラムの出力を別のプログラムの入力にパイプする

```
$ ./prog1 | ./prog2 enter
```

デバイスファイルを使うことによって、それぞれの機器固有の制御と、その機器を使って入出力することを分離して考えられるようになりました。

C言語は、当初はUnixのために開発されたので、C言語の関数にもデバイスファイルの考え方が反映されているわけです。たとえばputs関数、printf関数などは標準出力に書き出し、getchar関数、gets関数などは標準入力から読

第19章　ゲームのスコアを継続して使う

み込む関数です。

　もし、ファイルを指定して読み書きしたければ、標準入出力を使う関数で作り、実行時にリダイレクトを使ってファイルを指定するか、ファイルポインタを引数にとる関数を使って作ります。

　C言語の標準ライブラリでは、標準入力を stdin、標準出力を stdout、標準エラー出力を stderr として利用できるようになっています。

19.5　ゲームのスコアをファイルに書き出す

　ファイルを開いたり閉じたりできるようになったので、こんどはファイルにスコアを書き出してみましょう。

　ゲームのスコアをファイルに書き出すということは、スコアを憶えている整数型の変数 player_score の値を書き出すことです。これまで数値を画面に表示するのには、printf 関数を使っていました。ファイルに数値を書き出すのには、これに似た fprintf 関数を使います。

ファイルに数値を書く

```
#include <stdio.h>

int main(void) {
  FILE* fp = fopen("filename", "r+");
  int value = 2;
  fprintf( fp, "%d", value );    ❶
  fputs( "文字を書く", fp );      ❷
  fclose( fp );
}
```

❶ ファイルポインタ fp で指定したファイルに数値を書き出した
❷ ファイルポインタ fp で指定したファイルに文字列を書き出した

　printf 関数と異なるのは、最初の引数にファイルポインタを渡すことで、書き出すファイルを指定していることです。

　文字列を書き出したいときにも fprintf 関数が使えますが、画面の表示に使っている puts 関数に似た、fputs 関数も使えます。fputs 関数は、最後の引数にファイルポインタを渡します。ただし、puts 関数と異なり出力後に改行されないので、改行が必要なときは、出力する文字列に追加します。

　では、chg_save_score 関数を修正して、ゲームのスコアを書き出せるようにしましょう。

338　第3部　プログラムの動作を充実させよう

ゲームのスコアをファイルに書き出す

color_hitting_game.c

```
323.  void chg_save_score(void) {
324.    FILE* fp = fopen(score_file, "r+");
325.    if (fp != NULL) {
326.      fprintf(fp, "%d\n", player_score);    ❶
327.      fclose(fp);                            ❷
328.    } else {
329.      fputs("スコアファイルが開けませんでした。", stderr);
330.      exit(EXIT_FAILURE);
331.    }
332.  }
```

❶ ファイルにゲームのスコアを書き出した
❷ ファイルを閉じた

修正できたら、ビルドして実行してみましょう。

```
【色当てゲーム】 score: 200
ゲームをはじめてください。
（N）新しいゲームを始める
（S）ゲームのスコアを保存する
（Q）終了
操作を選んでください：q  enter   ❶
ゲームを終了しました。
スコアファイルが開けませんでした。  ❷
```

❶ ゲームを終了してみた
❷ ファイルが開けないエラーになった

　ゲームを終了してみると「ファイルが開けない」というエラーになりました。これ
は、ゲームのスコアを保存するスコアファイルが見つからなかったからです。

　テキストエディタで作ってもかまいませんが、次のように、**echo**コマンドとリダイ
レクトを使って、ファイルを作ってみましょう。Macを使っている人も、ターミナル
から同じコマンドで作ることができます。

スコアファイルを作成する

```
kuboaki@JAKE10 C:\cbook\color_hitting_game\Debug
> echo 200 > score.dat  enter   ❶
```

❶ **echo**コマンドの出力（ここでは200という文字列）を、**score.dat**ファイルにリ
　ダイレクトした

19

339

ファイルができたら、再び実行してみましょう。
ゲームのスコアが保存できているかどうか確認したいので、ゲームをやって少しスコアを増やすか減らすかして、それから保存してみましょう。

ゲームのスコアをファイルに保存できるか確認する

```
【色当てゲーム】 score: 400
ゲームをはじめてください。
(N) 新しいゲームを始める
(S) ゲームのスコアを保存する
(Q) 終了
操作を選んでください：q enter
ゲームを終了しました。

kuboaki@JAKE10 C:\cbook\color_hitting_game\Debug
> type score.dat enter
400
```

Macのターミナルでは、typeコマンドの代わりにcatコマンドを使います。

ファイルにスコアが保存できていることが確認できましたね。

19.6 ゲームのスコアを読み込む機会を決める

ファイルにゲームのスコアを保存できるようになりましたが、このスコアをゲームの開始時に読み込めないと、同じスコアからゲームを続けられず、再び初期のスコア（200点）に戻ってしまいますよね。そこで、保存したファイルからスコアを読み込んで、そのスコアからゲームを始められるようにしてみましょう。

まず、ゲームのスコアをゲームの開始時に読み込むところを考えましょう。
スコアファイルからスコアを読み込むchg_load_score関数を用意して、ゲームのスコアの配給原点を与えているところを、この関数の呼び出しに変えればよさそうですね。
最初は、ファイルから読み込む処理を作る代わりに配給原点を与えるようにして、これまでと同じ動作をすることを確認しましょう。

color_hitting_game.c

```
334. void chg_load_score(void) {          ❶
335.   player_score = initial_score;     ❷
336. }
337.
338. void chg_select_operation(void) {
339.   char opx[4];
```

ゲームのスコアをファイルから読み込む

```
340.    const int size = sizeof(opx);
341.    chg_load_score();        ❸
342.
343.    while(true) {
344. /* 略 */
```

❶ 仮の chg_load_score 関数を追加した
❷ ファイルから読み込む代わりに、配給原点の初期化を chg_select_operation
　 関数からここに移動した
❸ 配給原点の初期化を chg_load_score 関数の呼び出しに変更した

　修正できたら、ビルドして実行してみましょう。まだ、スコアを読み込めていませんので動作は変わっていないですが、ファイルから読み込む処理を呼び出せるようになったことが確認できましたね。

19.7　ゲームのスコアをファイルから読み込む

　ゲームのスコアをファイルから読み込むということは、ファイルから読んだデータをスコアを憶えている整数型の変数 player_score に憶えさせることです。ファイルに書き出すときには printf 関数に似た fprintf 関数を使いました。同じように、これまで入力に使っていた標準ライブラリ関数に似た関数を使えないでしょうか。

　これまで使っていた入力用の関数には、getchar 関数、fgets 関数がありました。fgets 関数なら1行読み込みができますね。標準入力（stdin）の代わりに、スコアファイルを開いたファイルポインタを指定すれば、ファイルから読み込むことができます。

ファイルからデータを読み込む

```
#include <stdio.h>

int main(void) {
  char buf[20];
  FILE* fp = fopen("filename", "r");        ❶
  fgets( buf, 20 - 1, fp );        ❷ ❸
  buf[ strlen(buf) - 1 ] = '\0`;        ❹
  puts(buf);
  fclose( fp );
}
```

❶ 読み込むだけなので、モードを "r" にした
❷ ファイルポインタ fp で指定したファイルから文字列を1行読み込んだ
❸ 読み込める長さは、ナル文字（\0）格納用に1文字短くしている
❹ 文字列の中に含まれている改行文字をナル文字で置き換えた

第19章　ゲームのスコアを継続して使う

　　fgets関数は1行読み込み、文字列とする関数です。ファイルから指定されたバッファに、改行文字が見つかるまで読み込みます。そのため、最後に読み込んだ文字は改行文字です (\n)。そして、その後にプログラムの中では文字列として扱えるよう、ナル文字 (\0) をつけてくれます。改行文字がいらない場合には、上記例のように改行文字を「切り詰め」ます。

　　ところで、スコアファイルの場合、書き出してあるのは整数型の変数**player_score**でした。ところが、**fgets**関数で読み込めたのは文字列です。プログラムの中で使うには、文字列から整数に変換する必要があります。つまり、文字列から整数型への変換が必要です。これには、標準ライブラリ関数**atoi**関数が使えます。**atoi**関数は**stdlib.h**に宣言されています。

　　atoi関数は、数値を表している文字列を**int**型の整数に変換します。改行、タブ、スペースが含まれていたら無視します。先頭に符号がついていれば、整数の符号に反映します。

ファイルから読み込んだデータを整数に変換する

```c
#include <stdio.h>
#include <stdlib.h>        ❶

int main(void) {
  char buf[20];
  int val;
  FILE* fp = fopen("filename", "r");
  fgets( buf, 20 - 1, fp );
  val = atoi(buf);        ❷
  printf("%d\n", val);
  fclose( fp );
}
```

❶ atoi関数が宣言されているstdlib.hをインクルードした
❷ atoi関数で文字列から整数に変換した

　　別の方法として、**fscanf**関数を使う方法があります。この場合、数値を読み込む書式を指定して、変数に読み込みます。

ファイルからデータを読み込む

```c
#include <stdio.h>

int main(void) {
  int val;
  char bun[30];
  FILE* fp = fopen("filename", "r");
  fscanf(fp, "%d %s", &val, buf);        ❶ ❷ ❸
```

342　第3部　プログラムの動作を充実させよう

ゲームのスコアをファイルから読み込む

```
    printf("%d\n", val);
    fclose( fp );
}
```

❶ fscanf関数でファイルから整数を読み込んだ
❷ 整数型の変数valに値を返してもらうために、valのアドレスを引数に渡している
❸ 文字型配列の変数bufに文字列を返してもらうために、bufのアドレス（配列の名前は先頭のアドレスを指すのでしたね）を引数に渡している

　fscanf関数は、文字、文字列、整数、浮動小数点数などを、ひとつあるいは複数読み込むことができます。そのために、2番目の引数でどのようなデータの並びになっているかを書式に表して指定します。複数読み込む書式も指定できるので、関数の戻り値では読み込んだ値を返せません。そこで、fscanf関数を呼び出す側に変数のアドレスを教えてもらい、そのアドレスに値を格納するようにしています。

値渡し・参照渡し

　C言語の関数が引数で渡しているのは、通常は変数の場所（アドレス）ではなく、その値そのものです。このことを「値渡し（Call by Value）」といいます。そのため、関数の中で渡された値を変更しても、呼び出し元が渡した変数は変化しません。そこで、関数に変更してもらいたい変数を渡したいときは、値ではなく変数のアドレスを渡します。このことを「参照渡し（Call by Reference）」といいます。関数の中ではアドレスが指している場所の値を変更します。そうすると、関数から戻ってきたときには、変数が変更されているわけです。

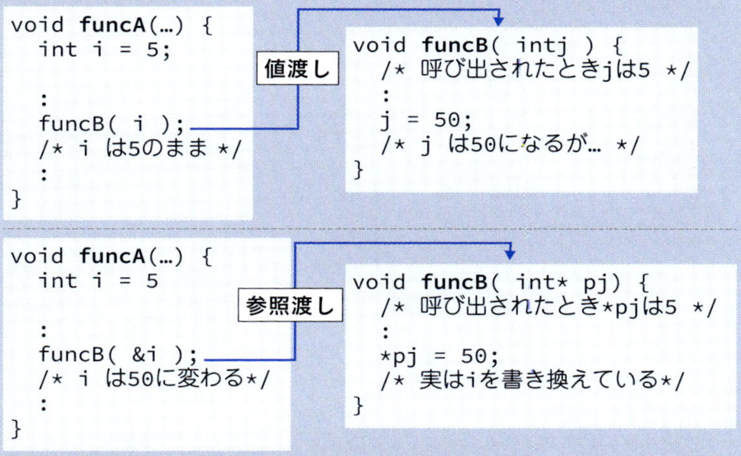

```
void funcA(…) {
    int i = 5;

    :
    funcB( i );
    /* i は5のまま */
    :
}
```
値渡し
```
void funcB( intj ) {
    /* 呼び出されたときjは5 */

    :
    j = 50;
    /* j は50になるが… */
}
```

```
void funcA(…) {
    int i = 5

    :
    funcB( &i );
    /* i は50に変わる*/
    :
}
```
参照渡し
```
void funcB( int* pj) {
    /* 呼び出されたとき*pjは5 */

    :
    *pj = 50;
    /* 実はiを書き換えている*/
}
```

図19.3　値渡しと参照渡しの違い

　fgets関数を使う方法とfscanf関数の方法のどちらでもかまわないと思います

343

第19章　ゲームのスコアを継続して使う

が、ここは、**fscanf**関数を使ってみましょう。**chg_load_score**関数を修正して、ゲームのスコアを書き出せるようにしましょう。

color_hitting_game.c

```
334.  void chg_load_score(void) {        ❶
335.    FILE* fp = fopen(score_file, "r");
336.    if (fp != NULL) {
337.      fscanf(fp, "%d", &player_score);        ❷
338.      fclose(fp);
339.    } else {
340.      fputs("スコアファイルが開けませんでした。", stderr);
341.      exit(EXIT_FAILURE);
342.    }
343.  }
```

❶ この関数の仮の実装として書いてあった初期配給原点の代入処理を、ファイルからスコアを読み込む処理に置き換えた

❷ ファイルからゲームのスコアを読み込んだ（＆演算子を使ってplayer_scoreのアドレスを渡していることに注意）

修正できたら、ビルドして実行してみましょう。

ゲームのスコアをファイルから読み込めるか確認する

```
【色当てゲーム】 score: 100
ゲームをはじめてください。
(N) 新しいゲームを始める
(S) ゲームのスコアを保存する
(Q) 終了
操作を選んでください：q enter
ゲームを終了しました。

kuboaki@JAKE10 C:\cbook\color_hitting_game\Debug
> type score.dat enter    ❶
100

kuboaki@JAKE10 C:\cbook\color_hitting_game\Debug
> color_hitting_game.exe enter

【色当てゲーム】 score: 100    ❷
ゲームをはじめてください。
(N) 新しいゲームを始める
(S) ゲームのスコアを保存する
(Q) 終了
操作を選んでください：
```

344　第3部　プログラムの動作を充実させよう

ゲームのスコアをファイルから読み込む

❶ ゲームの終了時にスコアが100で保存されたのを確認した
❷ 再びゲームを始めたら、保存したスコア100で開始できた

ゲームオーバーだったときに、次のゲームはどうなるでしょうか。

ゲームオーバーのときどうなるか確認する

```
【色当てゲーム】 score: 0  ❶
ゲームをはじめてください。
(N) 新しいゲームを始める
(S) ゲームのスコアを保存する
(Q) 終了
操作を選んでください：
```

❶ ゲームオーバー後に再開すると、スコアが0のまま（配給原点に戻っていない）

スコアが0で再開したときに、ゲームが配給原点に戻っていませんね。
ゲームオーバーしたら、配給原点から再開したかったので、読み込んだスコアが0や
マイナスの値スコアを配給原点に戻すよう、**chg_load_score**関数を修正しましょう。

color_hitting_game.c

```
334.  void chg_load_score(void) {
335.    FILE* fp = fopen(score_file, "r");
336.    if (fp != NULL) {
337.      fscanf(fp, "%d", &player_score);
338.      fclose(fp);
339.      if(player_score <= 0) {        ❶
340.        player_score = initial_score;     ❷
341.      }
342.    } else {
343.      fputs("スコアファイルが開けませんでした。", stderr);
344.      exit(EXIT_FAILURE);
345.    }
346.  }
```

❶ 読み込んだゲームのスコアが0以下だったとき
❷ スコアを配給原点に戻す処理を追加した

修正できたらビルドして実行し、ゲームオーバーした次のゲームが、配給原点の
200から始められることを確認しましょう。

19

第19章 ゲームのスコアを継続して使う

ゲームオーバーのとき配給原点に戻るか確認する

```
【色当てゲーム】 score: 100
ゲームをはじめてください。
コンピュータが問題を出しました。
CBYR
予想を入力してください。
 1 回目>>q enter
残念！出題者の勝ちです。
問題：  C  B  Y  R
エンターキーでメニューに戻ります。


ゲームオーバーです！！    ❶

kuboaki@JAKE10 C:\cbook\color_hitting_game\Debug
> color_hitting_game.exe enter ❷

【色当てゲーム】 score: 200 ❷
ゲームをはじめてください。
(N) 新しいゲームを始める
(S) ゲームのスコアを保存する
(Q) 終了
操作を選んでください：
```

❶ ゲームオーバーした
❷ 配給原点に戻った

　スコアが0になってゲームオーバーした場合には、配給原点に戻ることが確認できましたね。

19.8　スコアファイル名を指定して実行する

　ここまでは、スコアファイルに決まった名前を使っていました。誰が実行しても前回実行したプレーヤーのスコアが開始スコアになってしまいます。どのような対策があるでしょうか。

　次のような方法が考えられます。

- 新しく始めたい人は、配給原点から始められるようメニューを追加する
- スコアファイルに、プレーヤーの名前を保存する
- プレーヤーごとにスコアファイルを分ける

　最初の方法は、プレーヤーが変わったら保存したスコアが失われてしまうので、あまり嬉しくありませんね。2番目の方法は、誰が何点なのかを保存しておけるのが便利そうです。その代わり、プログラムの内部に、スコアとプレーヤーの関係を保持し

346　第3部 プログラムの動作を充実させよう

たり、プレーヤーを選んだりする機能が必要になってきます。3番目の方法は、プレーヤーごとにスコアファイルを分けて保存する方法です。プログラムを実行するときにプレーヤーが自分のスコアファイルを指定しますので、プログラムの中ではスコアファイルの名前が変わるだけになります。

　3番目の方法が、プレーヤーごとにスコアが分けられ、しかも、スコアファイルを処理するときにプレーヤーの情報を扱わなくても済みますので、この方法にしてみましょう。

　まず、プログラムを実行するときにプレーヤーが自分のスコアファイルを指定する方法について調べてみましょう。

　C言語には、プログラムの実行時に引数を書いて実行すると、それがmain関数の引数になるというしくみがあります。この引数のことを「コマンドライン引数」「コマンドラインパラメータ」などと呼んでいます。

　ところで、みなさんがこれまで使ってきたmain関数は次のようなソースコードでした。

color_hitting_game.c

```
int main(void) {      ❶
  // setvbuf(stdout, NULL, _IONBF, 0);
  color_hitting_game();
  eturn EXIT_SUCCESS;
}
```

❶ main関数は、引数なしでint型の値を返す関数

　main関数の引数は、(void)となっています。これは引数を持たないという意味です。これでは、実行時に渡した引数は受け取れそうにありません……。

　実は、C言語には引数がある別のmain関数の定義があるのです。そのmain関数は次のような宣言になっています。

引数があるmain関数の形式

```
int main(int argc, char* argv[]) {      ❶
  /* ... */
}
```

❶ main関数は、2つの引数がありint型の値を返す関数

　ひとつ目の引数は、コマンドラインから渡された引数の数です。「argument count」

第19章 ゲームのスコアを継続して使う

を略して**argc**という名前を使うことが多いです。この数には、プログラム自身の名前も含まれています。2つ目の引数はちょっと複雑ですね。**argv**は「argument values」を略したよく使われる名前です。この引数は、ポインタの配列を受け取ります。これまでに出てきた関数、たとえば**strlen**関数では、文字列を受け取る引数は、**char* str**のようになっていました。これは、文字列、つまり文字の並びのあとに最後の文字としてナル文字（**\0**）が入っている文字型の配列を指していました。ですが、ここに出てきた引数は**char* argv[]**という書き方になっています。これは、文字列ではなく、文字列の配列へのポインタなのです。コマンドラインに並ぶ引数は、ひとつずつが文字列として渡ってきます。最初の要素**argv[0]**には、プログラムの名前の文字列が入っています。次の要素が、1番目の引数です。

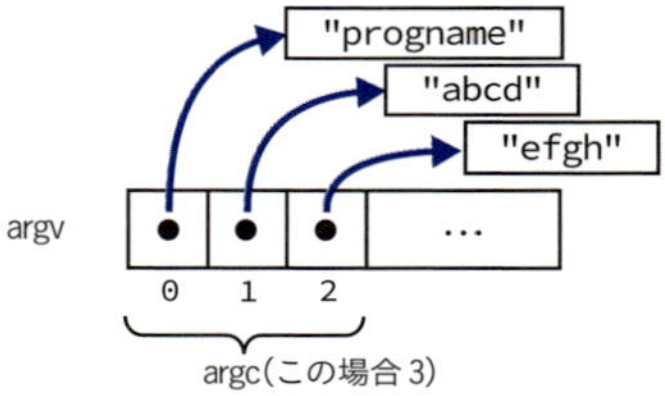

図19.4　コマンドライン引数の構造

　この引数がある**main**関数を使えば、プログラムを実行するときにスコアファイルを指定できそうですね。

　まず、スコアを保存するファイル名を変更できるようにしましょう。これまでは**score.dat**という決まった名前を使うために文字列定数として定義していましたが、これを外部から参照できる変数に変更します。このプログラムで使えるファイル名の最大長は80文字としておきます。

color_hitting_game.c

```
18.  #include "color_hitting_game.h"    ❶
```

❶ 使うヘッダーファイルを**csi.h**から変更した（**csi.h**の読み込みやファイルの最大長の定義などは、このヘッダーファイルへ移動した

color_hitting_game.c

```
29.  static int player_score;
30.  char score_file[FNAME_MAX + 1];    ❶ ❷
31.
32.  int chg_calc_option_point(const int turn) {
33.  /* 略 */
```

348　第3部 プログラムの動作を充実させよう

❶ ファイル名を文字列定数から文字列変数に変更し、外部から参照できるよう static宣言もなくした（FNAME_MAX はこの後 color_hitting_game.h に定義する）

❷ 最大長の80文字にナル文字分を加えた長さにした

　次に、この変数を main 関数から参照できるように、color_hitting_game.h にファイル名の長さや省略時ファイル名の定数の定義と、ファイル名を格納する文字配列の外部参照宣言を追加します。

color_hitting_game.h

```
11.  #include "csi.h"
12.
13.  #define FNAME_MAX 80        ❶
14.  #define DEFAULT_SCORE_FILE "score.dat"      ❷
15.  extern char score_file[];        ❸
16.
17.  void chg_select_operation(void);
```

❶ ファイル名の最長を FNAME_MAX とした
❷ 省略時のファイル名を score.dat とした
❸ スコアファイル名を憶えておく変数の外部参照宣言を追加した

　変数の宣言に extern をつけると「別のファイルに宣言されている変数や関数を参照する」という意味になります。このヘッダーファイルをインクルードしたソースコードは、score_file という変数は別の場所で定義されているとみなします。また、変数が配列の場合、外部参照宣言のときに配列の大きさは省略できます。

　修正した color_hitting_game.h を使って、ファイル名が指定された場合の処理を main.c に追加しましょう。

main.c

```
8.   #include <stdio.h>        ❶
9.   #include <string.h>        ❷
10.  #include <stdlib.h>
11.  #include "color_hitting_game.h"
12.
13.  int main(int argc, char* argv[]) {      ❸
14.    int filename_length;        ❹
15.    // setvbuf(stdout, NULL, _IONBF, 0);
16.    if(argc <= 1) {        ❺
17.      filename_length = strlen(DEFAULT_SCORE_FILE);
18.      memcpy(score_file, DEFAULT_SCORE_FILE, filename_length);      ❻
19.    } else {
20.      filename_length = strlen(argv[1]);        ❼
21.      if(filename_length > FNAME_MAX) {        ❽
```

第19章　ゲームのスコアを継続して使う

```
22.        fputs("ファイル名が長すぎます。", stderr);
23.        exit(EXIT_FAILURE);
24.      }
25.      memcpy(score_file, argv[1], filename_length);          ❾
26.    }
27.
28.    chg_select_operation();
29.    return EXIT_SUCCESS;
30.  }
```

❶ fputs関数を宣言しているstdio.hをインクルードした
❷ memcpy関数を宣言しているstring.hをインクルードした
❸ コマンドライン引数を受け取る形式のmain関数に変更し、main関数の中には、コマンドライン引数で指定したファイルからスコアを読み込む処理を追加した
❹ ファイル名の長さを憶える変数の定義を追加した
❺ コマンドライン引数は指定されていなかった
❻ 省略時のスコアファイル名score.datを使うようにファイル名にコピーした
❼ 1番目の引数をファイル名の指定とみなして、その長さを調べた
❽ ファイル名が長過ぎるときは、エラーとした
❾ 1番目の引数をスコアファイル名に使うよう、ファイル名にコピーした

修正できたら、ビルドして実行してみましょう。

- ファイル名を省略して実行したら、**score.dat**が使われることを確認します。
- 作成していないファイル名をコマンドライン引数に指定して実行したら、「ファイルが開けませんでした。」になることを確認します。
- 作成済みのファイルをコマンドライン引数に指定して実行したら、そのファイルに書かれているスコアでゲームが始まることを確認します。

　これで、各自のスコアを別々に保存して、保存したスコアを使ってゲームができるようになりましたね。

19.9　まとめ

　「ゲームのスコアを保存する」ができました。ファイルにデータを保存できると、プログラムを実行していない時間があっても、前回実行した状況から処理を再開できることがわかったと思います。

　作業リストをチェックしましょう。

350　第3部　プログラムの動作を充実させよう

まとめ

▨ 色当てゲームの追加の作業リスト

- ✓ ゲームの経過を見やすくする
- ✓ ゲームにスコアを与えて、勝ち負けでスコアを更新したい
- ✓ ゲームのスコアを保存したい
- ✓ プログラムのファイルを分割する
- ✓ ゲームを繰り返し実行したい（いちいち起動しないで）
- ✓ ゲームの開始、終了を選ぶ画面を出す
- ✓ プレーヤーが「新しいゲームを始める」を選ぶと新しいゲームを開始する
- ✓ プレーヤーが「終了する」を選択したら、プログラムは終了する
- ✓ プレーヤーがそのゲームを終了したら、ゲームの開始、終了を選ぶ画面へ戻る
- ✓ スコアをつけるなら、ゲームが終わるたびにスコアを表示する

　ここまでできれば、この本の目標とした「色当てゲーム」のアプリケーションとして十分なものができたのではないでしょうか。

　長い道のりでしたが、ここでこの本の演習は終わりになります。ぜひ、自分が作った色当てゲームを楽しんでみてください。ああ、そうでした。問題を隠さないとダメでしたね。**「10.3 問題の表示はデバッグのときだけにする」** を参照して、Release 版をビルドして使ってください。**score.dat** ファイルをコピーするのもお忘れなく。

　みなさんは、自分が作ろうとしているアプリケーションを決め、さまざまなことを考えたり試したりして、それを自分でC言語のプログラムに書いてきました。もう、かなりのことができるようになっているのです。もちろん、まだ学び足りないこともたくさんあります。ですが、みなさんは、この本の演習を通じて、知らないことを学ぶ方法についても身につけつつあります。ぜひ、新しい課題を見つけて取り組んでみてほしいと思います。

　もっと作ってみたい思った方は、たとえば、次のような課題にチャレンジしてみてはいかがでしょう。

- このプログラムに「数当てゲーム」や「単語当てゲーム」を追加してみる
- 「色当てゲーム」の表示をもっとかっこよくする
- Webアプリケーションの勉強をして、色当てゲームをWebサーバーで動かし、Webブラウザから遊べるようにする

　そのためには、まだ知らないことも調べたり、試したりする必要があるでしょう。そこからが、本格的に自分で考え、学び、試し、作るという活動の始まりなのです。

第4部

まとめ

色当てゲームの作成では扱えなかった文法や
ライブラリについて簡単に解説します。
また、この本で学べたことをまとめ、
次に取り組むべきことがらについて参考図書などとともに解説します。

*"奴らは鋼鉄の果実よろしく
空からたわわにこぼれ落ちんばかり。
爆撃の機は熟した。"*

Eric Bloom／Blue Öyster Cult

第20章 その他の文法やライブラリ関数について

この本の演習では、目標のあるアプリケーションプログラムを作ることに集中するために、いくつかの文法を使わないでプログラムを作成しました。また、標準ライブラリの関数も必要になったものだけを使うようにしました。ここでは、扱わなかった文法の中の主だったものについて説明しておきます。

20.1 数値の型

この本の演習では、数値の型として整数型（int型）を使ってきました。しかし、数値計算に使う数値は整数だけではありません。C言語にも、数値計算などのために次のような型が用意されています。

- 整数型
- 浮動小数点型
- 複素浮動小数点型
- 列挙型

20.1.1 整数型

整数型には、char、int、short、long、long long型があります。また、これらの型に対して符号なし整数としてunsigned修飾子つきの型もあります。文字の型として使っていたchar型は、「文字コード」という値を扱う整数型の仲間だったのです。これらの違いは、扱える値の範囲の違いです。それに伴い、メモリ上で使用する領域の大きさも異なります。char型は1バイト、short型は少なくとも2バイト以上、long型は少なくとも4バイト以上、long long型は少なくとも8バイト以上を必要とします。どのような範囲の値と扱うことができるのかは、limits.hに宣言されています。

真偽値型は「C99」から使えるようになった真偽値を表すために使う型です。実は定義されている型は_Bool型なのですが、stdbool.hにboolというマクロが定義されていて、実際に使う場合はbool型として使えるようになっています。また、値としては、真は1、偽は0と定められていて、記号定数としてtrue（真）とfalse（偽）が使えるようになっています。

20.1.2 浮動小数点型

浮動小数点型は、実数の計算に使う小数点のついた値を表すことができる数値型で

構造体・共用体

す。浮動小数点型には、**float**、**double**、**long double**型があります。それぞれの型の違いは、メモリ上で使用する領域の違いもありますが、それより実数としての精度の違い（有効桁数）が重要です。それぞれの有効桁数は、**float**型が6桁、**double**型が15桁、**long double**型が19桁です。どのような範囲の値と扱うことができるのかは、**float.h**に宣言されています。三角関数、指数、対数といった数学関数は、**math.h**に宣言されています。

20.1.3 複素浮動小数点型

　複素浮動小数点型は、複素数の計算に使う値を表すことができる数値型で、「C99」から使えるようになりました。複素浮動小数点型には、**float _Complex**、**double _Complex**、**long double _Complex**型があります。これらの型では、複素数の実数部と虚数部の組で表しますが、それは**float**、**double**、**long double**型のいずれかの値を2つもつ配列となっています。実際に使う場合には、**complex.h**に**_Complex**型に対して定義されているマクロ**complex**を使うことができます。複素浮動小数点型を使う三角関数、指数、対数といった数学関数は、**complex.h**に宣言されています。

20.1.4 列挙型

　列挙型は、演習の中でも使いましたね。プログラムの中に数値がそのまま書いてあると、その数値が何を意味する値なのかわかりにくくなりますが、列挙型を使って名前をつけることで、値の意味が把握しやすくなります。

20.2 構造体・共用体

20.2.1 構造体

　この本の演習では、複数の値を組み合わせた値（レコードと呼ぶことが多いです）は使いませんでした。色当てゲームではそれでもあまり困りませんでしたが、この本のやり方だけでは不便なこともあります。たとえば、住所録を考えると、1冊の住所録には、0件以上の複数の連絡先が登録されているでしょう。それぞれの連絡先は、氏名、住所、電話番号、電子メールアドレスを記録しておけるとします。このとき、複数ある連絡先を保存するために、氏名の配列、住所の配列、……などそれぞれを配列で持つこともできます。ですが、そのように持つと、同じ人の氏名と住所などがばらばらに保持されてしまいます。わかりにくいだけでなく、データの追加や変更が難しくなります。できれば「連絡先ごと」に処理したいものです。そのようなときに使うのが「構造体」です。構造体では、レコードの要素をメンバ変数と呼びます。

　構造体と構造体のポインタを使うと、複雑なデータ構造を作ることもできます。み

第20章　その他の文法やライブラリ関数について

なさんがレコードを持つプログラムや、データの構造をよく検討する必要があるときは、構造体を使うことを考えるとよいでしょう。実は、みなさんはファイルを読み書きするときに、すでに構造体を使っています。ファイルを読み書きするときに登場したFILE型は構造体だったのです。

20.2.2 共用体

構造体はメンバ変数それぞれが個別の領域を持ちます。場合によっては、メモリ上の同じ領域を別の型のデータとみなしたいときがあります。たとえば、ある処理からは文字の並びとして扱いたいが、別の処理からは数値の並びとして扱いたいといった場合です。

20.3　ビットフィールド

構造体や共用体のメンバ変数は、特定のビット幅を持つビットフィールドとして定義することもできます。たとえば、組み込みのシステムでは、レジスタを全体としてひとつの数値型として扱い、あるビット幅ごとに個別の意味を与えるといった使い方ができます。

20.4　動的なメモリ管理

この本の演習では、プログラムの中で使う変数は、あらかじめ大きさがわかっていて、変数を定義するときにその大きさに基づいて領域を確保することができていました。しかし、プログラムを実行するまで必要となる領域の大きさがわからないデータを扱うこともあります。そのような場合は、実行中に必要に応じてメモリ上から領域を確保し、不要になったら解放するというプログラムの作り方をします。そのようなときに使うのが、動的メモリ管理用のライブラリ関数です。

メモリを確保する関数には、malloc、calloc 関数があります。確保したメモリの大きさを変更する realloc 関数もあります。メモリを解放する関数は free 関数です。

この本の演習でファイルを使ったときのことを思い出してみてください。ファイルを読み書きする間だけファイルを開き、使い終わったらファイルを閉じていました。実は、ファイルを開くときに使った fopen 関数は、内部で malloc 関数を使って FILE 型構造体や読み書き用のバッファに必要なメモリを確保し、fclose 関数は free 関数を呼び出してその領域を解放しています。

20.5　関数ポインタ

変数のアドレスを扱うのにポインタが使えたように、関数のアドレスもポインタで表すことができます。たとえば、ある処理で呼び出す関数を処理の状況に応じて切り

356　第4部 まとめ

標準ライブラリ

替えたいとき、switch 文を使うと切り替えることができます。しかし、そのためには、あらかじめどの関数に切り替わるかが case 文で列挙できている必要があります。関数ポインタを使うと、呼び出す関数を実行時に変更できるので、より柔軟な呼び出しができるようになります。

20.6　標準ライブラリ

　標準ライブラリは、次のような機能を提供する関数の集まりです。括弧の中は主な関数が定義されているヘッダーファイルの名前です。

- 入出力処理（`stdio.h`）
- 数学関数（`math.h`、`complex.h`）
- 文字の分類や変換（`ctype.h`）
- 文字列処理（`string.h`）
- 数値と文字の変換（`stdlib.h`）
- 検索や整列（`stdlib.h`）
- メモリ操作（`string.h`）
- 動的メモリ管理（`stdlib.h`）
- 日付や時刻の操作（`time.h`）
- プロセスやスレッドの操作（`stdlib.h`、`threads.h`）

この本の演習でも、`fopen`、`memset`、`puts` などいくつかの関数を使ってきました。

これらの関数を使うときは、次のようにするとよいでしょう。

標準ライブラリの関数を使う手順

1. 自分がやりたいことの入力と出力を、関数のパラメータと戻り値に対応づけて整理する
2. どのような処理によって出力を得たいのか、処理の内容を整理する
3. 標準ライブラリの一覧を調べて使えそうな関数を探す
4. 使えそうな関数が見つかったら、その関数のサンプルを試して使い方を把握する
5. そのまま使えそうなら、その関数を使う
6. そのままでは使えそうにないなら、その関数を使って自分の関数を作る

　標準ライブラリの関数は、広く使えるよう、関数の名前は一般的なものになっています。しかし、そういった一般的な名前よりも、自分のプログラムの中のことばを使った方が見通しがよくなる場合があります。そのような場合には、標準ライブラリ関数をそのまま使わずに、自分たちで名前をつけた関数から呼び出すようにした方がよいでしょう。

357

第20章　その他の文法やライブラリ関数について

20.7　まとめ

　この本では詳しく触れることができない文法やライブラリについて、簡単に説明しました。この本の演習では使いませんでしたが、数値計算、ハードウェアの制御、複雑なデータ構造を使うといったプログラムには便利なので、そのようなときに改めて学ぶとよいでしょう。

第21章 おわりに

　長くて、たくさんの演習でしたね。ここまで一緒に演習していただきありがとうございます。

　この本が目指していたのは、作りたいと思ったことをC言語のプログラムとして作成し、動かすことができるようになることでした。みなさんは、いかがでしょうか。そして、文章題から式を立てるのに相当する「プログラムに直すとき、C言語だと何をどう書くのかを考える」ということが、プログラムを作るときには大切なのだということが実感できたでしょうか。もしそうであれば、みなさんはこの本の演習から、多くのことを学べたのだと思います。

　プログラミングの経験のなかった人は、作る練習になったでしょうか。プログラミングにつまずいていた人は、前に進めるようになったでしょうか。学生さんであれば、大学の講義でC言語の演習問題を出されたら、プログラムに直してみようかな？と思えるようになっているとよいのですが……。学校の単位がヤバそうだった人、何とかなりそうですか……？

　さて、最後にひとつだけお知らせしておくことがあります。この本の演習は考えをプログラムに直すことが中心でした。そのことに集中するために、文法やライブラリのある部分は使うことがありませんでした。ということは、実は、みなさんはC言語についてはまだわかっていないことがたくさんあるということです。いわば、「プログラミングを体験する」「プログラミングを学ぶための準備」という段階に到達したといったところでしょうか。

　しかし、ここまで演習を続けることができたみなさんは、そのことを心配する必要はありません。なぜなら、みなさんは新しい問題が生じても、それをこなす手順も手に入れているからです。ぜひ、いまを新しいスタートラインとして、より本格的にプログラミングを学んでほしいと思います。

　みなさんは、演習をしながら作業リストを作っていたのを憶えているでしょう。作業リストは、C言語を使えるようになる演習としてだけではなく、プログラムを開発する仕事の進め方を演習することにもなっていたのです。

　この本でやっていた作業の進め方を整理すると、次のような手順になるでしょう。

▨ 作業リストを使った開発の進め方

1. 自分がやるべきことを作業リストにする
2. リストから作業項目をひとつ選ぶ

第21章　おわりに

3.　その作業項目に必要な文法や関数の使い方を調べる
4.　サンプルを作って理解できているかどうか試す
5.　作業項目に適用して、項目をこなす
6.　次の項目を選んでこなす
7.　課題が見つかったら作業リストに作業項目として追加する

　この手順に沿って進めれば、作業リストを見ながら作業することができますね。調べたいことや試したいことも作業リストに追加したらよいでしょう。また、作業リストを見れば、いまできていることを確認することもできます。ぜひこの方法も活用してみてください。

　この本で、みなさんはC言語のプログラムの作り方の基本を学びました。**参考文献**には、もっとC言語について詳しく書いた本として『**Cクイックリファレンス 第2版**』[CQR2] を紹介しておきます。文法やライブラリのリファレンスブックですが、個々の解説にはサンプルもついていて試しやすくできています。

　C言語の開発者が書いた『**プログラミング言語C 第2版**』[KR2] も、一度読んでみることをおすすめします。この本には、カーニハンとリッチーが、プログラムを作る言語やその使い方についてどのような考え方をしているのかを知ることができます。少し古い本ですが、まだ書店でも手に入りますし、大学の図書館には必ず置いてあることでしょう。先輩の本棚にもあるかもしれません。

　この本の演習では、複雑なデータ構造や、凝ったポインタは使いませんでした。これらについて詳しく知りたい場合には『**詳説Cポインタ**』[CPTR] を読むとよいでしょう。

　C言語全般について文法やライブラリの使い方を学びたいときは『**新・明解C言語入門編**』[MCEN] と『**新・解きながら学ぶC言語**』[MCEX] を使って演習するとよいでしょう。プログラミング言語の解説や演習を長い間書いてきた著者が、たくさんの解説と例題でC言語の学習者を助けてくれます。

　この本の役目はこれで終わりです。みなさんには、ここに挙げた本を使って、より詳しく、より広範にプログラムの作り方やC言語について学んでいってほしいと思います。

付録 サンプルコード

1 配布方法

この本の演習で作成するプログラムのサンプルは、本書のサポートサイトから入手できます。

`http://cbook.vacco.net/`

サポートサイトのダウンロードのページからは、次のような名前の配布サンプルファイルがダウンロードできます。

`cbook-samples-yyyymmdd.zip`

ファイル名の yyyymmdd の部分は配布した年月日で、更新されると変わります。

2 配布サンプルの構成

配布サンプルファイルをダウンロードしたら、展開します。

配布しているサンプルは、各章の「ビルドして実行してみましょう」という段階ごとに分かれています。作業の区切りごとなので、章や節に対応している場合と、節の中でさらに何段階かに分かれているところがあります。

次の図は、展開した「cbook-18-02」フォルダーの様子です。ここには、「**18.2 main 関数を独立させる**」の演習が終わった段階のファイルが含まれています。

配布サンプルの構成

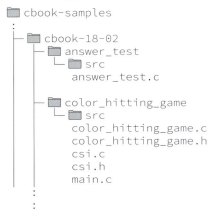

付録　サンプルコード

3　サンプルの使い方

配布サンプルは、次のように使うとよいでしょう。

3.1　自分の作成したコードと比較する

演習では、自分の手でコードを書いてみることがとても大切です。うまく動いたときも、なにか問題が起きたときも、サンプルのコードと自分の書いたコードを比較してみることで、間違いや差異が見つけられるでしょう。

ほとんど同じようなコードであっても、少しの違いでビルドのエラーになったり、動作結果が異なってしまったりということが起きます。よく比べてみて、小さな違いでも見逃さないようにしましょう。どんな違いがビルドや動作結果の違いの原因になったのかを発見できるちからは、プログラムを作成するちからのなかでも重要なもののひとつです。

3.2　うまくいかないところを入れ替えて試す

自分が書いたコードがビルドするとエラーになってしまうことや、エラーにはならないが動作がどうもおかしい、ということがあると思います。そういう場合には、その演習で自分が編集したファイルをどこかに控えておき、サンプルのファイルと入れ替えてから試してみるとよいでしょう。

もし、差し替えた結果、ビルドのエラーがなくなれば、自分のファイルの中に間違いがありそうだと推測できます。ファイルを入れ替えてもビルドのエラーがなくならなければ、別のファイルに原因がある場合（たとえば「.c」ファイルではなく「.h」ファイルに間違いがあるなど）や、気づかないうちにビルドする対象ではない場所にあるファイルを編集していた、といったことが考えられます。自分のコードを編集している場所やファイル名などをサンプルとよく比べてみましょう。

一方、差し替えた結果ビルドが成功しても、実行してみると動作しない、動作が違うということも起きます。この場合、差し替えたファイルではなく、他のファイルに問題があるのかもしれません。コードのどこかが、ビルドではエラーにならないものの、期待した動作をしない書き方になっているのです。差し替えた部分以外の自分のコードとサンプルをよく比べて、動作の違いになっているところを探してみましょう。

3.3　問い合わせのときに使う

どうしてもうまくいかないときは、この本のサポートサイトを見て、同じような問題についての解消策がないか調べてみましょう。

362

サンプルの使い方

　それでも解決できないときは、遠慮なく直接相談してください。サポートサイトへメールするには、次のアドレスを使ってください。

support@cbook.vacco.net

　問い合わせは大歓迎なのですが、自分のコードがうまく動かないのななぜか？という問いかけだけが書いてあって困ってしまうことがあります。これでは、わたしもみなさんのコードのどこに問題があるのか調べることはできません。

　そこで、ひとつだけお願いがあります。問い合わせるときには、次の情報も一緒に送ってください。

- 作成しているコード
- エラーメッセージ
- おかしい表示の画面

　できれば、自分の書いたコードとサンプルを入れ替えたとき、どのようなエラーや動作の違いが発生したのかも調べておくと、より早く解決できるでしょう。

参考文献

[CQR2]
『Cクイックリファレンス 第2版』
Peter Prinz／Tony Crawford 著、島敏博 監修、黒川利明
翻訳、オライリー・ジャパン刊、2016年

[CPTR]
『詳説 Cポインタ』
Richard Reese 著、菊池彰 訳、オライリー・ジャパン刊、
2013年

[PRACTC]
『現実的なCプログラミング（Practical C）』
Steve Oualline 著、岩谷宏 訳、ソフトバンク刊、1992年

[KR]
『プログラミング言語C』
B.W.カーニハン／D.M.リッチー 著、石田晴久 訳、
共立出版刊、1981年

[KR2]
『プログラミング言語C 第2版』
B.W.カーニハン／D.M.リッチー 著、石田晴久 訳、
共立出版刊、1989年

[MCEN]
『新・明解C言語 入門編』
柴田望洋 著、SBクリエイティブ刊、2014年

[MCEX]
『新・解きながら学ぶC言語』
柴田望洋／由梨かおる著、SBクリエイティブ刊、2016年

[JISX3010:2003]
『プログラム言語C』X 3010：2003 (ISO/IEC 9899：1999)
日本工業標準調査会 著、日本規格協会刊、
2003年（PDF閲覧のみ）

索 引

記号

!	145
"	104
(	97
)	97
[	176
{	96
}	96
*	199
&	199
&&	145, 230
%	173, 174
++	134
||	145
_Bool	354
%d	128
#include	99
#include命令	99

数字

7-Zip	29

A

ANSI-C	14
ANSIエスケープシーケンス	261
atoi	342

B

break文	141, 148, 183, 238
Brian Kernighan	6, 13

C

C11	14
C89	14
C99	14
calloc	356
case	183
char*	199
char型	113

chcp	109
ConEmu	111
const	161, 162
CSIコード	261
Ctrl-C	186
ctype.h	357
Cクイックリファレンス 第2版	13
Cの歴史	13

D

Dennis Ritchie	6, 13
double	355
double _Complex	355

E

Eclipse 4.7 Oxygen	26
enum	248
Everything is a file	222
exit	336
EXIT_FAILURE	336
EXIT_SUCCESS	97
extern	349

F

false	354
fclose関数	334
fgets	217
FILE型	334
float	355
float _Complex	355
fopen	333
for文	133
fprintf	338
fputs	338
free	356
fscanf	342

G

getchar	120
gets	219

H

hello	48
Hit & Blow	10

I

if文	181
int型	97, 126
ISO/IEC 9899:1999	14
ISO/IEC 9899:2011	14

J

JIS X 3010:2003	14

L

limits.h	354
long	354
long double	355
long double _Complex	355
long long	354

M

MacOSX GCC	55
main関数	95, 347
malloc	356
memchr	226
memcpy	198
memset	234
MinGW	26
MinGW GCC	55
Minimalist GNU for Windows	26

365

索 引

P

Pleiades All in One Eclipse
.... 25
puts 関数 60

R

rand 172
realloc 356
return 97

S

SGR コード 264
Shift_JIS 109
short 354
sizeof 184
size_t 202
srand 172
static 159
stderr 222, 336
stdin 222
stdio.h 357
stdlib.h 357
stdout 222
strchr 220
string.h 357
strlen 223
switch 文 182

T

threads.h 357
time.h 357
tolower 227
toupper 227, 239
true 354

U

unsigned 354
UTF-8 109

V

void* 202

W

while 文 133
Windows-31J 109

X

Xcode 35
Xcode Command Line Tools
.... 35

あ

圧縮ファイル展開 29
アドレス 199
アドレス演算子 199
アプリケーション 10

い

色当てゲーム 11
インクリメント 203
インクリメント演算子 134
インクルードファイル 104
引数がある main 関数 347

え

エスケープシーケンス 261

か

カーソルの移動 282
カーニハン 6
開発元が未確認の
　アプリケーション 44
画面の消去 282
仮引数 104
仮パラメータ 104
関数 104
関数の引数 158
関数の定義 98
関数の呼び出し 99
関数ポインタ 356
関数をコールする 99
関数を呼び出す 99
間接参照演算子 199

き

偽 182
記号定数 97
共用体 356

く

グローバル変数 159, 291

け

検索や整列 357

こ

高水準入出力 222
構造体 355
コードページ 109
コマンドライン引数 347
コマンドラインパラメータ
.... 347
コメント 96
コンソールアプリケーション
.... 110
コントロールキー 186

さ

参照渡し 343

し

実引数 104
実パラメータ 104
初期化リスト 177
真 182

す

数学関数 357
数値と文字の変換 357
数値の型 354
すべてのものはファイルで
　ある 221

せ

制御コード 261

整数型 126, 354
ゼロ 182

そ

添字番号 176

た

大域変数 159, 291
大括弧 176
タグ 248
ダブルクォーテーション
.... 104

ち

中括弧 96

て

データストリーム 337
デクリメント 195
デバイスファイル 337

と

動的なメモリ管理 356
動的メモリ管理 357

に

入出力処理 357

ね

値渡し 343

は

配列 175, 184
配列の大きさ 176
配列の添字 176, 185
配列の長さ 176
配列の要素数 176
バッファ 140

ひ

非ゼロ 182

日付や時刻の操作 357
ヒット・アンド・ブロー 10
ビットフィールド 356
表示オプション 32
標準エラー出力 222, 337
標準出力 222, 337
標準入出力 222, 336
標準入力 222, 337
標準ライブラリ 357

ふ

複素浮動小数点型 355
浮動小数点型 354
ブレース 95
プログラミング言語C 6
プロセスやスレッドの
操作 357
ブロック 95, 96
文 116

へ

ヘッダーファイル 357

ほ

ポインタ 199, 202
ポインタ定数 199
ポインタ変数 199

ま

マスターマインド 10

め

メモリ操作 357

も

文字型 113
文字型配列 176
文字コード 109
文字定数 113
文字の分類や変換 357
文字化け 108

文字列 104
文字列処理 357
問題の種 183

ら

ライブラリ 103, 104

り

リダイレクト 336, 337
リッチー 6

れ

列挙型 248, 355
列挙定数 248

ろ

論理演算子 145, 230

わ

分かち書き 60

367

著者について

久保秋 真 （くぼあきしん）

株式会社チェンジビジョン勤務。モデリングツール「astah*」の開発支援、UML や SysML を使ったモデリングのコンサルティングや技術教育の開発・講師を担当し、全国を駆け回る毎日。ET ロボコンのモデル審査員としてロボコンにも参画。

著作実績に『作りながら学ぶ Ruby 入門』シリーズ（SB クリエイティブ刊）などがある。

大学等の講義では演習に Mindstorms や Ruby を活用。アジャイル開発とモデル駆動開発（MDD）の双方に関心を持つ。

情報処理学会、日本ソフトウェア科学会各会員。早稲田大学理工学術院非常勤講師、日本大学生産工学部非常勤講師、トップエスイー講師。日本雨女雨男協会 IT 本部長。

f https://www.facebook.com/kuboaki
y @kuboaki

STAFF

装丁：　　　　　　　　坂本真一郎（クオルデザイン）
本文デザイン・DTP：　前川智也（デザインオフィスまえかわ）

作って身につく C 言語入門

2018年6月11日　初版第1刷発行

著　　者	久保秋 真	
発 行 人	片柳 秀夫	
編 集 人	三浦 聡	
発 行 所	ソシム株式会社	

http://www.socym.co.jp/
〒101-0064 東京都千代田区神田猿楽町1-5-15
猿楽町 SS ビル 3F
TEL　03-5217-2400（代表）
FAX　03-5217-2420

印刷・製本　　音羽印刷株式会社

定価はカバーに表示して有ります。
落丁・乱丁は弊社販売部までお送りください。送料弊社負担にてお取り替えいたします。
ISBN978-4-8026-1158-9 Printed in Japan
©2018 Shin Kuboaki